W0410480

FORMES ET MOUVEMENTS DE LA TERRE

Anny Cazenave
et Kurt Feigl

FORMES ET MOUVEMENTS DE LA TERRE

Satellites et géodésie

Préface de Xavier Le Pichon

BELIN
CNRS EDITIONS

Remerciements

Anny Cazenave dédie ce livre à ceux qui ont contribué au développement de la géodésie spatiale en France ainsi qu'aux principaux acteurs de l'essor de cette discipline. Parmi eux, J. Kovalevsky, J.-C. Husson, J.-J. Levallois, J.-C. Blaive, B. Guinot, F. Barlier, G. Balmino, C. Boucher, B. Lago et tout particulièrement M. Lefebvre dont les innombrables idées et l'enthousiasme communicatif ont largement contribué à la mise en œuvre et à l'aboutissement de nombreux projets dans ce domaine.
Kurt Feigl dédie ce livre à ses maîtres du Massachusetts Institute of Technology aux Etats-Unis, qui ont participé de manière décisive au développement des méthodes de positionnement spatial, ainsi qu'à ses collègues géophysiciens. Parmi eux, J.-C. Ruegg, D. Massonnet, P. Briole, C. Vigny, B. Meyer, A. Souriau, P. Tapponnier, et surtout A. Briais, qui l'ont chaleureusement introduit dans la communauté française des géophysiciens.
Les deux auteurs expriment leur gratitude au Centre national d'études spatiales et au Centre national de la recherche scientifique pour leur soutien à la discipline et remercient tous leurs collègues du Groupe de recherche de géodésie spatiale pour leur collaboration depuis des années.
Ils remercient aussi Marie-Noëlle Ratier pour sa contribution essentielle lors de la préparation du manuscrit.
Les auteurs remercient enfin vivement X. Le Pichon d'avoir accepté de rédiger la préface de ce livre.

Illustration de couverture:

Ondulations à grandes longueurs d'onde du géoïde terrestre déterminées à partir de l'analyse des perturbations des trajectoires des satellites géodésiques. Document GRGS.

ISBN: 2-271-05233-5

ISBN: 2-7011-1713-5

SOMMAIRE

PRÉFACE

Les Français aiment beaucoup le mot «révolution» et l'utilisent à propos de tout et n'importe quoi. Il me semble que s'il y a un domaine des sciences de la Terre où ce mot peut être à juste titre utilisé aujourd'hui, c'est bien celui de la géodésie spatiale. Grâce à elle, la géologie entre dans une nouvelle ère qui s'annonce passionnante. La tectonique des plaques nous avait appris il y a vingt-cinq ans à mesurer les vitesses moyennes des grandes plaques indéformables sur les derniers millions d'années à partir d'observations exclusivement océaniques. Nous mesurons maintenant à partir de l'espace une position à la surface de la Terre avec une précision meilleure que le centimètre. Il devient donc possible de connaître les déplacements des grandes plaques indéformables en quelques années à partir, cette fois, de mesures concernant exclusivement les terres émergées. L'accord remarquable entre ces deux types très différents de techniques indique à la fois que la cinématique des plaques fournissait déjà une description précise des grands mouvements et que ces mouvements sont très constants à l'échelle du million d'années.

La tectonique des plaques avait rapproché tectonique et sismologie, dans la mesure où elle avait montré que les séismes n'étaient que la conséquence des mouvements relatifs aux frontières. L'accumulation de ces déformations au cours du temps produisait les structures observées par les géologues. Mais elle ne savait pas comment répartir le mouvement relatif total à l'intérieur de la zone frontière et la comparaison avec la tectonique ne pouvait être que qualitative. Les nouvelles méthodes spatiales permettent de mesurer le champ de déformation superficiel et même de le visualiser en continu grâce aux techniques d'interférométrie. On peut donc suivre le champ de déformation jusqu'à la rupture du séisme et comparer le champ instantané à la déformation finie enregistrée par la tectonique. Tectonique, sismologie, géodésie deviennent trois outils indispensables pour étudier les déformations de l'écorce terrestre et obtenir de véritables modélisations mécaniques de son comportement.

Voici quelques-uns de ce qui me semble être les apports les plus «révolutionnaires» de la géodésie spatiale aux sciences de la Terre, mais il y en a beaucoup d'autres, dont certains spectaculaires, comme la surveillance des volcans et des glissements de terrain, la mesure précise de la topographie de la surface de la mer, l'apport de la détermination du géoïde à la compréhension de la dynamique interne du globe, les variations de la rotation terrestre, etc. Tout cela, Anny Cazenave et Kurt Feigl, qui ont eux-mêmes largement contribué à faire avancer la science en ce domaine, le décrivent avec une grande clarté. Je ne leur reprocherai pas d'avoir pris position sur quelques domaines encore très incertains. C'est justement l'intérêt d'un texte écrit par des spécialistes engagés dans les recherches qu'ils décrivent.

Ce livre est une mise au point qui apprendra beaucoup, j'en suis sûr, non seulement aux lecteurs généralistes mais aussi à la plupart des chercheurs concernés par notre Terre. Il nous amène à prendre conscience que jamais nos connaissances sur la Terre n'avaient progressé aussi vite.

XAVIER LE PICHON,
membre de l'Institut.

Le satellite *ERS-1*.

INTRODUCTION

Avec l'astronomie et les mathématiques, la géodésie compte parmi les sciences les plus anciennes. Depuis des millénaires, l'homme a toujours cherché à connaître son environnement proche ou lointain.

Plate ou ronde? Le problème de la forme de la Terre fut l'un des premiers posés par les hommes de science de l'Antiquité. Alors que la rotondité de la Terre était considérée comme établie par les scientifiques et les philosophes de la Grèce antique, on doit à Eratosthène, géomètre grec, les premières tentatives de mesure des dimensions du globe terrestre. Pendant des siècles, les travaux des géodésiens eurent pour objectif de déterminer le rayon de la Terre par la mesure de la longueur d'un arc de méridien. En 1668, une expédition géodésique fut organisée par l'Académie des sciences de Paris nouvellement fondée. Son but était de mesurer un arc de méridien terrestre avec une précision jamais atteinte auparavant. L'abbé Picard, astronome, fut chargé de cette détermination dont les résultats furent décisifs puisque, entre autres, ils permirent à Newton d'énoncer la loi de l'attraction universelle.

Ronde ou aplatie? Dans ses *Principes de philosophie naturelle*, publiés en 1687, Newton émit l'hypothèse que la Terre avait été fluide au moment de sa formation et que sous l'effet de la force centrifuge de rotation, elle avait pris la forme d'un ellipsoïde. Il calcula cette forme et trouva que la Terre devait présenter un aplatissement aux pôles, qu'il trouva égal à 1/230 du rayon terrestre.

La question de l'aplatissement des pôles fut pendant les décennies suivantes l'objet de vives controverses. L'astronome Cassini prétendit que les conclusions de Newton étaient fausses et que la Terre était allongée aux pôles. Seule l'expérience pouvait clarifier le problème: si la Terre avait la forme d'un ellipsoïde, un degré de méridien devait correspondre à une plus grande distance près du pôle que près de l'équateur. En 1736, l'Académie des sciences décida d'organiser deux expéditions, l'une en Laponie près du cercle polaire sous la direction de Alexis Clairaut et Pierre Louis de Maupertuis, l'autre au Pérou près de l'équateur, sous la direction de Pierre Bouguer et Charles de la Condamine. Les résultats de ces deux missions validèrent de façon éclatante les idées de Newton. Exécutées avec une précision remarquable pour l'époque, les mesures montrèrent que le degré de méridien était plus long en Laponie qu'au Pérou. La Terre était bien aplatie aux pôles (ill. 1). Ce résulat fut confirmé par les premières mesures de la pesanteur terrestre, indiquant une augmentation de celle-ci de l'équateur vers le pôle.

Durant les deux siècles qui suivirent, les géodésiens multiplièrent les mesures d'arc de méridien pour déterminer les mensurations exactes de la Terre. Au début du XIXe siècle, des calculs précis de la circonférence d'un méridien terrestre purent être obtenus. Le «mètre» ayant alors été empiriquement défini comme la «dix millionième partie du quart de la circonférence d'un méridien terrestre», la longueur du «mètre-étalon» se trouva donc déterminée, jusqu'à ce qu'une nouvelle définition basée sur la longueur d'onde d'une radiation lumineuse particulière fut proposée.

Dans les décennies qui suivirent, l'ensemble des opérations géodésiques permit de démontrer de façon définitive l'ellipticité de la Terre. A la fin du XIXe siècle, l'Association internationale de géodésie fut créée et chargée de coordonner la multitude des travaux géodésiques réalisés dans les différents pays. Cette association fixa de nouveaux objectifs: établir des réseaux de triangulation à grande échelle permet-

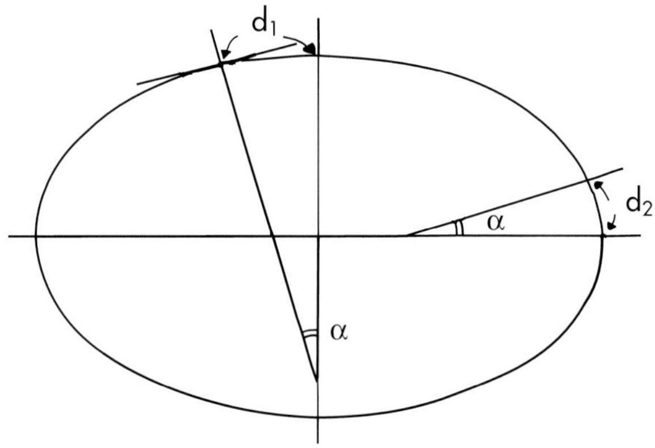

1. Les premières déterminations de l'aplatissement de la Terre à partir de la mesure de la longueur d'un degré de méridien: si la Terre a la forme d'un ellipsoïde, la longueur d'un degré de latitude varie en diminuant du nord vers l'équateur. La sphère tangente au pôle a un plus grand rayon que celle tangente à l'équateur. Ainsi, un angle de 1° sous-tend un arc de méridien plus grand au pôle qu'à l'équateur ($d_1 > d_2$). C'est ce qu'ont prouvé les expériences réalisées en Laponie et au Pérou dès 1736.

tant de «rattacher» entre eux des points de la surface terrestre avec une précision de quelques dizaines de mètres.

Jusqu'au 4 octobre 1957, date du lancement de *Spoutnik 1*, le premier satellite artificiel de la Terre, la science géodésique s'était avant tout employée à la détermination de la forme exacte et des dimensions de la Terre ainsi qu'à la mesure de la pesanteur. A partir de cette date, l'utilisation des satellites produisit une véritable révolution. Avec la «géodésie spatiale», les observations à caractère global, continues et sur des périodes de temps parfois longues, apportèrent des informations nouvelles, irremplaçables, non seulement sur la forme de la Terre, mais aussi sur son champ de gravité, les déformations de la croûte terrestre, les marées des océans et du globe solide, la rotation de la Terre et la circulation océanique.

Aujourd'hui, la géodésie spatiale s'appuie sur un ensemble de techniques utilisant les satellites et se situe au carrefour de plusieurs disciplines telles la géophysique interne, la glaciologie, l'océanographie, la mécanique céleste et même la planétologie. Dans le tour d'horizon qui va suivre, on fera le point des résultats scientifiques les plus récents obtenus dans les différents domaines où les techniques de la géodésie spatiale ont apporté des contributions essentielles.

1

LES DÉBUTS DE LA GÉODESIE SPATIALE

17 février 1966, une fusée *Diamant* lance depuis la base algérienne d'Hammaguir *Diapason*, le premier satellite français de géodésie. Ce petit satellite emporte un instrument capable d'émettre des signaux radioélectriques. Captés par des récepteurs au sol, les signaux reçus ont une fréquence différente de celle émise en raison du mouvement relatif entre le satellite et la Terre. Ce phénomène, connu sous le nom d'effet Doppler, permet d'obtenir une mesure de la vitesse radiale du satellite par rapport à chaque station de réception terrestre.

Un an plus tard, les 8 et 15 février 1967, deux autres satellites géodésiques français sont lancés depuis Hammaguir, *Diadème 1* et *Diadème 2*. Ils sont tous deux équipés de petits prismes miroirs destinés à réfléchir vers la Terre les rayons laser émis depuis des stations terrestres (ill. 2) dans le but de mesurer le temps d'aller et retour du signal lumineux, donc la distance de la station au satellite connaissant la vitesse de la lumière. Ces mesures de distance et de vitesse entre le satellite et des stations au sol permettent de déterminer la trajectoire du satellite dans l'espace et plus particulièrement la manière dont elle se déforme au cours du temps. Un grand nombre de forces s'exercent en effet sur le satellite et contribuent à déformer sa trajectoire. La plus importante, et de très loin, est celle liée à l'attraction gravitationnelle de la Terre. Elle est la cause des plus grandes déformations de la trajectoire. En décrivant grâce aux observations laser et Doppler les irrégularités de l'orbite du satellite, il est possible de déduire les différentes forces agissant sur le satellite, dont le champ de gravité terrestre, ainsi que les positions des stations d'observation. Telle fut une des principales missions confiées aux premiers satellites géodésiques français.

2. Télémètre laser en fonctionnement. Le faisceau laser bien visible sur cette photo réalisée de nuit est dirigé vers un satellite qui survole la station (ici la station laser française située sur le plateau de Calern près de Grasse). Document CNES.

En 1966, la géodésie spatiale n'en était pas à ses débuts. Dès 1960, trois ans seulement après la mise en orbite du premier satellite artificiel de la Terre, les Etats-Unis avaient lancé un important programme de géodésie fondé sur l'utilisation de satellites ballons. Les ballons servaient de repères dans l'espace pour établir des réseaux de triangulation à large base (1 000-2 000 km) à la surface terrestre. *Echo 1* lancé en 1960, puis *Echo 2* et *Pageos*, satellites ballons de grande dimension (40 m de diamètre) servirent de mires passives pour des expériences de triangulation. Eclairés par le soleil et photographiés de nuit depuis la Terre, leur position était repérée par rapport à des étoiles de position connue, fournissant alors une information angulaire, par exemple la latitude et la longitude du satellite. Photographiés simultanément par plusieurs stations au sol, ces satellites passifs permirent d'établir par des méthodes purement géométriques les premiers réseaux de triangulation sur des distances de plusieurs milliers de kilomètres. Aux Etats-Unis, le Smithsonian Astrophysical Observatory (SAO) développa les caméras Baker Nunn, télescopes à grand champ permettant de suivre les satellites.

En France, plusieurs laboratoires se mirent à construire des instruments d'observation photographique destinés à suivre les satellites ballons américains. En liaison avec l'Institut géographique national (IGN) et le Centre national d'études spatiales (CNES) récemment crée (1962), les équipes françaises réalisèrent les premières liaisons géodésiques intercontinentales avec une précision meilleure que 10 m: liaison France-Algérie en 1963, liaison France-Açores en 1964. Grâce à une quinzaine de stations de poursuite photographique réparties sur les cinq continents, le SAO établit un premier réseau géodésique mondial sur des distances intercontinentales, permettant d'avoir dans un repère unique les positions des stations d'observation.

En parallèle, d'autres techniques s'étaient développées, aux Etats-Unis bien sûr, mais aussi en France, notamment au laboratoire d'aéronomie du Centre national de la recherche scientifique (CNRS) où était mis au point le premier télémètre laser permettant de mesurer avec une précision de l'ordre du mètre la distance entre le satellite et la Terre. Dès 1965, les premiers échos laser furent recueillis après réflexion sur un satellite. Cette technique allait donner une nouvel essor à la géodésie spatiale et à ses applications. Avec les méthodes optiques, le seuil de 5-10 m dans la précision de positionnement terrestre était vite apparu comme infranchissable, notamment en raison des erreurs causées par la réfraction atmosphérique et l'insuffisante connaissance de la position des étoiles. Outre sa plus grande précision de mesure, la télémétrie laser apportait une dimension nouvelle: la dimension «longueur», fixée par la définition de la seconde de temps et de la vitesse de la lumière. En plus des expériences de triangulation spatiale réalisées sur des satellites français (*Diadème 1* et *2*) et américains (*Geos A*, *B*, *BEB*, *BEC*) entre l'Europe, l'Afrique et l'Amérique du Sud, cette technique allait ouvrir un nouveau champ d'investigation, riche d'applications: la géodésie dynamique.

La géodésie dynamique

Alors qu'en géodésie géométrique, le satellite est utilisé comme cible passive pour l'établissement de réseaux géodésiques au sol, en géodésie dynamique, l'objectif principal est de déterminer le mouvement du satellite autour de la Terre par l'utilisation combinée d'un modèle de mouvement fondé sur les équations de la mécanique céleste et des différentes observations de poursuite (mesures de distance par laser, de vitesse par effet Doppler ou angulaires par photographie sur fond d'étoiles).

Pour le modèle de mouvement, il est nécessaire de connaître les forces responsables des déformations de la trajectoire: le champ de gravité de la Terre, le freinage de l'atmosphère, la pression du rayonnement solaire, l'effet des marées terrestres et océaniques, le mouvement de l'axe de rotation de la Terre, l'attraction de la Lune, du Soleil et des planètes.

Il faut aussi connaître la position des stations d'observations. Comme aucune de ces quantités n'est connue de façon exacte, on utilise les observations de poursuite pour recaler empiriquement et par itérations successives le modèle de trajectoire sur la trajectoire réelle. C'est le principe de base du calcul d'orbite ou orbitographie. Mais on peut aussi, en combinant les observations de plusieurs satellites, tenter de déterminer les forces responsables des déformations de la trajectoire ainsi que la position des stations d'observations. C'est là le but principal de la géodésie spatiale dynamique.

Dès 1967, le SAO proposa un premier modèle du champ de gravité terrestre s'appuyant sur l'analyse de 40 000 mesures de poursuite provenant d'une douzaine de satellites placés sur des orbites différentes et s'étalant sur plusieurs années d'observation. En 1971, un modèle plus complet fut calculé par le SAO. Ce modèle, précurseur des modèles actuels, montrait déjà, sans les détails, les caractéristiques à grande échelle du champ de gravité terrestre.

De la mécanique céleste à la géodésie spatiale: l'orbite du satellite artificiel

Si la Terre était sphérique, de densité homogène, indéformable et sans hydrosphère, le mouvement du satellite serait décrit simplement par les lois de la mécanique du problème à deux corps et obéirait aux

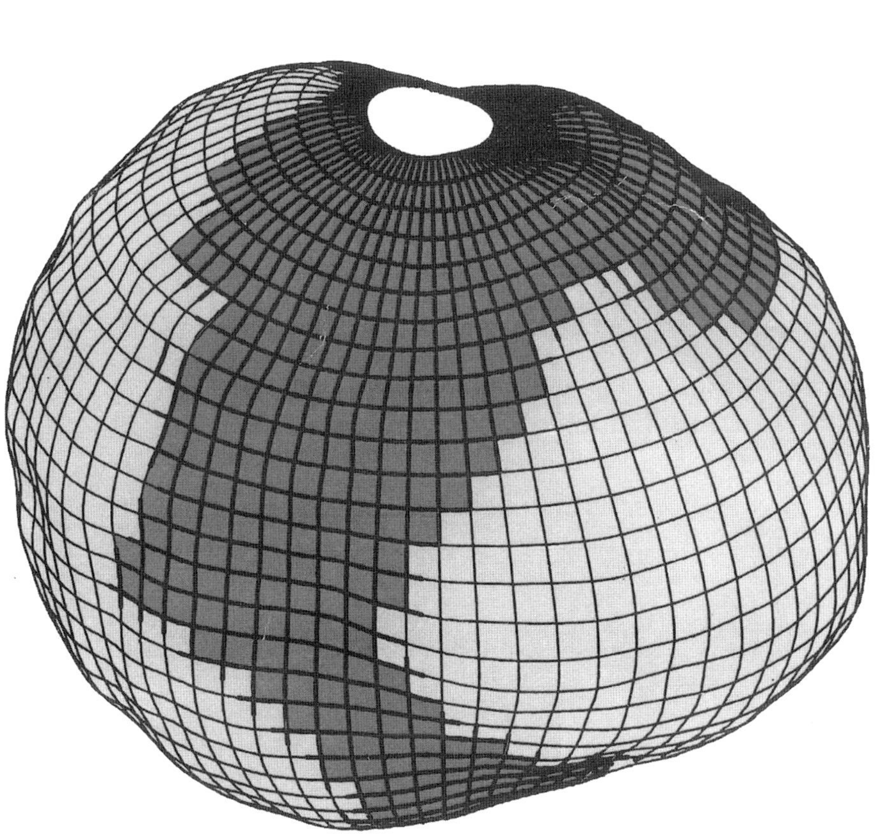

3. Le géoïde terrestre (la forme qu'aurait la Terre si elle était partout recouverte d'océans). Cette figure met en évidence l'aplatissement des pôles et le bourrelet équatorial, ainsi que les bosses et creux du géoïde par rapport à l'ellipsoïde de référence. Document GRGS.

lois de Kepler. Son orbite serait une ellipse dont les paramètres seraient invariables. Son plan, en particulier, serait fixe dans l'espace. L'hypothèse de sphéricité et d'homogénéité permet en effet de considérer que la masse de la Terre est équivalente à celle d'un corps ponctuel. Le satellite est alors soumis à la loi d'attraction centrale et décrit une ellipse dont la Terre est l'un des foyers.

On sait depuis trois siècles que la Terre possède un bourrelet équatorial causé par sa rotation sur elle-même (ill. 3). Ce bourrelet est responsable d'une série de déformations de la trajectoire, en particulier du mouvement du plan de l'orbite autour de la Terre. Ce phénomène fut observé avec les premiers satellites artificiels et conduisit à la première détermination précise de l'aplatissement dynamique de la Terre. Outre le bourrelet équatorial, les autres composantes du champ de gravité ainsi que toutes les autres forces d'origines diverses produisent des perturbations par rapport à l'orbite keplerienne.

Dans un repère galiléen (inertiel), il y a proportionnalité entre la force F à laquelle est soumis un corps de masse m et l'accélération γ de ce corps. Le mouvement d'un satellite artificiel peut être décrit en théorie grâce à cette relation qui n'est autre que la loi fondamentale de la dynamique: $F = m\gamma$. Si l'on connaît à un instant donné l'ensemble des forces agissant sur le satellite, on en déduit son accélération, donc sa position et sa vitesse, ce qui permet de décrire au cours du temps sa trajectoire dans l'espace.

Mais ces forces, quelles sont-elles? Elles sont nombreuses mais pas toutes d'égale importance. Citons-les tout d'abord: le champ de gravité, l'attraction de la Lune, du Soleil et des autres planètes, l'effet de freinage de l'atmosphère terrestre, la pression du rayonnement solaire, l'attraction des anomalies de masses causées par les déformations périodiques des océans, de l'atmosphère et du globe solide (les marées). A cela, il faut ajouter les forces d'entraînement et de Coriolis dues au fait que le mouvement du satellite est décrit dans un repère lié au globe terrestre, repère non galiléen puisque la Terre est en mouvement de rotation sur elle-même et de révolution autour du Soleil.

Déformations de la trajectoire dues au champ de gravité

Parmi toutes ces forces, celle due au champ de gravité terrestre est de très loin la plus importante. Placé dans le champ de gravité terrestre, le satellite décrit une trajectoire compliquée car le champ est lui même complexe. Cette complexité provient de la répartition

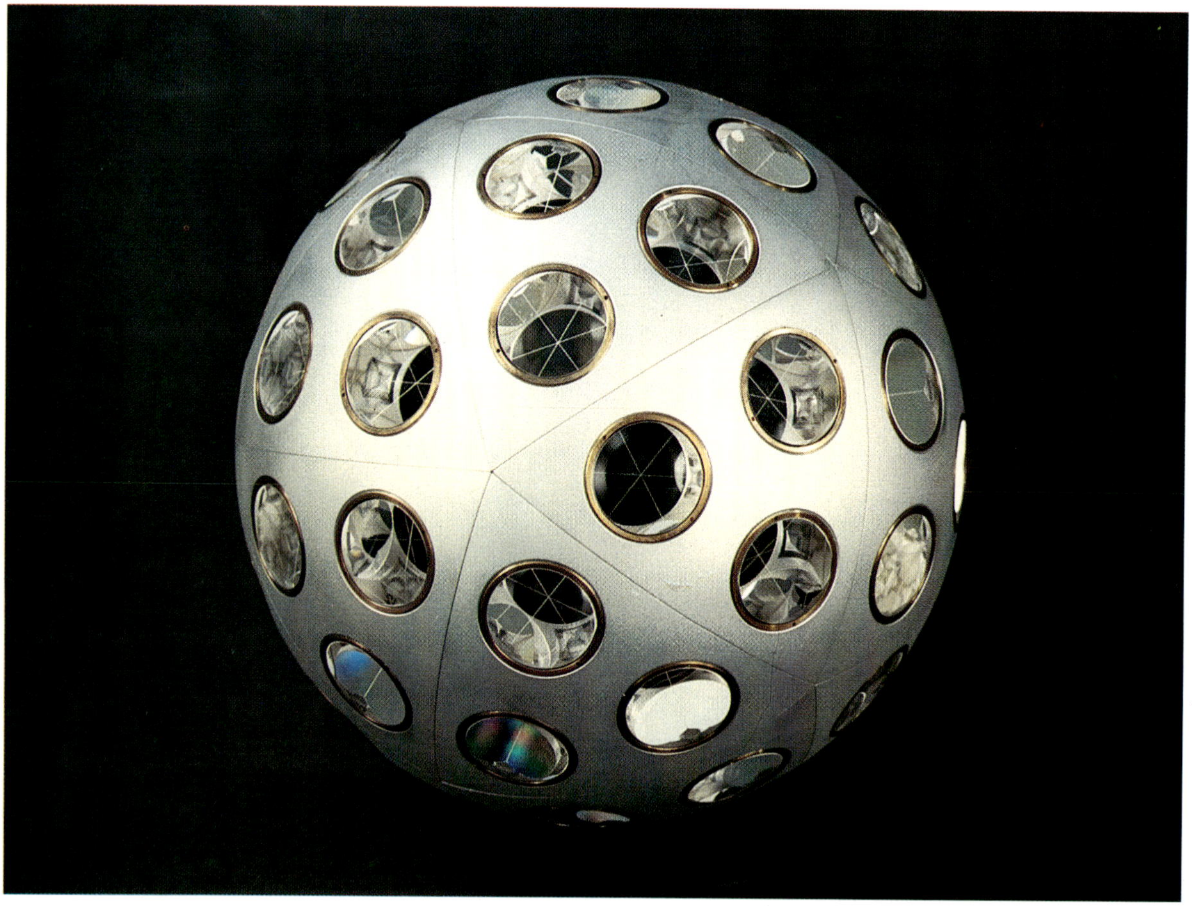

4. Photo du satellite laser *Starlette* construit et lancé par le CNES en 1975. Son diamètre est de 48 cm et sa masse de 47 kg. Il est observé quotidiennement depuis son lancement par le réseau mondial de stations laser. La mesure des variations de sa trajectoire sert à étudier des phénomènes lentement variables dans le temps, comme les marées à longues périodes ou les variations temporelles du champ de gravité terrestre. Document CNES.

hétérogène de la matière à l'intérieur de la Terre. Outre l'effet dû à l'attraction de la masse terrestre, la présence du bourrelet équatorial, de la dissymétrie nord-sud de la forme de la Terre, les hétérogénéités internes de matière dues notamment à l'existence de courants de convection dans le manteau terrestre, ainsi que les reliefs continentaux et sous-marins, induisent des effets gravitationnels multiples qui définissent le champ de gravité terrestre.

Le satellite est d'abord attiré par la masse de la Terre et de ce fait décrit grossièrement une ellipse keplerienne. L'attraction du bourrelet équatorial, 1 000 fois plus faible, a pour effet de déformer l'ellipse au cours du temps, tout comme les autres composantes du champ, dont la magnitude est un million de fois plus faible que celle de l'attraction centrale.

Le bourrelet équatorial est aussi appelé «aplatissement dynamique». Il représente la différence des moments principaux d'inertie selon l'axe de rotation terrestre et selon un axe situé dans le plan de l'équateur. Ce terme est responsable du plus grand changement de la trajectoire du satellite au cours du temps: la rotation du plan de l'orbite dans l'espace (ill. 5). Cette rotation s'effectue en quelques semaines, quelques mois ou même quelques années selon l'inclinaison du plan de l'orbite sur l'équateur terrestre. Plus cette inclinaison est faible, plus la rotation du plan de l'orbite est rapide et inversement. La ligne d'intersection du plan de l'orbite avec le plan de l'équateur terrestre circule donc dans ce plan et repasse périodiquement par la même position. Ce mouvement est rétrograde, c'est-à-dire de sens opposé à la direction du mouvement du satellite. Ce phénomène est bien connu en mécanique céleste. Les planètes géantes, Jupiter et Saturne sont très aplaties: les orbites de leurs satellites tournent dans l'espace.

Mais le bourrelet équatorial a bien d'autres effets. Le périgée, le point de passage du satellite au plus près de la Terre, ou, ce qui est équivalent, le grand axe de l'ellipse, n'est pas fixe dans le plan de l'orbite. Il circule dans ce plan avec une période allant de quelques semaines à quelques mois. Le bourrelet induit aussi des oscillations périodiques à courtes (quelques heures), moyennes (de l'ordre de la journée) et longues périodes (plusieurs semaines à plusieurs mois) de tous les éléments de l'orbite (inclinaison, excentricité, longueur du grand axe, etc.). En fait, l'ensemble de ces effets est infini mais leur importance est très variable. Par exemple, les oscillations du grand axe de l'orbite atteignent plusieurs kilomètres à très court terme (quelques heures). Mais à long terme (quelques semaines), elles ne dépassent pas quelques mètres.

Le bourrelet équatorial n'est qu'un des innombrables paramètres qui définissent le champ de gravité. Chaque paramètre donne lui même lieu à une infinité de déformations de l'orbite qui se classent comme pour le bourrelet équatorial en oscillations à

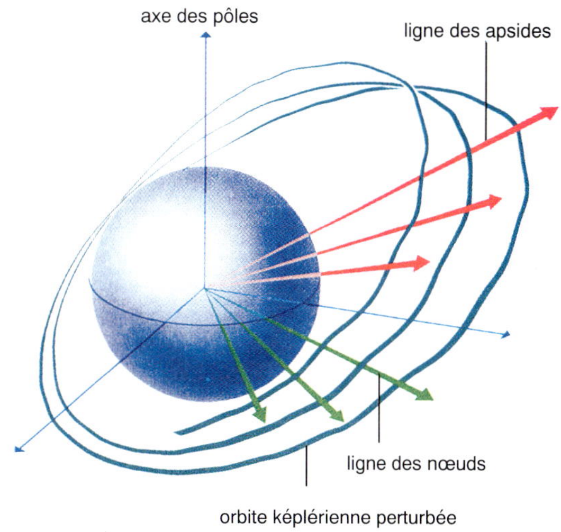

5. Le champ de gravité de la Terre est responsable de déformations continues de la trajectoire du satellite et en particulier des rotations de la ligne des nœuds de l'orbite dans le plan de l'équateur terrestre et du grand axe de l'ellipse (ligne des apsides) dans le plan de l'orbite. Document *Encyclopaedia Universalis*.

L'EXPRESSION MATHÉMATIQUE DU CHAMP DE GRAVITÉ TERRESTRE

Le champ de gravité terrestre est représenté mathématiquement sous forme d'une série infinie de paramètres. Les premiers termes de cette série ont une signification physique bien précise. Ainsi, le premier paramètre est proportionnel à la différence C-A des moments d'inertie principaux de la Terre (C, moment d'inertie par rapport à l'axe de rotation; A, moment d'inertie par rapport à un axe situé à l'équateur). On l'appelle facteur d'aplatissement dynamique. Il lui correspond un aplatissement géométrique de la forme de la Terre: la Terre est renflée à l'équateur de sorte que son rayon équatorial est supérieur de 21 km à son rayon polaire. Ce phénomène résulte, pour l'essentiel, de la rotation diurne. La Terre n'étant pas un corps complètement rigide, la force centrifuge due à sa rotation attire la matière vers l'extérieur, perpendiculairement à l'axe de rotation, avec d'autant plus d'intensité que la distance à l'axe est plus grande. C'est pourquoi les régions équatoriales sont plus déformées que les régions polaires. L'aplatissement dû à la force centrifuge, c'est-à-dire à la rotation de la Terre, est appelé aplatissement hydrostatique. L'aplatissement observé est légèrement plus grand que l'aplatissement hydrostatique, la différence étant de l'ordre du millième seulement. On ne sait pas pourquoi la Terre est plus aplatie que prévu.

Le second paramètre décrivant le champ de gravité caractérise l'ellipticité de l'équateur terrestre. Cette ellipticité de l'équateur résulte de la convection mantellique à grande échelle. Tous les autres paramètres de la série n'ont pas de signification physique particulière. Mais tout comme les deux premiers, ils dépendent de la répartition de la matière à l'intérieur de la Terre. Plus leur numéro d'ordre dans la série augmente, plus leur amplitude décroît et plus les anomalies de masse auxquelles ils correspondent sont superficielles.

courtes, moyennes et longues périodes. A cause de tous ces effets, la trajectoire du satellite se déforme continuellement au cours du temps mais ne s'écarte jamais beaucoup de la forme d'une ellipse. L'ensemble des forces agissant sur le satellite, à l'exception de l'attraction centrale due à la masse de la Terre, sont appelées perturbations.

La première détermination de l'aplatissement dynamique par satellite

Avant le lancement du premier satellite artificiel de la Terre, la valeur exacte de l'aplatissement dynamique de la Terre était très mal connue. C'était en outre le seul paramètre représentant le champ de gravité pour lequel on disposait d'une valeur approchée. Tous les autres termes étaient inconnus.

La valeur adoptée dans les années 50 pour l'aplatissement géométrique de la Terre (différence relative des rayons équatorial et polaire, quantité liée à l'aplatissement dynamique) était de 1/297. Cette valeur était celle proposée par le géophysicien anglais Sir Harold Jeffreys.

De nombreuses autres estimations basées sur les mesures du méridien terrestre avaient précédé. Newton lui-même avait proposé la valeur de 1/230. Au début du XVIIIe siècle, Cassini pensait que la Terre avait la forme d'un citron avec un aplatissement négatif de –1/95. Après les expéditions au Pérou et en Laponie, les estimations étaient comprises entre 1/180 et 1/266.

Le 4 octobre 1957, le premier satellite artificiel de la Terre, *Spoutnik 1* était lancé par l'URSS. Le satellite cessa d'émettre vingt jours plus tard, ce qui empêcha d'estimer l'aplatissement terrestre. *Spoutnik 2*, lancé le 3 novembre 1957, resta en orbite durant plusieurs mois.

Les émissions radio-électriques produites par *Spoutnik 2* furent recueillies par certains laboratoires tel que le Royal Aircraft Establishment en Angleterre, qui avaient développé des récepteurs en vue d'analyser ces signaux. Ainsi, c'est à Desmond King-Hele, un géodésien anglais, que l'on doit la première détermination de l'aplatissement terrestre à partir de l'observation de l'orbite de *Spoutnik 2*. La valeur trouvée était de 1/298. Cette valeur est très proche de la valeur déduite des observations les plus récentes, 1/298,25.

Les autres perturbations

Comme on l'a vu, d'autres effets induisent des perturbations de la trajectoire. L'attraction gravitationnelle de la Lune et du Soleil est aussi responsable d'une infinité de perturbations d'importance décroissante. Les effets sont essentiellement des oscillations périodiques des paramètres décrivant l'orbite sur des échelles de temps variées. Ces échelles de temps – ou fréquences – résultent des mouvements relatifs du satellite, de la Terre, de la Lune et du Soleil. Les déformations de la Terre causées par le phénomène de marées, sur lequel on reviendra en détail, induisent aussi des oscillations périodiques de l'orbite mais de plus petite amplitude. Toutes ces forces, qui font appel à la gravitation, sont décrites par l'attraction newtonienne. Mais il existe d'autres forces perturbatrices dépendant de la forme du satellite et de sa masse : ce sont notamment le freinage de l'atmosphère terrestre et la pression du rayonnement solaire.

Si l'altitude du satellite est assez basse (< 1 500 km), ce dernier est soumis à un fort freinage aérodynamique dû au frottement avec les molécules de l'atmosphère. Le freinage s'oppose à la vitesse du satellite et dépend de la densité atmosphérique et de la section de choc du satellite. Plus cette section est grande, plus le freinage est important. Le freinage est aussi inversement proportionnel à la masse du satellite, de sorte qu'un satellite lourd sera moins freiné qu'un satellite léger. C'est à cause du freinage de l'atmosphère que l'on observe régulièrement la rentrée dans la basse atmosphère, voire la retombée sur la Terre, de débris de fusées ou de plates-formes orbitales.

Alors que les forces gravitationnelles ne dissipent pas l'énergie orbitale du satellite (on dit qu'elles sont conservatives), il n'en est pas de même du frottement de l'atmosphère. Son effet est de réduire de façon permanente et cumulative le grand axe de l'orbite, donc l'altitude du satellite. Cet effet a aussi tendance à rendre l'orbite circulaire si elle était excentrique au départ.

Puisqu'il dépend de la densité atmosphérique, le freinage est d'autant plus intense que l'altitude du satellite est initialement basse. La densité elle-même dépend de facteurs externes comme l'activité solaire et l'existence d'orages géomagnétiques, etc., phénomènes causant des fluctuations de densité irrégulières, imprévisibles et de grande amplitude. Avec le cycle de

11 ans des époques d'activité solaire maximale, les perturbations de l'orbite d'un satellite placé à basse altitude peuvent être considérables, de plusieurs kilomètres sur des périodes de l'ordre de la journée.

La pression de radiation résulte de l'impulsion causée par le choc des photons du rayonnement solaire à la surface du satellite. Comme pour le freinage atmosphérique, elle est proportionnelle à la section de choc (dans la direction satellite-Soleil) du satellite et inversement proportionnelle à sa masse.

Comment restituer la trajectoire du satellite?

A partir du moment où le satellite est mis en orbite autour de la Terre, il est nécessaire de connaître sa position dans l'espace au cours du temps. Nous avons vu que le satellite est soumis à la loi fondamentale de la dynamique; son accélération est donc proportionnelle à la somme des forces qui agissent sur lui. Si ces forces sont connues avec une précision acceptable, il est possible de calculer son accélération et par suite sa position et sa vitesse à tout instant. Les forces sont représentées au moyen de modèles théoriques basés sur les lois de la physique et sur une représentation paramétrique traduisant les propriétés physiques du corps ou du milieu créant la force. La précision de ces modèles dépend donc de deux facteurs: une bonne description du phénomène physique et une connaissance correcte des valeurs des paramètres. C'est de ce second facteur que provient la plus grande part d'incertitude sur les modèles de forces.

La seule connaissance des forces est donc insuffisante pour calculer la trajectoire. On a alors recours à des observations entre un réseau de stations au sol et le satellite. Ces observations permettent de recaler la trajectoire calculée à partir des modèles par rapport à la trajectoire réelle. Appelées aussi mesures de poursuite, ces observations se classent en trois catégories: angulaires, de distance et de vitesse. Les mesures d'angle utilisées dans les premiers temps de la géodésie spatiale consistaient à mesurer la position angulaire du satellite par rapport aux étoiles. En raison de leur médiocre précision, ces mesures ne sont plus utilisées aujourd'hui.

La télémétrie laser sur satellite s'est développée dès 1965. Elle a été jusqu'ici la technique de poursuite la plus précise. Il y a 30 ans, la mesure de distance par laser entre la Terre et le satellite avait une précision d'environ 1 mètre. Une précision de 1 cm est atteinte aujourd'hui grâce aux progrès constants de la technologie. Malgré sa grande précision, la mesure de poursuite par laser souffre cependant de deux inconvénients: elle ne fonctionne pas lorsque le ciel est couvert de nuages. Par ailleurs, la densité du réseau de stations autour du globe reste faible et sa répartition est très peu homogène car les stations sont principalement situées en Amérique du Nord et en Europe.

Comme le laser, la technique radioélectrique a fait son apparition très tôt. Celle-ci fournit une mesure de la vitesse relative du satellite par rapport à une station au sol. Cette technique basée sur l'effet Doppler a l'avantage d'être opérante même en présence de nuages et permet donc un suivi beaucoup plus continu de la trajectoire que la télémétrie laser. Elle est aussi beaucoup plus «légère», autorisant l'implantation de stations de poursuite à peu près n'importe où sur le globe, notamment sur les îles. Au début des années 90, un premier réseau très dense et homogène de stations radioélectriques a été implanté par la France. Ce réseau de poursuite, nommé DORIS (Détermination précise d'Orbite et Radio-positionnement Intégrés par Satellite), est appelé à fonctionner pendant au moins une décennie et permet de restituer l'orbite des satellites porteurs du système de réception associé avec une précision aussi bonne que la télémétrie laser.

Qu'elles soient d'angle, de distance ou de vitesse relative, ces mesures réalisées depuis le sol lorsque le satellite survole la station sont comparées aux «mesures théoriques» calculées à partir de la position présumée du satellite, c'est-à-dire basées sur l'équation fondamentale de la dynamique. Les différences ainsi mises en évidence sont réduites lors d'un calcul statistique en ajustant un jeu de paramètres représentant l'orbite à un instant choisi. Pour que ces paramètres soient le plus proches possible de ceux de l'orbite réelle, il faut un modèle de mouvement précis, des mesures de poursuite précises et une réseau de poursuite dense et homogène pour assurer un suivi continu de la trajectoire du satellite. Au cours des trois dernières décennies, ces critères ont été le souci permanent des spécialistes en géodésie spatiale, qui ont eu pour objectif majeur l'amélioration constante des modèles de forces et des performances technologiques.

Comment détermine-t-on le champ de gravité?

De nombreux satellites d'observations géodésiques ont été lancés. Certains ont été conçus et optimisés tels que *Starlette*, *Lageos1*, *Lageos 2* et *Stella*. Sphériques, denses et entièrement recouverts de réflecteurs laser, ils sont peu sensibles aux effets du freinage de l'atmosphère et à la pression du rayonnement solaire (ill. 4). Depuis trente ans, une trentaine de satellites géodésiques observés par télémétrie laser ou par effet Doppler ont pu être utilisés pour modéliser le champ de gravité de la Terre.

En analysant les perturbations orbitales, estimées à partir des mesures de poursuite entre le satellite et des stations au sol, on peut déterminer les forces agissant sur le mouvement du satellite et plus particulièrement le champ de gravité. Il est nécessaire d'utiliser les observations de nombreux satellites placés sur des orbites d'inclinaisons différentes de façon à séparer les différents paramètres inconnus. Comme certaines perturbations dues au champ de gravité agissent sur des échelles de temps longues, il faut utiliser des observations sur plusieurs années quand cela est possible. Mais le problème à résoudre est fort complexe et nécessite de très puissants ordinateurs. Seules quelques équipes dans le monde ont les capacités de produire des solutions élaborées du champ de gravité.

Aux Etats-Unis, le Goddard Space Flight Center et l'université du Texas à Austin produisent régulièrement des versions améliorées du champ de gravité. En Europe, une coopération s'est établie de longue date entre le Groupe de recherche de géodésie spatiale (GRGS) en France et l'Institut de géodésie spatiale en Allemagne, pour établir des modèles du champ aussi précis que possible. Une saine compétitivité scientifique s'est établie au cours du temps entre les équipes américaines et européennes, conduisant des deux côtés à l'amélioration des solutions.

Les versions les plus récentes déterminent plusieurs milliers de paramètres du champ. Ces modèles fournissent avec une précision remarquable les détails à grandes et moyennes longueurs d'onde du champ de gravité (ill. 6). Ils sont un outil de base pour l'orbitographie de haute précision et donnent aussi accès à la structure interne du globe terrestre.

La géodésie spatiale, d'hier à aujourd'hui

Dès la fin des années 60, les chercheurs en géodésie spatiale notèrent l'apport potentiel majeur de cette nouvelle discipline aux sciences de la Terre. Alors que jusque là, le champ de gravité n'était connu que de façon très partielle à partir de mesures de gravité au sol, il s'avéra vite évident que la mesure du champ, à une échelle globale, à partir des perturbations des orbites des satellites, pouvait apporter une contribution capitale à l'étude de la structure interne du globe terrestre.

Les possibilités offertes dans le domaine du positionnement permirent d'envisager l'établissement d'un réseau de points de référence, bien répartis à la surface de la Terre et raccordés les uns aux autres, avec d'intéressantes applications géophysiques comme la mesure des déformations de la croûte terrestre, des mouvements des plaques tectoniques, la mesure du mouvement de l'axe de rotation de la Terre – appelé mouvement du pôle – et des variations de la vitesse de rotation diurne.

Les projets de développement de nouvelles techniques, notamment le radar altimétrique embarqué sur satellite mesurant les ondulations de la surface des océans, allaient ouvrir de nouveaux champs d'investigation en géophysique, en océanographie et en glaciologie.

Pour l'essentiel, les ondulations de la surface océanique résultent de la répartition hétérogène des masses à l'intérieur du globe terrestre et représentent la surface appelée «géoïde» permettant de visualiser les variations géographiques du champ de gravité. Le géoïde est une surface équipotentielle du champ de gravité qui coïncide avec le niveau «moyen» de la mer (voir encadré p. 42). A ce niveau moyen se superposent d'autres ondulations qui dépendent du temps et dont l'amplitude est 10 à 100 fois plus faible. Celles-ci sont causées par les marées et la circulation océanique. A partir des mesures d'altimétrie radar depuis un satellite, répétées à intervalles fréquents tout le long de l'orbite, on obtient une information précise sur le niveau moyen de l'océan et sur ses variations temporelles. Au-dessus des glaces, notamment au dessus du Groenland et de l'Antarctique, l'altimétrie radar permet de mesurer la topographie de la banquise, donc l'évolution temporelle du

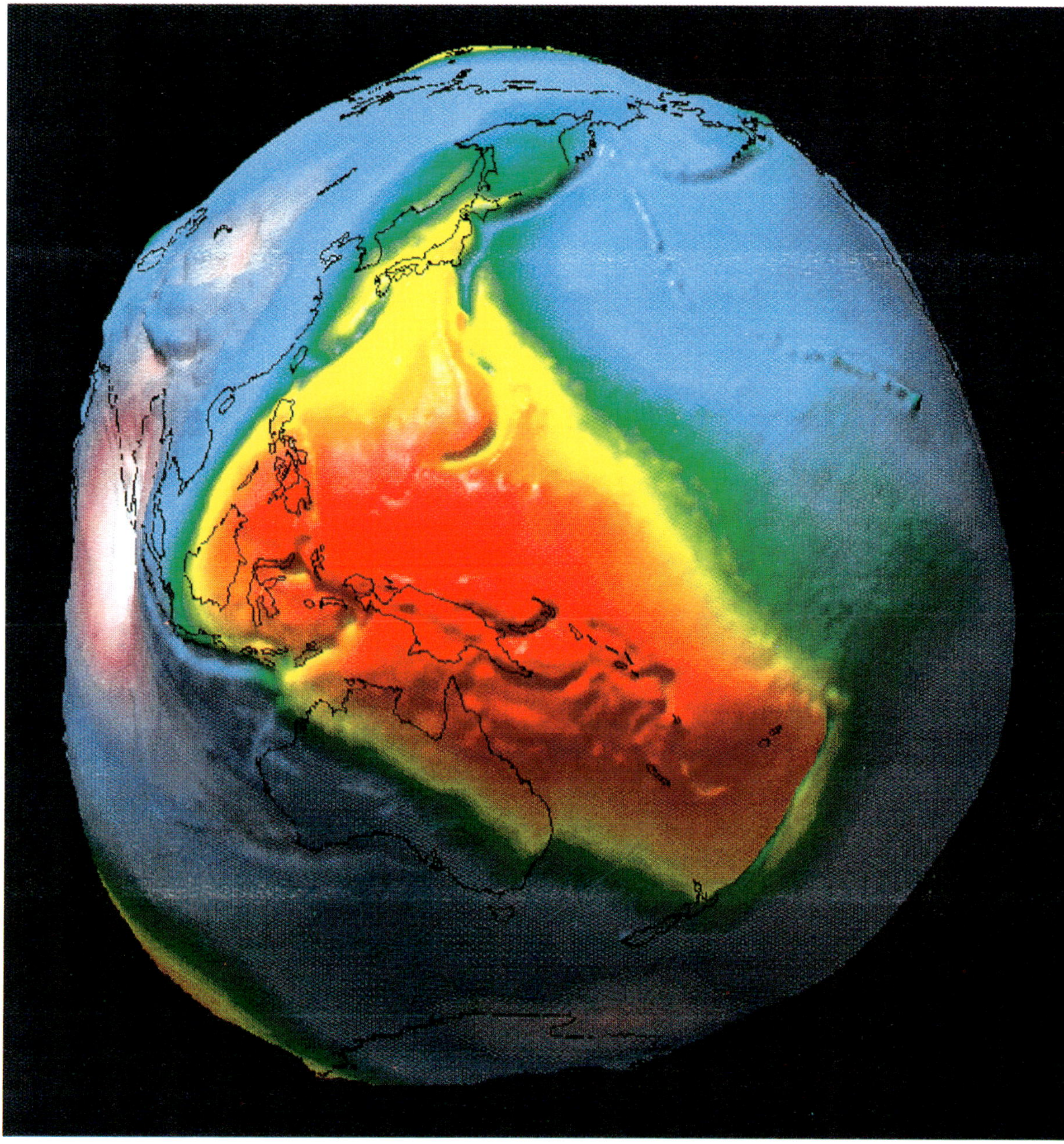

volume des calottes glaciaires. Comme pour la mesure de la circulation océanique, ces mesures ont des applications directes en climatologie.

La géodésie spatiale renseigne aussi sur d'autres phénomènes tels les déformations du globe terrestre et les mouvements des plaques lithosphériques. Elle permet également d'évaluer les redistributions de masses dans le manteau terrestre, dans les océans et même dans l'atmosphère.

Enfin, si le satellite géodésique est en orbite autour d'une autre planète tellurique, comme Mars ou

6. Les ondulations à grandes longueurs d'onde (plusieurs milliers de km) du géoïde terrestre déterminées à partir de l'analyse des perturbations des trajectoires des satellites géodésiques. Hémisphère du Pacifique. Document GRGS.

Vénus, les mêmes techniques et les mêmes méthodes d'analyse peuvent être utilisées, offrant le même éventail d'applications scientifiques, notamment sur la structure interne de ces objets. Grâce à la géodésie spatiale, on a pu envisager de nouveaux développements en planétologie, auparavant largement axée sur l'étude des mouvements et des rotations des planètes.

Il fallut néanmoins attendre ces dernières années pour que tous ces objectifs soient réellement accessibles.

Au cours de la décennie passée on a pu assister à une remarquable explosion de résultats en géophysique interne, en océanographie et en planétologie.

Depuis 25 ans, la précision des techniques a progressé continûment, d'un facteur proche de 100 dans tous les domaines. Alors qu'en 1970, la précision de distance entre une station au sol et le satellite par télémétrie laser était de l'ordre de 1 à 2 m, elle atteint le niveau centimétrique aujourd'hui. Celle de la mesure de vitesse était de quelques cm/s, elle est de 0,3 mm/s à présent. La précision de calcul de la position du satellite dans l'espace est passée de plusieurs dizaines de mètres à quelques décimètres ou même centimètres. Les ondulations du géoïde, sur des échelles de 1 000 km, étaient connues à 10 m près. Elles le sont actuellement à quelques centimètres près. En 1970, on mesurait la position d'une station au sol à 1-2 m près. Aujourd'hui une précision centimétrique est courante.

Ce gain d'un facteur 100 a été obtenu en améliorant à la fois les performances technologiques pour procéder à des observations de plus grande précision, à la fois la modélisation des phénomènes physiques à prendre en compte, tant au plan de la mesure elle-même (par exemple, les corrections des effets de propagation du signal laser ou radio électrique à travers l'atmosphère terrestre) qu'au plan des forces agissant sur le mouvement du satellite. Ces améliorations ont été réalisées par un processus d'itérations successives. Des mesures plus précises ont permis par exemple de calculer avec une meilleure approximation la trajectoire du satellite puis d'en déduire une meilleure représentation du champ de gravité. Avec un modèle plus précis du champ de gravité, donc une orbite plus finement restituée, on a pu observer d'autres phénomènes jusque là masqués, par exemple l'effet des marées océaniques, les variations du tenseur d'inertie de la Terre ou le déplacement des stations d'observation dû à la tectonique des plaques. Il s'agit d'une «boucle» parcourue en permanence, dont la finalité est l'amélioration des performances aux différents niveaux de l'analyse, en vue d'acquérir une meilleure connaissance des phénomènes physiques.

En parallèle, de nouvelles techniques ont été mises en œuvre: l'altimétrie embarquée sur plusieurs satellites successifs, qui permet une cartographie directe des ondulations de la surface marine; l'interférométrie à large base (VLBI), technique n'utilisant pas de satellite, développée par les astronomes puis utilisée par les géodésiens pour mesurer les paramètres de rotation de la Terre et la dérive des plaques tectoniques; le Global Positioning System (GPS), constellation d'une vingtaine de satellites dont les orbites réparties uniformément autour de la Terre permettent à un observateur terrestre muni d'un récepteur de recevoir en n'importe quel point du globe le signal émis par ces satellites. Les applications sont multiples et en géodésie, elles concernent principalement la mesure des déformations de la surface terrestre. Enfin le système DORIS, déjà évoqué, est dédié à l'orbitographie de haute précision et à l'étude des déformations et des mouvements de la Terre.

LA TERRE : UNE DYNAMIQUE COMPLEXE EN ÉVOLUTION PERMANENTE

La mesure précise et globale du champ de gravité de la Terre par la géodésie spatiale fournit des informations de premier choix pour étudier l'intérieur de la Terre. Aux très grandes longueurs d'onde (plusieurs milliers de km), les anomalies du champ, ou ce qui est équivalent, les ondulations du géoïde, renseignent sur le manteau profond. L'existence même des ondulations à large échelle spatiale résulte du phénomène de convection thermique qui affecte le manteau terrestre. A plus petite échelle (500 à 3 000 km), les ondulations du géoïde reflètent la structure plus superficielle de la Terre, en particulier la structure des plaques lithosphériques. A très courte échelle enfin (< 500 km), le géoïde traduit essentiellement la topographie de surface.

Pour mieux comprendre l'apport majeur des mesures du champ de gravité à l'étude de la structure à grande échelle du globe terrestre, on présente brièvement ci-dessous l'état actuel des connaissances sur la convection mantellique puisque la structure convective du manteau est la cause essentielle des hétérogénéités de densité dans le manteau et par là même, du champ de gravité.

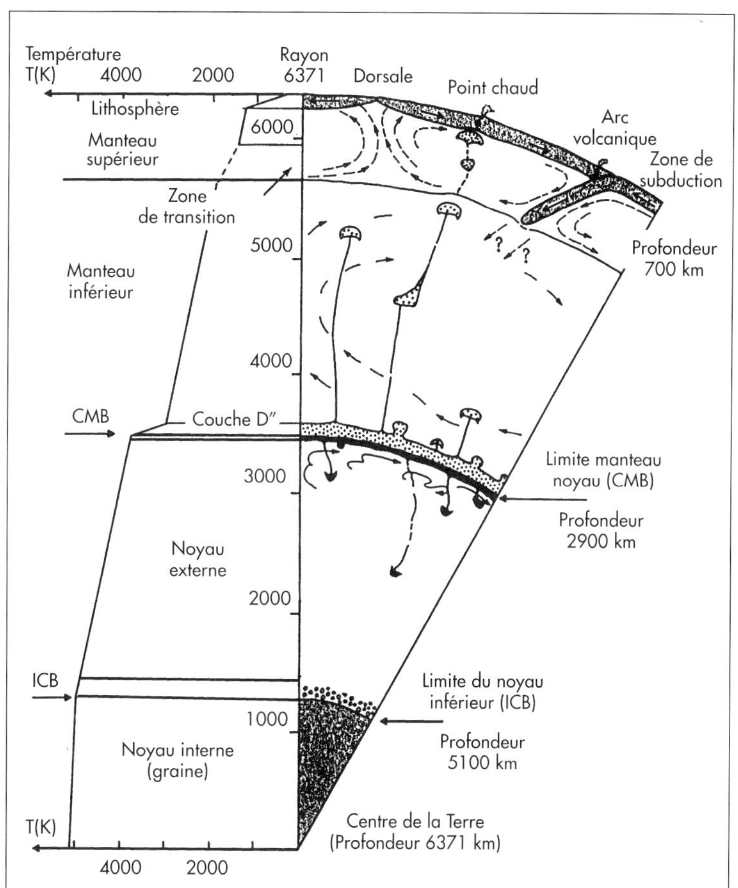

7. Schéma représentant la structure radiale de la Terre.

LES ONDES SISMIQUES

Les vibrations engendrées par un séisme se propagent à l'intérieur et à la surface de la Terre dans toutes les directions. Elles traduisent la propagation des déformations provoquées par la rupture brutale d'une faille, généralement située dans la croûte terrestre. La propagation des ondes résulte de la propriété qu'a la Terre de réagir de manière élastique aux actions de courte durée.

Lors d'un tremblement de Terre, deux sortes d'ondes apparaissent. Les ondes de volume, qui se propagent dans l'ensemble de la Terre, et les ondes de surface qui ne se propagent qu'en surface. Les ondes de volume se divisent en deux catégories: les ondes de compression (ondes P) et les ondes de cisaillement (ondes S). Le déplacement du sol qui correspond aux ondes P se fait par dilatation et compression successives, parallèlement au sens de propagation. Elles arrivent les premières aux stations d'enregistrement (d'où leur nom d'onde P comme première). Dans le cas des ondes S, les mouvements du sol s'effectuent perpendiculairement au sens de propagation. Elles arrivent en second et ne peuvent se propager dans les milieux liquides.

Il existe aussi deux sortes d'onde de surface: les ondes de Rayleigh et les ondes de Love. Elles résultent d'interférences constructives entre les deux types d'onde précédentes (compression et cisaillement), en fonction de la stratification des différentes enveloppes de la Terre (croûte et manteau). Les ondes de Rayleigh ont à la fois une composante de compression et de cisaillement. Elles entraînent les particules rocheuses dans un mouvement elliptique, inscrit dans un plan vertical contenant la direction de propagation. Les ondes de Love sont des ondes de cisaillement. Elles vibrent dans un plan horizontal, parallèle à la surface de la Terre. Les ondes de surface se propagent le long de grands cercles à la surface de la Terre. A basse fréquence, elle s'étendent en profondeur dans le manteau.

La vitesse de propagation des ondes varie avec les caractéristiques du milieu traversé, en particulier avec la rigidité et le degré de compressibilité. Ces deux paramètres dépendent de la température du milieu. C'est pourquoi les ondes sismiques se propagent plus vite à travers les régions froides du manteau qu'à travers les régions chaudes. Ainsi, aux vitesses lentes correspond un milieu chaud et inversement.

L'intérieur du globe

Depuis toujours, la surface de la Terre a été perturbée par des grands cataclysmes, éruptions volcaniques sur terre ou en mer et tremblements de terre, témoignant d'une intense activité interne.

La Terre est constituée d'une succession d'enveloppes concentriques aux propriétés physiques et chimiques différentes. On peut distinguer quatre régions principales: la croûte, le manteau, le noyau et la graine (ill. 7).

La croûte, pellicule externe froide, a une épaisseur de 10 km sous les océans et 30 km sous les continents. Le manteau est un milieu solide mais déformable à l'échelle des temps géologiques, où la température augmente régulièrement avec la profondeur. Composé de roches silicatées, il s'étend de la base de la croûte jusqu'à 2 900 km de profondeur. Il est lui-même subdivisé en deux parties: le manteau supérieur jusqu'à 670 km et le manteau inférieur de 670 à 2 900 km de profondeur.

Entre 2 900 km et 5 100 km, c'est le domaine du noyau liquide, alliage de fer et de nickel. Sa densité est deux fois plus élevée que la moyenne du manteau.

Entre 5 100 km et 6 400 km, la matière est de nouveau solide. C'est la graine, constituée de fer presque pur. La densité y est très élevée et la température atteint plusieurs milliers de degrés.

Cette zonation moyenne est connue depuis longtemps grâce à la sismologie, branche de la géophysique étudiant la propagation à travers le globe des ondes sismiques émises lors des tremblements de Terre.

Au cours des années 80, on a pu établir les premières cartes de la structure tridimensionnelle de la Terre, montrant les hétérogénéités latérales du manteau se superposant à la stratification radiale. C'est la tomographie sismique, un autre domaine de la sismologie, qui a permis d'améliorer considérablement notre connaissance de la structure interne de la Terre (voir encadré p. 24). La tomographie sismique permet d'établir des cartes détaillées des vitesses des ondes sismiques à différentes profondeurs dans le manteau. On a pu ainsi obtenir les cartes des régions «lentes» et «rapides» du manteau. Comme la vitesse des ondes dépend des propriétés élastiques du milieu, qui elles-mêmes dépendent de la température, on

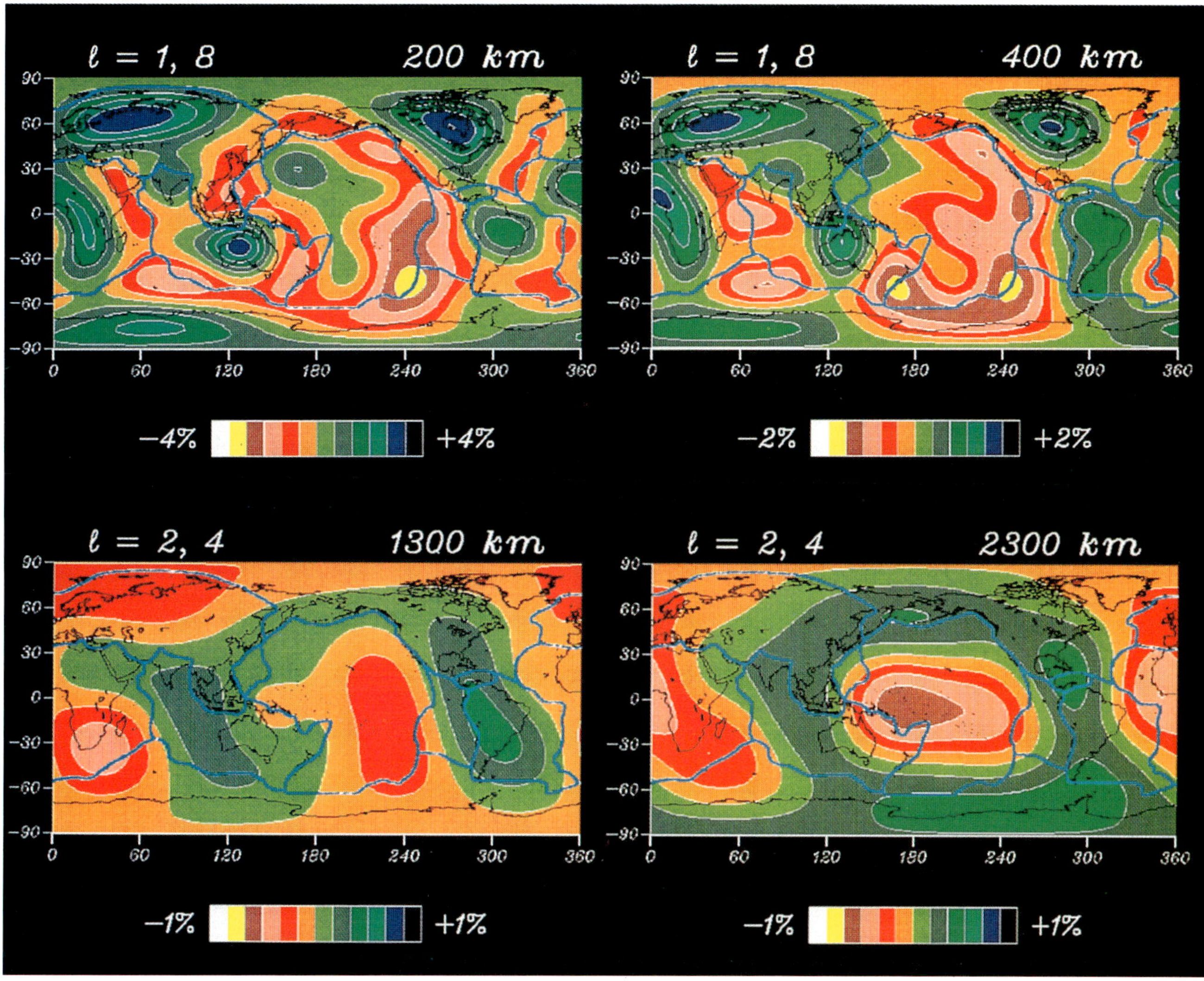

b

d

associe les régions «lentes» à des régions chaudes et les régions rapides à des régions «froides».

La tomographie sismique a ainsi permis d'obtenir une représentation tridimensionnelle des variations de la température reflétant la structure convective du manteau, les régions chaudes correspondant aux courants ascendants de matière, les régions froides correspondant aux courants descendants (ill. 8). Les premières cartes tomographiques globales du manteau terrestre ont été réalisées il y a une dizaine d'années et si depuis les représentations ont été affinées, les grands traits de la structure thermique du manteau sont restés inchangés.

8. Cartes des anomalies de vitesses des ondes sismiques à différentes profondeurs dans le manteau terrestre établies par tomographie sismique. Les zones lentes (en jaune et rouge) sont associées à des régions chaudes et les zones rapides (en bleu) à des régions froides.

(a) 200 km de profondeur: les régions chaudes correspondent principalement aux dorsales médio-océaniques.

(b) 400 km de profondeur: la corrélation entre régions chaudes et dorsales est beaucoup moins nette, ce qui suggère que l'origine des dorsales est superficielle.

(c) et (d) 1300 km et 2 300 km de profondeur: le manteau inférieur est caractérisé par deux vastes régions chaudes, l'une sous le Pacifique ouest, l'autre sous l'Afrique et l'Atlantique.

D'après le modèle tomographique de Su et Dziewonski, 1991.

LA TOMOGRAPHIE SISMIQUE

La tomographie sismique permet de cartographier les régions du manteau où la vitesse des ondes est anormale par rapport à la propagation moyenne.
La méthode consiste à combiner mathématiquement les mesures de vitesse enregistrées dans des stations sismiques pour un grand nombre d'ondes émises par les séismes, le long de trajets entrecroisés à l'intérieur de la Terre. On peut alors repérer les zones anormales où la vitesse est différente (plus rapide ou plus lente) de la vitesse théorique (celle calculée pour une Terre à symétrie radiale).
Les ondes de volume qui se propagent profondément à l'intérieur de la Terre ont permis de cartographier le manteau inférieur alors que les ondes de surface permettent essentiellement de caractériser le manteau supérieur.
Plusieurs réseaux mondiaux de stations sismiques ont été déployés ces dernières années. La France, pour sa part, a mis en place le réseau GEOSCOPE, premier réseau mondial destiné à détecter les ondes de volume sur une large bande de fréquence ainsi que les ondes de surface, et de mesurer les mouvements du sol selon trois directions (verticale et horizontales). Outre ces caractéristiques, le réseau GEOSCOPE possède un ensemble de stations d'enregistrement réparties de manière globale.

Les cartes tomographiques du manteau inférieur font apparaître deux vastes anomalies chaudes s'étendant sur plusieurs milliers de kilomètres, l'une localisée sous le Pacifique central, l'autre sous l'Atlantique et l'Afrique occidentale. Ces deux zones chaudes sont entourées de régions froides qui englobent l'Asie et l'Australie d'un côté, le continent américain de l'autre. Cette disposition varie peu dans ses grandes lignes entre 1 300 et 2 500 km de profondeur. Elle caractérise la presque totalité du manteau inférieur.

Contrairement au manteau inférieur, les cartes de tomographie sismique du manteau supérieur montrent une forte corrélation avec les grandes structures tectoniques de surface. A faible profondeur, de la surface à 300 km, on observe que les régions chaudes coïncident pour l'essentiel avec les dorsales médio-océaniques (structures des fonds marins où se forme la croûte océanique par remontée du matériau en fusion peu dense du manteau). En dessous de 300 km de profondeur, la corrélation observée en surface entre la position des dorsales et les zones chaudes du manteau disparaît. C'est là une indication que les dorsales océaniques sont des structures relativement superficielles et qu'elles ne résultent pas de l'arrivée en surface d'un ensemble de courants ascendants verticaux, remontant des profondeurs du manteau, comme on le croyait auparavant. On pense à présent qu'elles sont alimentées par le déplacement latéral de matériau chaud provenant des vastes zones chaudes situées plus profondément dans le manteau.

La plupart des régions continentales (régions où la plaque en surface s'est refroidie depuis des centaines de millions, voire des milliards d'années) correspondent à des anomalies froides du manteau supérieur, au moins jusqu'à 200 km de profondeur. C'est aussi dans les régions froides que l'on trouve les zones de subduction, lieux d'enfoncement des plaques lithosphériques dans le manteau.

En dessous de 300 km dans le manteau supérieur, les régions chaudes et froides ne montrent plus de relation claire avec la tectonique de surface (sauf peut-être les zones de subduction). On pense qu'à partir de cette profondeur, et dans tout le manteau inférieur, celles-ci reflètent pour l'essentiel la structure convective à grande échelle du globe terrestre.

La convection mantellique

Le manteau terrestre est animé de courants de convection, responsables du déplacement des plaques lithosphériques en surface. La convection thermique du manteau est le phénomène dynamique majeur en action à l'intérieur de la Terre (voir encadré p. 25). C'est à lui que l'on doit l'expansion des fonds océaniques, les chaînes de montagnes continentales, enfin l'activité sismique et volcanique du globe. Le manteau est constitué de roches dures mais suffisamment chaudes pour être déformables. A l'échelle des temps géologiques, le manteau se comporte comme un fluide au sein duquel des instabilités convectives peuvent se développer.

Les courants de convection transportent la chaleur du manteau profond vers la surface. Cette chaleur provient d'une part de la désintégration radioactive

LE PHÉNOMÈNE DE CONVECTION

La convection est un phénomène dû au transport vertical de la chaleur dans un milieu fluide. Dans les cas les plus simples, des mouvements convectifs apparaissent lorsque le fluide est chauffé par le bas. La partie inférieure du fluide se dilate et devient moins dense que les couches supérieures. La partie inférieure, plus chaude et plus légère, s'élève tandis que la partie supérieure, plus froide, s'enfonce. La force qui induit un tel mouvement est la force d'Archimède s'exerçant sur la partie chaude. L'ordre de grandeur de cette force est déterminé par la différence de température entre le haut et le bas de la couche fluide. Pour que la matière se déplace, la force d'Archimède doit vaincre la force de traînée visqueuse qui s'oppose au mouvement et le phénomène de diffusion de la chaleur qui tend à égaliser la température de la matière déplacée par rapport au milieu environnant. L'importance relative de ces facteurs est mesurée par un nombre qu'on appelle nombre de Rayleigh. La convection démarre lorsque la poussée d'Archimède arrive à vaincre les effets de la viscosité et de la diffusion de la chaleur. A ce seuil de démarrage correspond une valeur du nombre de Rayleigh qu'on appelle valeur critique.

La théorie de la convection est étudiée depuis longtemps dans le cadre de modèles simplifiés pour lesquels les propriétés du fluide sont supposées constantes. Pour les fluides réels, de nombreuses complications apparaissent. Par exemple, la viscosité et la diffusivité thermique varient avec la température. Ces quantités interviennent dans la définition du nombre de Rayleigh; leurs variations peuvent influer fortement sur le seuil de la convection et sur son évolution ultérieure. Ainsi, une relation complexe existe entre la viscosité et la température. Lorsque la température augmente, la viscosité décroît. Mais la dissipation d'énergie causée par les forces visqueuses produit de la chaleur et élève la température. Par ailleurs, les fluides réels sont compressibles: la pression peut alors faire varier la densité et d'autres paramètres. Ces quelques exemples soulignent à quel point la théorie de la convection appliquée à des systèmes physiques réels, est complexe. Parmi les systèmes convectifs qui existent dans la nature, celui du manteau terrestre est de loin le plus complexe et le plus mal compris.

des isotopes de l'uranium, du thorium et du potassium contenus dans les roches mantelliques, d'autre part de l'énergie gravitationnelle accumulée il y a 4,6 milliards d'années lors de la formation de la Terre. La vigueur de la convection est caractérisée par le nombre de Rayleigh, nombre sans dimension qui dépend des propriétés du manteau, en particulier de sa viscosité, et de l'intensité et de la répartition des sources de chaleur. Ce nombre, pour le manteau, est supérieur de plusieurs ordres de grandeur à la valeur seuil pour laquelle la convection se déclenche.

La convection mantellique est un phénomène dynamique d'une grande complexité. Celle-ci provient d'une variété de facteurs parmi lesquels: les couplages entre les différents systèmes, lithosphère, manteau et noyau; la dépendance complexe de la viscosité du manteau avec la profondeur; l'existence probable de transitions de phase cristalline des matériaux mantelliques à certaines profondeurs, peut-être des changements de composition chimique; la géométrie sphérique du manteau terrestre; enfin, la présence de plaques rigides en surface.

Les propriétés du système sont compliquées et largement inaccessibles à l'observation, de sorte que le mécanisme de la convection mantellique est encore mal compris. La structure convective du manteau est au centre des débats menés depuis 20 ans par la communauté des géophysiciens. De nombreuses questions restent sans réponses. Y a-t-il une convection d'ensemble du manteau ou bien des convections séparées du manteau inférieur et du manteau supérieur? Quelle est la géométrie des courants de convection? La convection est-elle stable ou chaotique? Les zones de subduction et les points chauds observés en surface jouent-ils un rôle dans la convection? Quel est le rôle de la transition entre le manteau supérieur et le manteau inférieur? Y a-t-il des interactions entre la convection du manteau et celle du noyau?

Pour répondre à ces questions, les géophysiciens disposent d'observations physiques et chimiques, témoins indirects de la convection mantellique: la tomographie sismique du manteau, le champ de gravité, la topographie de surface et la composition chimique des roches issues du manteau. Ces seules observations ne permettent cependant pas de répondre sans équivoque aux questions sur la convection mantellique. Aussi, les géophysiciens développent en paral-

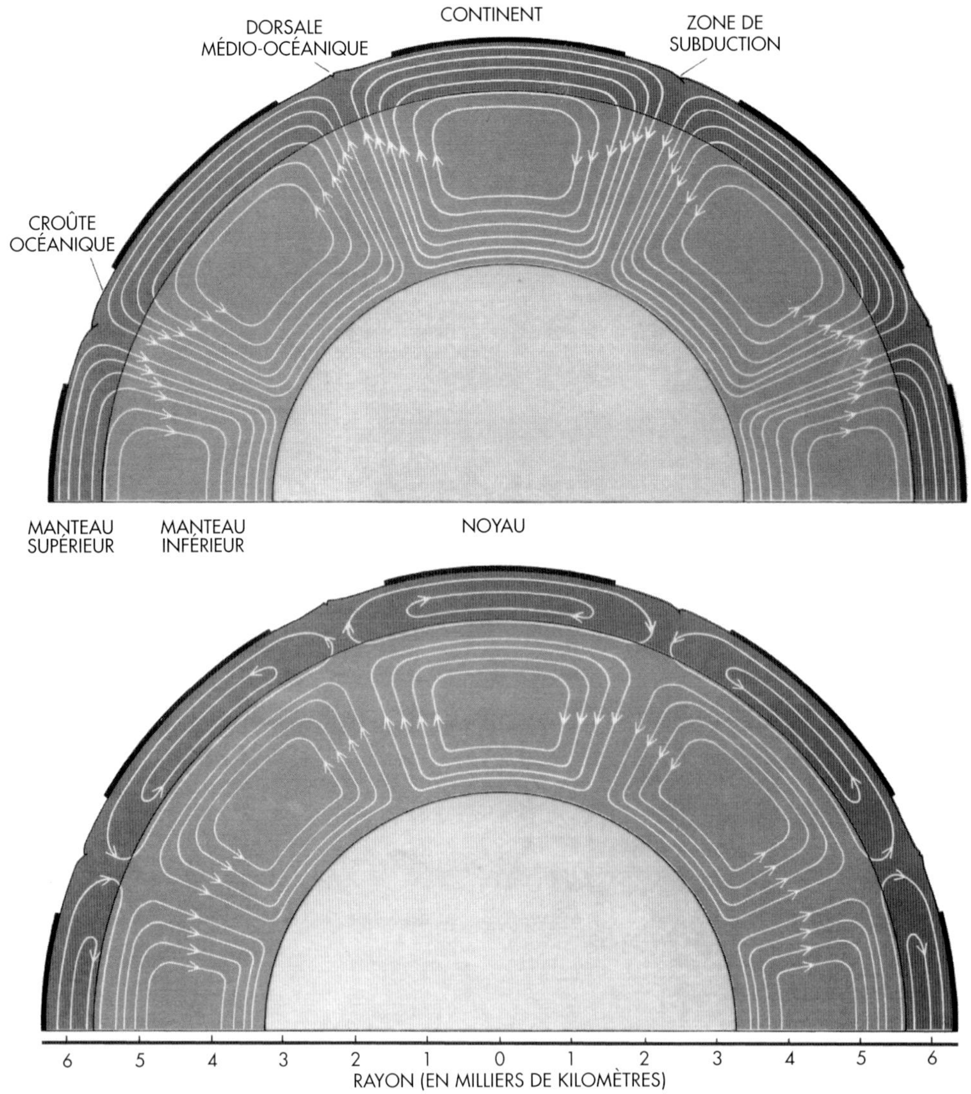

9. Deux géométries ont été envisagées pour la convection mantellique:
(a) convection affectant l'ensemble du manteau.
(b) convections séparées des manteaux supérieur et inférieur.
Les développements récents sur la convection mantellique suggèrent qu'en réalité, ces cas extrêmes sont peu vraisemblables. D'après O'Nions *et al.*, 1980.

lèle des modèles mathématiques et réalisent des expériences de laboratoire censées représenter en modèle réduit le manteau terrestre. La modélisation numérique de la convection a fait des avancées capitales ces dernières années grâce au développement des superordinateurs tels les calculateurs massivement parallèles. Néanmoins, ces modèles ne peuvent encore rendre compte de manière réaliste de la complexité des conditions physiques et chimiques internes.

• Une couche, deux couches ou une couche et demie?

La question de la convection du manteau en une seule couche (tout le manteau) ou en deux couches (convections séparées du manteau supérieur et du manteau inférieur) est posée depuis plus de vingt ans. Pourtant, aucun consensus général n'existe à ce jour.

Les partisans d'une convection à deux étages s'appuient sur plusieurs arguments. Différentes études sur l'évolution chimique du manteau terrestre ont établi que le tiers du manteau environ a été fortement appauvri en certains éléments traces lors de la formation de la croûte continentale. Un tel appauvrissement ne peut se concevoir que si ce tiers de manteau a été l'objet d'un brassage efficace par des courants convectifs. Or, le manteau supérieur représente un tiers environ de la masse de l'ensemble du manteau.

10. Expérience numérique de la convection à grande échelle dans le manteau. Les résultats obtenus en prenant en compte un changement de phase des minéraux à 670 km de profondeur suggèrent que l'organisation de la convection est complexe: il existe par endroit de larges cellules traversant tout le manteau mais on observe aussi localement deux étages de convection, avec des petites cellules dans le manteau supérieur organisées de manière indépendante. Les régions jaunes correspondent à des courants ascendants et les régions bleues à des courants descendants.
D'après Machetel, 1994.

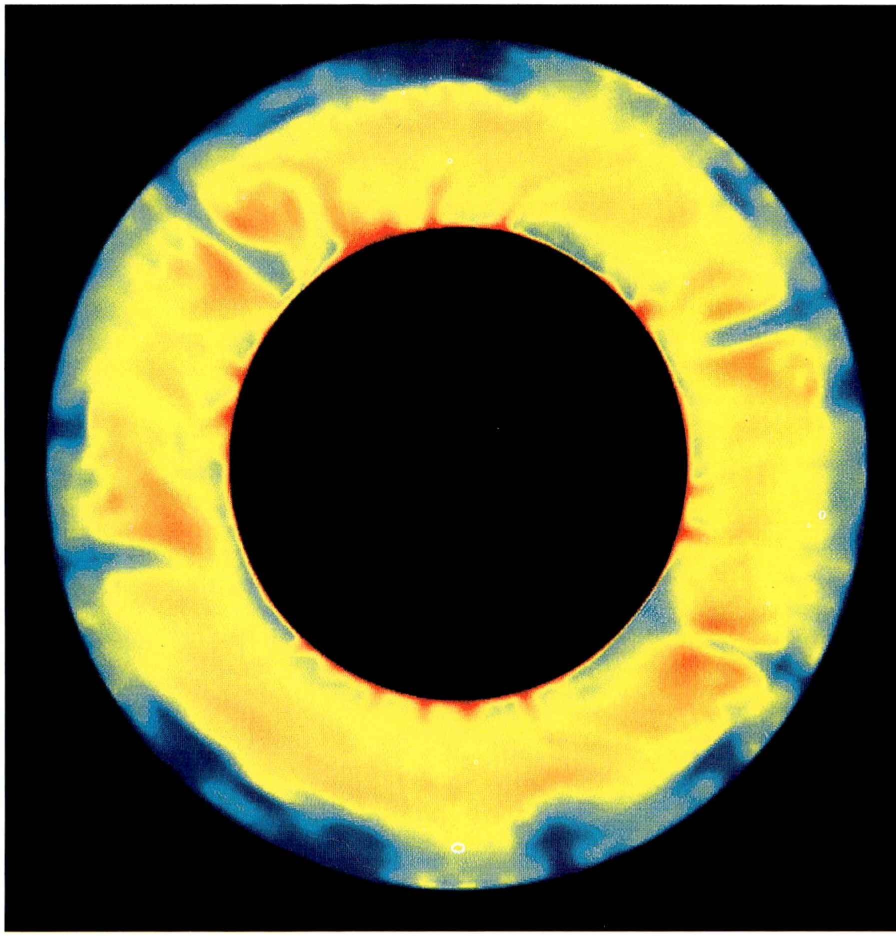

Un autre argument concerne la discontinuité observée à 670 km de profondeur grâce à la propagation des ondes sismiques. En effet, les vitesses des ondes sismiques s'accroissent brutalement à cette profondeur, ce que l'on interprète comme une augmentation de la densité du manteau. Cette brutale augmentation de la densité a été attribuée soit à l'existence d'un changement de phase des cristaux formant les roches du manteau, soit à une discontinuité chimique dans la composition de celui-ci. Or l'existence d'une discontinuité chimique pourrait empêcher le transfert de matière entre le manteau supérieur et le manteau inférieur.

Un troisième élément concerne la profondeur maximale des séismes (700 km) enregistrés le long des plaques en subduction, qui suggère que le milieu ambiant devient suffisamment résistant pour empêcher la plaque de pénétrer plus bas. De plus, certaines observations indiqueraient que les plaques sont parfois localement déviées latéralement à 700 km de profondeur. L'existence supposée d'une barrière située vers 700 km de profondeur et dissociant les courants du manteau supérieur des courants du manteau inférieur découle directement de ces observations.

Pourtant, plusieurs observations sismologiques ont établi de façon convaincante que dans certaines régions les plaques en subduction pénètrent dans le manteau inférieur, peut-être jusqu'à la surface du noyau. Une telle observation implique au moins localement un important transfert de matière entre le manteau supérieur et le manteau inférieur, incompatible avec un modèle de manteau stratifié où la convection évolue en deux étages indépendants. Par ailleurs, comme cela sera développé plus loin, l'interprétation conjointe des anomalies de température du manteau révélées par la tomographie sismique et des grandes anomalies du géoïde implique que l'accroissement de la viscosité à l'interface entre le manteau supérieur et le manteau inférieur n'est pas suffisant pour empêcher des transferts de matière entre le deux couches. Ces observations globales s'expliquent mieux si l'on suppose une convection de l'ensemble du manteau.

Il semble en fait que le manteau se comporte à la fois comme s'il convectait globalement et comme s'il convectait en deux couches séparées. Mais qu'en est-il exactement?

Depuis peu, des conceptions nouvelles sur la convection mantellique commencent à s'imposer. C'est notamment le cas du modèle de la convection pénétrative, caractérisé par une circulation à caractère global générant selon les conditions locales une circulation secondaire couplée dans le manteau supérieur. La convection pénétrative a donc à la fois les caractéristiques d'une circulation mantellique d'ensemble et d'une circulation stratifiée à deux étages. Ce type de convection, qui peut expliquer les observations considérées jusqu'ici comme contradictoires, a été modélisé numériquement depuis peu dans un cadre tridimensionnel et sphérique à l'aide des superordinateurs, en tenant compte d'un changement de phase cristalline des roches du manteau à 670 km de profondeur (ill. 10). Cette nouvelle génération de modèles numériques montre que les courants descendants apparaissent en forme de rideaux et les courants ascendants en forme de panaches. Ces derniers ont une vitesse supérieure aux premiers. La distance caractéristique entre les courants descendants est de l'ordre de 3 000 à 8 000 km. Les modèles de ce type les plus récents suggèrent que les courants descendants s'accumulent pendant un certain temps à l'interface entre manteau supérieur et manteau inférieur avant de pénétrer le manteau inférieur de façon soudaine et catastrophique, selon un processus rappelant une avalanche.

Les résultats de ces modèles sont particulièrement intéressants. Ils associent clairement les courants descendants aux plaques en subduction et les courants montants aux panaches de points chauds. Ces résultats suggèrent très fortement que les plaques en subduction et les panaches de points chauds sont les expressions dominantes de la convection mantellique à grande échelle. La prise en compte d'un changement de phase cristalline à 670 km de profondeur permet en outre de rendre compte de la plupart des contraintes observationnelles. Ce phénomène induit une circulation convective à deux composantes: une circulation à grande échelle affectant tout le manteau et une circulation stratifiée intermittente découplant les circulations du manteau inférieur et du manteau supérieur. Cette convection est dite pénétrative ou à «une couche et demie». Bien que très préliminaires, ces résultats ouvrent des voies nouvelles pour aborder le problème de la convection du manteau.

Le champ de gravité à grande échelle apporte des informations décisives sur la variation de la viscosité du manteau avec la profondeur. Le champ de gravité, confronté aux modèles de convection ainsi qu'aux observations géochimiques et autres, se révèle être un outil précieux pour mieux comprendre la structure convective du manteau.

La tectonique des plaques

La théorie de la tectonique des plaques, à présent classique et quasi unanimement acceptée, est à la fois suffisamment riche et simple pour motiver de nombreuses recherches en géophysique. Elle possède un double statut car elle est utilisée à la fois comme un modèle prédictif et quantitatif, à la fois comme un cadre interprétatif pour l'ensemble des observations géologiques et géophysiques sur la Terre. On l'utilise de la même façon qu'un architecte utilise la maquette d'un futur immeuble, pour décrire la géométrie de l'objet dont il fait l'étude et surtout pour décider des aspects à améliorer. On ne tentera pas ici de démontrer cette théorie, que l'on considère comme acquise, mais on présentera plutôt une description du modèle actuel des mouvements des plaques et du mode de détermination de ses paramètres.

• Un modèle cinématique

Le but d'un modèle cinématique est de décrire, à quelques millimètres par an près, le mouvement des plaques à la surface du globe. Pour simplifier le problème, on fait deux hypothèses. D'abord, on suppose que les points de la surface de la Terre appartiennent à un nombre limité de plaques, définies comme des calottes rigides sur la surface d'une sphère. L'hypothèse de rigidité signifie qu'il n'y a pas de déformation à l'intérieur d'une plaque. On verra que cette hypo-

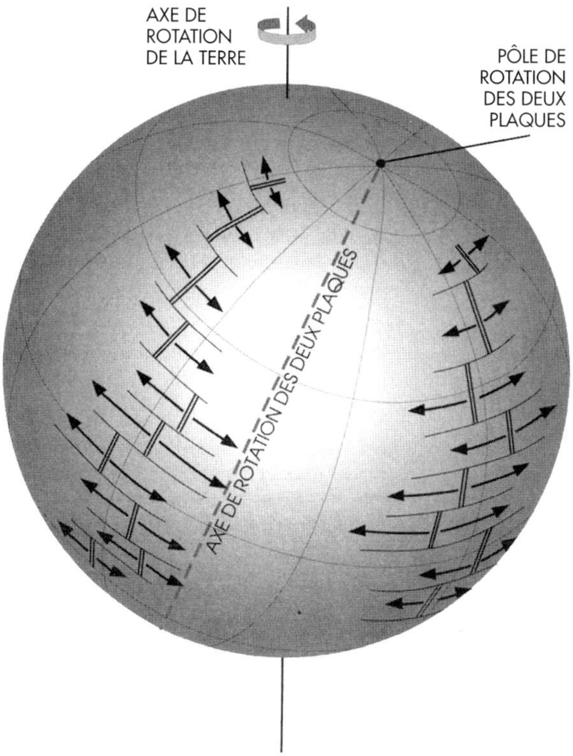

11. Le mouvement de deux plaques s'exprime par une rotation autour d'un pôle dit eulérien. Le mouvement, nul au pôle, croît jusqu'à l'équateur. Les failles transverses sont des parallèles de la sphère eulérienne. D'après Nicolas, 1990.

thèse est confirmée par la répartition des mouvements sur la plus grande partie de la surface de la Terre.

On suppose ensuite que l'on peut décrire la trajectoire de n'importe quel point d'une plaque par une simple rotation. Cette rotation d'une calotte à la surface d'une sphère avait déjà été étudiée par le géomètre Euler au XVIIIe siècle. La calotte tourne autour d'un axe de la sphère qui perce la surface de la Terre en un point appelé pôle eulérien, rarement situé sur la plaque elle-même (ill. 11). D'une manière générale, ce schéma suffit pour décrire tout déplacement des plaques sur la surface du globe, et tout mouvement relatif des plaques entre elles.

Cette description mathématique fait intervenir trois paramètres géométriques seulement: la latitude et la longitude du pôle eulérien et la vitesse de rotation autour de l'axe ainsi défini. Un vecteur à trois composantes est ainsi attribué à chaque plaque. Le mouvement relatif entre deux plaques est simplement décrit par la différence des vecteurs eulériens des deux plaques. L'ouverture de l'océan Atlantique nord, par exemple, est due, comme on le reverra par la suite, au déplacement de la plaque nord-américaine par rapport à la plaque eurasienne. Le pôle de rotation relative de ces deux plaques se trouve actuellement au nord de la Sibérie, à 62° N, 136° E. Cela signifie que si on prend l'Europe comme repère fixe, l'Amérique du Nord tourne actuellement autour d'un axe passant par ce pôle et le centre de la Terre, avec une vitesse de 0,2 degrés par million d'années. Vu depuis un satellite situé au-dessus du pôle en Sibérie, le sens du mouvement est horaire.

• Définition des plaques et nature de leurs frontières

Pour décrire le modèle, il faut donc préciser le nombre et la géométrie des plaques et estimer les valeurs de leurs rotations. Mais comment définir une plaque? En général, ses frontières sont caractérisées par une activité sismique importante (ill. 12). La grande majorité des tremblements de terre observés à la surface du globe se produit en effet à la limite entre deux plaques à cause des frottements dus à leur mouvement relatif.

On a ainsi reconnu douze plaques dans le modèle actuel (ill. 19), appelé NUVEL-1, pour *Northwestern University VELocity* Les américains ne prononcent pas «u» mais «ou», et les auteurs du modèle, qui sont aussi francophones, ont ainsi créé un jeu de mot intentionnel pour évoquer le «nouvel» ensemble de données. Entre ces douze plaques, les frontières se classent en trois catégories principales: divergentes, convergentes, et transformantes, cette dernière catégorie étant caractérisée par le cisaillement horizontal sur une faille décrochante. La classification des différentes zones actives en ces trois catégories a été l'un des apports fondamentaux de la tectonique des plaques. On ne décrira pas ici toutes les limites de plaques en détail, mais on se limitera à un exemple typique de chaque catégorie de frontière.

Les frontières divergentes sont le plus souvent situées au milieu des océans, et correspondent à des rides topographiques qu'on appelle des dorsales. La première dorsale a été découverte grâce à des sondages bathymétriques faits à partir des navires transatlantiques pendant les années 1940. Les dorsales sont des crêtes sous-marines spectaculaires par leur longueur et leur relief. Elles se situent à une profon-

12. La répartition sur le globe des épicentres des tremblements de terre entre 1979 et 1988. Les frontières entre les plaques sont caractérisées par les fortes concentrations des séismes. Image d'après S. Groter, cartographie d'après Raven Maps.

deur moyenne de 2 500 m, et séparent des bassins océaniques ou plaines abyssales, dont la profondeur atteint 5 000 m. Dans le cas de l'Atlantique nord, la dorsale océanique représente la frontière entre la plaque de l'Eurasie et la plaque de l'Amérique du Nord. Les deux plaques s'éloignent avec une vitesse d'environ 2 cm par an, c'est-à-dire 2 km par million d'années, ou bien 4 km depuis l'apparition des premiers êtres humains. Cette zone est caractérisée par des structures et des contraintes en extension qui se traduisent dans la morphologie et dans les mécanismes au foyer des séismes. Juste au sommet de la crête, une vallée axiale est créée par étirement local de la croûte océanique (ill. 13).

Le long de cette vallée axiale, des magmas basaltiques remontent depuis des profondeurs d'une vingtaine de kilomètres et s'épanchent sur le fond de la vallée. C'est ainsi que la nouvelle croûte océanique se forme, pour compenser l'écartement entre les plaques. Plus au sud, cette dorsale se prolonge et forme la frontière entre les plaques nord-américaine et africaine, puis entre les plaques sud-américaine et africaine (ill. 19). La dorsale médio-océanique est ainsi continue à travers les différents océans, sur des dizaines de milliers de kilomètres.

Si les dorsales aux frontières de plaques divergentes constituent le berceau où prend naissance la croûte océanique, le lit de mort de cette dernière se trouve dans les frontières convergentes, dans les zones de subduction ou de collision. Typiquement, si l'une des deux plaques est constituée de matériel (croûte et manteau) océanique, elle plonge sous l'autre plaque et on parle de «subduction». Presque tout le périmètre de l'océan Pacifique en est un exemple, où la plaque pacifique s'enfonce sous les Amériques, l'Alaska ou le Japon. On appelle cette zone la «ceinture de feu du Pacifique» car elle est ponctuée de nombreux volcans actifs. Quand la plaque plonge et s'enfonce dans l'asthénosphère, elle emporte avec elle sa couverture sédimentaire et l'eau interstitielle contenue dans cette dernière. L'ensemble de ces matériaux se réchauffe en profondeur, jusqu'à ce que les roches fondent partiellement pour former les magmas éjectés dans les volcans au-dessus de la zone de fusion, c'est-à-dire un peu en arrière de la zone de subduction (ill. 14). Ce type de magma, très riche en

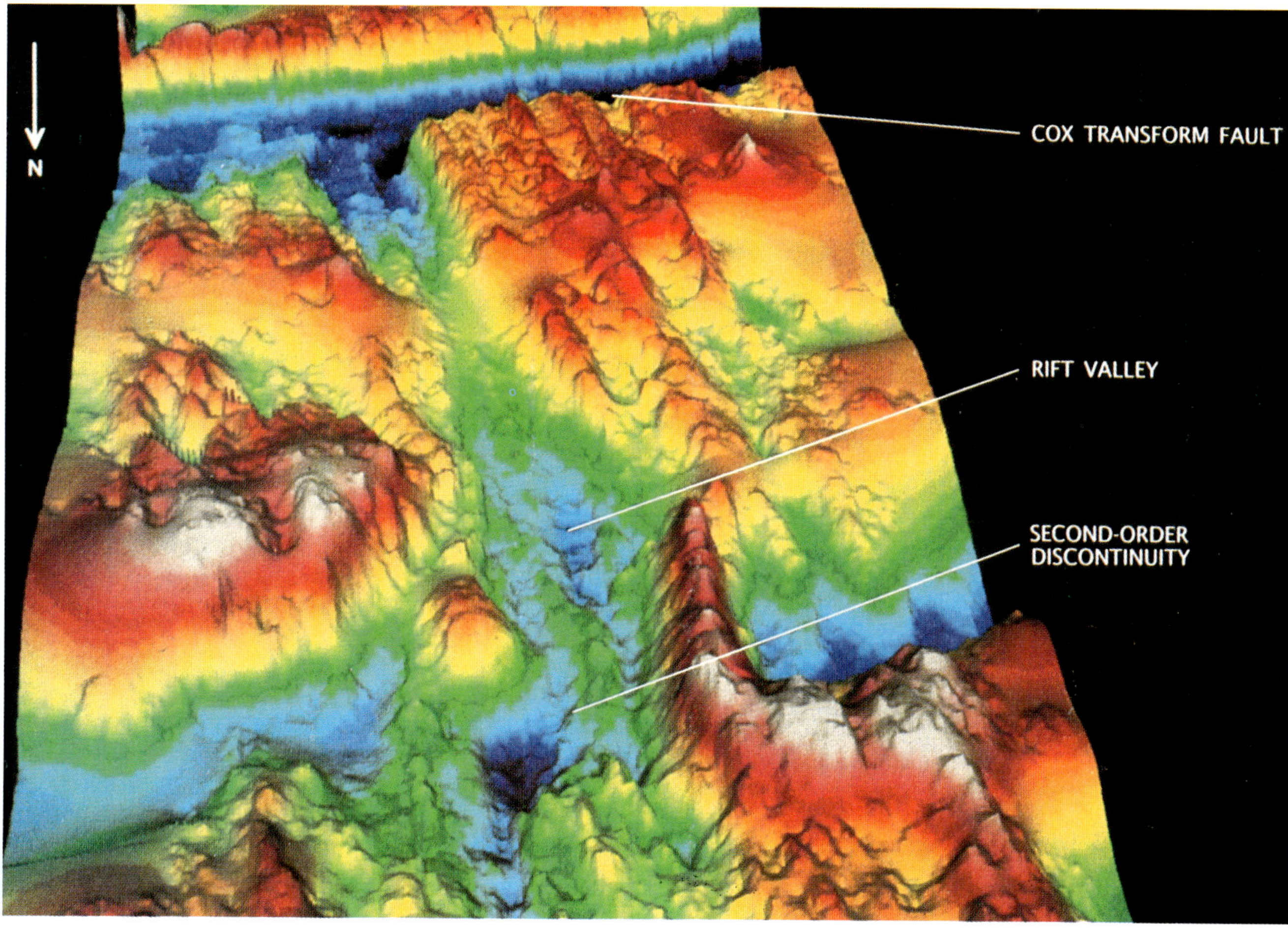

13. Bathymétrie de la dorsale Médio-Atlantique au nord de la faille transformante Cox, vue en perspective. Les profondeurs varient entre 2 000 m environ (rouge) et 4 000 m (bleu). L'image représente une région d'environ 130 km dans la direction N-S sur 100 km dans la direction E-W. Les données ont été acquises avec un sondeur multifaisceaux. L'axe de la dorsale est marqué par une vallée de 600 à 800 m de profondeur, dont les bords sont limités par des failles normales. En haut, la vallée (en bleu) de la faille transformante Cox, et en bas la série de dépressions marquent des décalages de l'axe de la dorsale. Image de P. J. Fox, N. Grindlay et K. Macdonald.

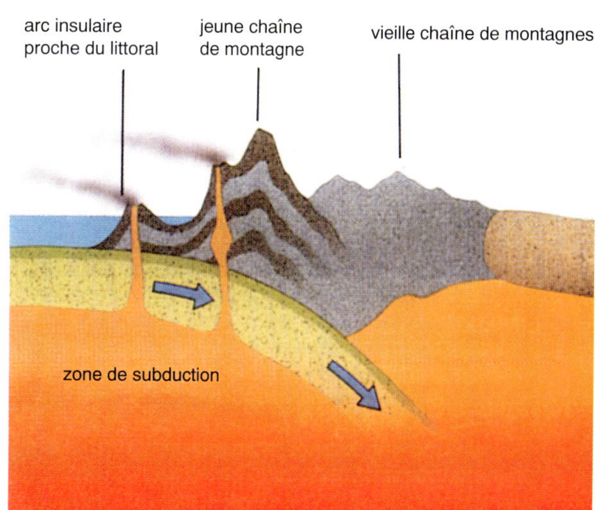

14. Schéma d'une frontière de plaques convergente en zone de subduction.

15. Un exemple de frontière de plaques décrochante: la faille de San Andreas, en Californie, sépare les plaques de l'Amérique du Nord et du Pacifique. Sur un intervalle de dix mille ans (la durée de l'Holocène), le taux de coulissage le long de cette faille a été d'environ 34 mm/an. Le sens du mouvement est dextre, c'est-à-dire qu'un observateur placé d'un côté de la faille voit l'autre côté se déplacer vers la droite. Ce mouvement se manifeste par le décalage du vallon du petit ruisseau («Wallace Creek») à son intersection avec la faille. Sur le cliché, celle-ci passe de gauche à droite, parallèle à la route. Photo Bob Wallace, US Geological Survey.

gaz, produit des éruptions explosives du type de celle du Mont Saint Helens aux Etats-Unis. Dans cette région, la plaque pacifique plonge sous la poussée de l'Amérique du Nord. C'est la flexure de la plaque inférieure sous la force de la collision avec l'autre plaque qui produit les grandes fosses bathymétriques qui peuvent atteindre 11 000 m de profondeur.

La troisième catégorie de limite de plaques est dite transformante parce qu'une plaque se déplace par rapport à l'autre parallèlement à leur frontière. Il en résulte une sorte de déchirure avec des déformations en cisaillement latéral le long de failles décrochantes souvent verticales. Un exemple classique se trouve en Californie, où la faille de San Andreas sépare les plaques Nord Américaine et Pacifique (ill. 15). Les trois quarts environ du déplacement latéral entre ces deux plaques (48 mm/an) ont lieu le long de cette faille. Les tremblements de terre ressentis par les habitants de la Californie plusieurs fois par an en sont une conséquence directe.

• Détermination de la vitesse des plaques

Une fois définie la géométrie des plaques, il ne reste qu'à déterminer leurs vitesses pour décrire le modèle cinématique global. Le problème revient à estimer les valeurs des paramètres de rotation (trois par plaque) à partir des observations géophysiques. Parmi les données utilisées pour l'estimation du modèle NUVEL-1, aucune n'est de nature géodésique, car les chercheurs ont choisi de décrire le mouvement des plaques à partir de l'échelle des temps géologiques, c'est-à-dire d'estimer les vitesses moyennes sur l'intervalle des trois derniers millions d'années. Mais, les vitesses géologiques à long terme correspondent-elles aux vitesses géodésiques mesurées sur des intervalles bien plus courts (un siècle au maximum)? C'est là une question importante sur laquelle nous reviendrons plus tard. Pour l'instant, restons-en à l'échelle des temps géologiques et aux observations qu'elle autorise. Elles sont de trois types, qui reflètent les trois principales catégories de frontières de plaques.

Sur les frontières divergentes, le taux de séparation de deux plaques peut être estimé en utilisant les changements de polarité du champ magnétique terrestre. Ce champ est en effet «fossilisé» lors du refroidissement des roches à la dorsale médio-océanique.

16. L'ouverture de l'Atlantique au cours du temps, il y a 165, 80 et 36 millions d'années et finalement, au présent. D'après Sclater et Tapscott, 1979.

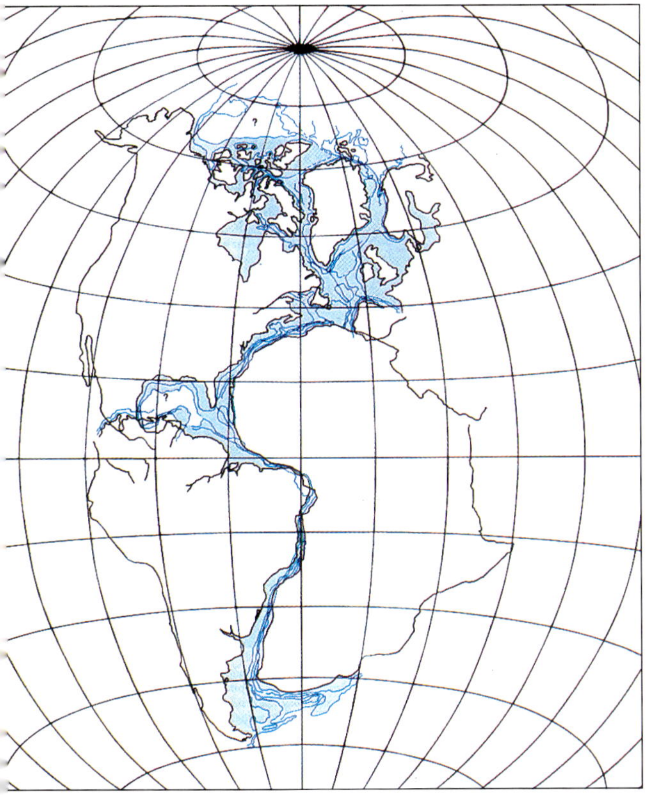

165 Ma

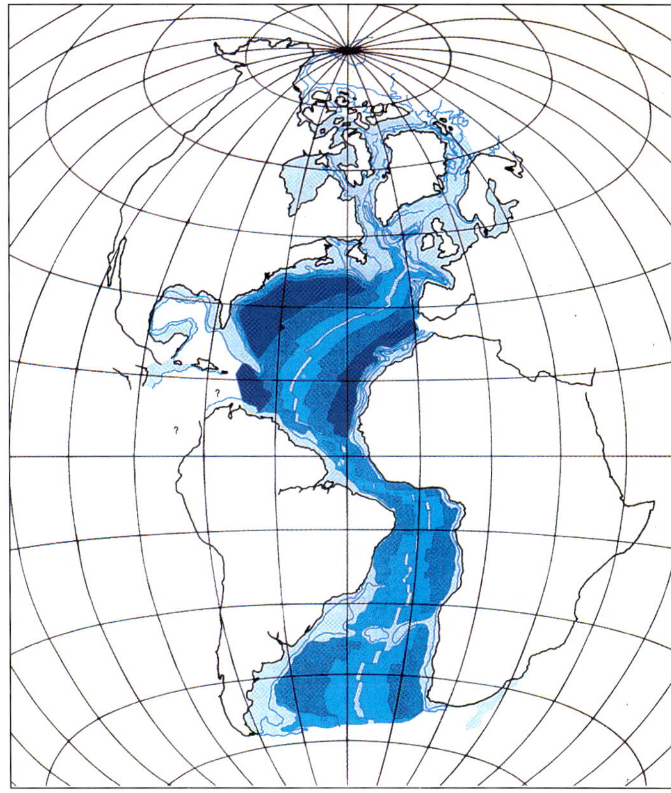

80 Ma

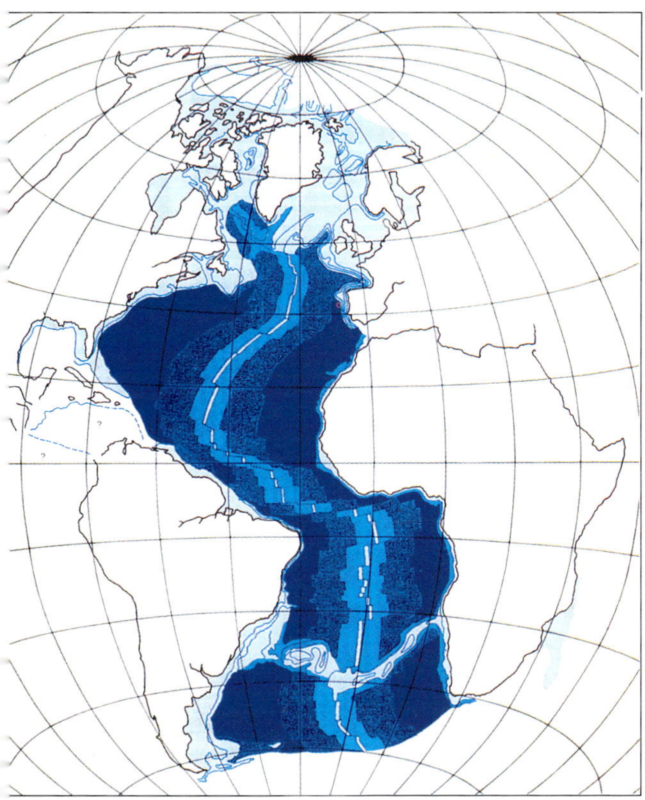

36 Ma

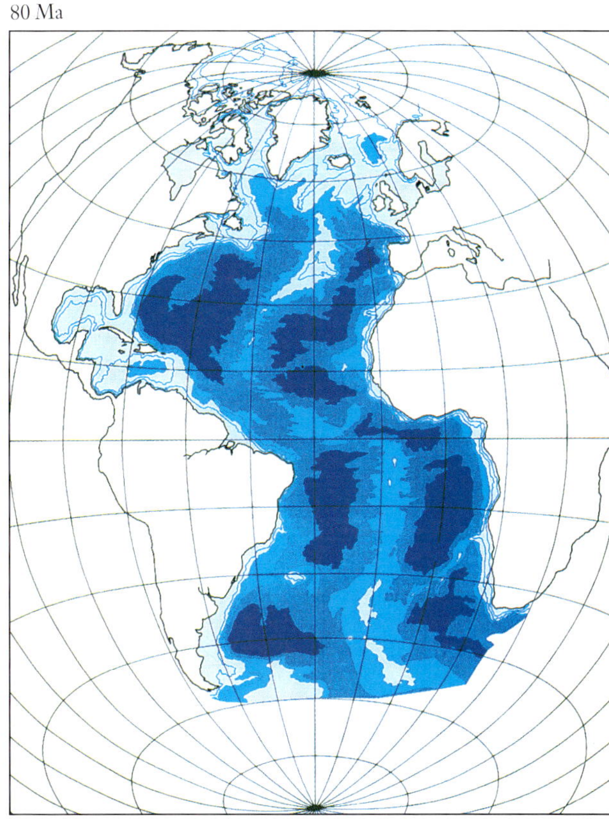

Présent

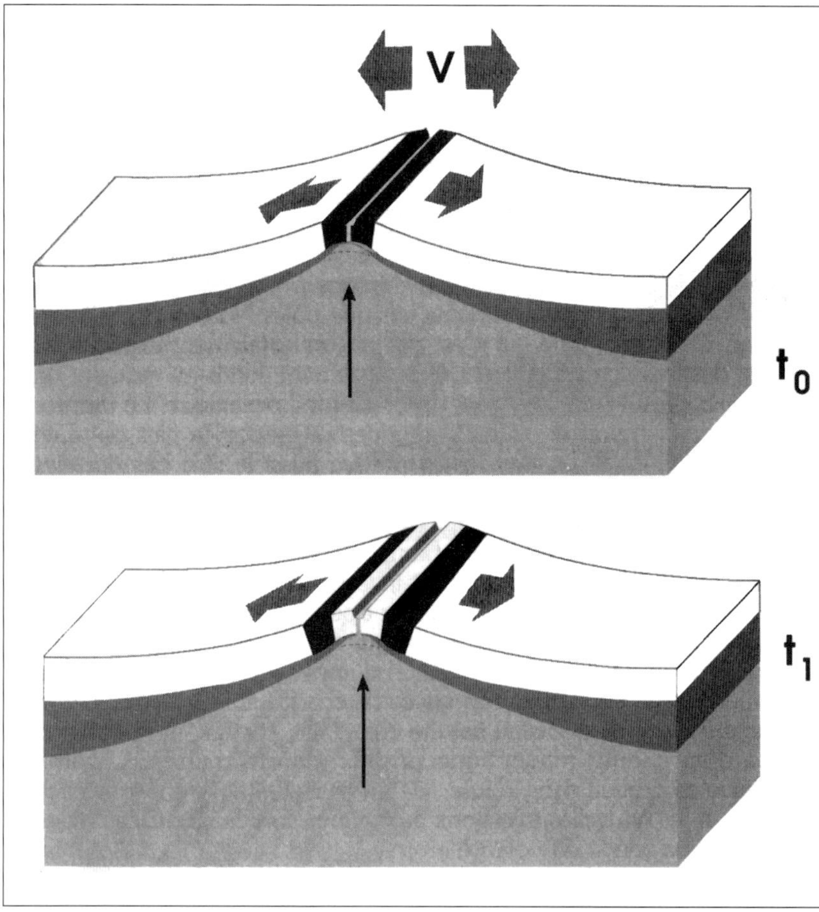

17. Formation des anomalies magnétiques le long d'une dorsale. A l'instant t_0 la dorsale émet de la lave basaltique de polarité magnétique normale (bande noire), jusqu'au moment ou une inversion des pôles se produit; à partir de t_1, de la lave basaltique de polarité inverse (bande blanche) est injectée qui repousse latéralement la bande plus ancienne de polarité normale. Le phénomène se reproduit avec une cadence aléatoire de grossièrement une fois tous les millions d'années engendrant ainsi les anomalies magnétiques des océans en «peau de zèbre». On calcule simplement la vitesse d'ouverture v en mesurant la distance d d'une bande à la dorsale, dont on connaît l'âge $(t - t_0)$. Le taux d'ouverture est donc $v = 2d/(t - t_0)$. D'après Nicolas, 1989.

Comme le champ magnétique subit des changements de polarité et que les âges de ces inversions sont à présent relativement bien connus, on peut assimiler la croûte océanique formée le long de la dorsale à une sorte de bande magnétique (ill. 17). Elle enregistre, d'une façon binaire, la polarité du champ magnétique: «normale» (comme à l'heure actuelle) ou «inverse» (époque où le nord magnétique est situé en Antarctique).

A la lecture de l'enregistrement magnétique sur une carte du fond de l'océan, on peut donc estimer la distance parcourue par une portion de la croûte basaltique depuis sa naissance à la dorsale, et le temps qu'elle a mis pour effectuer un tel déplacement. On en déduit aisément sa vitesse. Pour le modèle NUVEL-1, on a utilisé l'âge moyen d'une série d'inversions du champ magnétique qu'on appelle l'anomalie «2A», datée d'environ 3 millions d'années. Comme on le verra par la suite, la précision des vitesses du modèle dépend de celle de l'âge. Pour le modèle NUVEL-1, on a pu déterminer la vitesse d'expansion pour 277 points répartis sur 16 frontières de plaques divergentes. Les magnitudes des vitesses utilisées dans le modèle sont exclusivement déterminées à partir de ce type de mesure, d'où leur importance.

Le second type de données concerne l'orientation des vitesses relatives des plaques le long de leurs frontières, que l'on mesure en déterminant les azimuts des failles transformantes qui décalent les dorsales océaniques. Ces failles, le long desquelles le mouvement des plaques est décrochant, décrivent sur le globe un petit cercle dont le centre est le pôle de rotation relative des deux plaques. La mesure de l'azimut de la trace active de la faille se fait sur une longueur d'une centaine de kilomètres. La trace de la

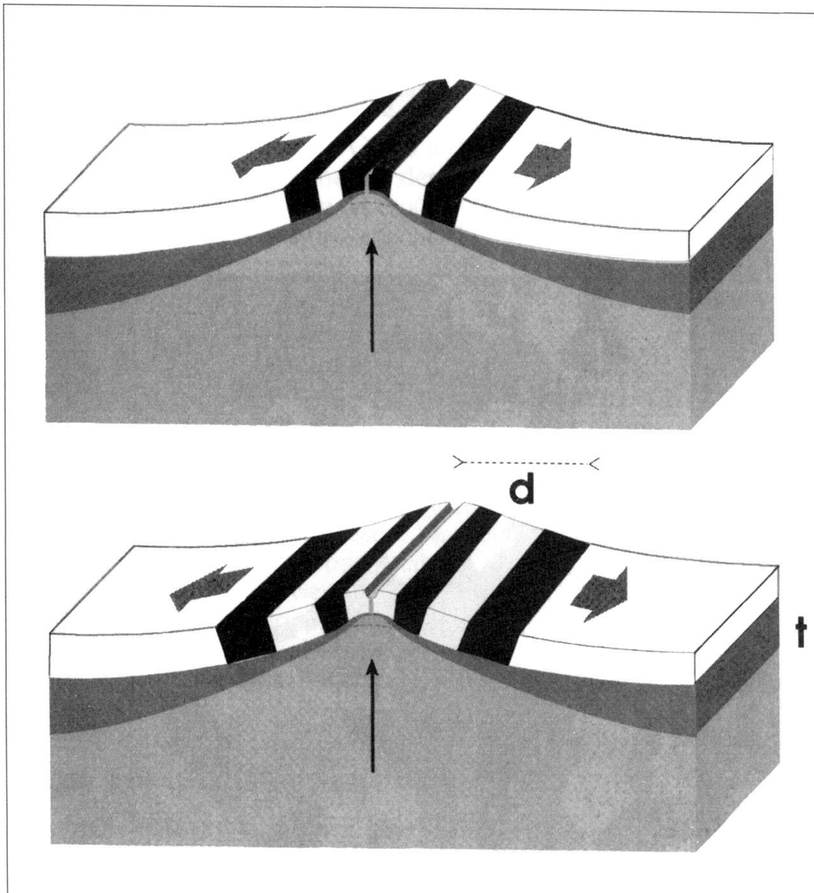

séisme. Pour les séismes de forte magnitude, supposés caractériser les mouvements entre deux plaques, ce vecteur devrait être parallèle au déplacement relatif entre les deux plaques. Cette direction décrit sur le globe un petit cercle autour du pôle de rotation, comme pour les traces des failles transformantes. Pour la plupart des 724 séismes retenus pour l'établissement du modèle NUVEL-1, l'orientation du vecteur glissement est déterminée avec une précision comprise entre 15 et 20 degrés.

faille est cartographiée grâce aux sondeurs bathymétriques des navires océanographiques (ill. 18). La précision de la mesure est d'environ cinq degrés d'angle dans les régions océaniques fréquentées régulièrement par des navires océanographiques comme l'Atlantique nord ou le Pacifique équatorial. Dans les régions plus isolées, comme les confins de la plaque antarctique, le long de ses frontières communes avec cinq autres plaques, le tracé des failles est déduit des cartes du géoïde établies par les mesures des satellites altimétriques (voir chapitre 3). La précision est alors moins bonne, entre 10 et 20 degrés.

Dans les modèles cinématiques, un troisième type d'observation est pris en compte: les données sismologiques. Pour chaque tremblement de terre, on mesure la direction, dans le plan de faille, du mouvement d'un bloc de croûte terrestre par rapport à l'autre, qu'on appelle le vecteur glissement du

• L'estimation des valeurs optimales des paramètres du modèle

Une fois toutes les données disponibles, il s'agit d'estimer les paramètres de rotation eulérienne des douze plaques qui correspondent le mieux aux observations. On est alors en présence d'un cas classique de «problème mathématique inverse», c'est-à-dire que l'on cherche à déterminer des quantités théoriques, les paramètres du «modèle», à partir des observations. La démarche symétrique, le «problème direct», consiste à calculer des observations synthétiques à partir d'un modèle dont les paramètres sont déjà connus.

L'établissement d'un modèle cinématique des plaques est maintenant un cas classique de problème inverse pour les géophysiciens. Au fur et à mesure que les observations géophysiques augmentent en nombre et en qualité, les chercheurs recalculent la solution du problème. Le modèle NUVEL-1 est la cinquième version, et sa publication sert de référence à l'ensemble des géophysiciens. Mathématiquement, le problème consiste à minimiser l'écart entre les valeurs observées (taux d'ouverture, azimuts de failles transformantes, orientation des vecteurs glissements des séismes) et les valeurs prédites par le modèle. Il suffit

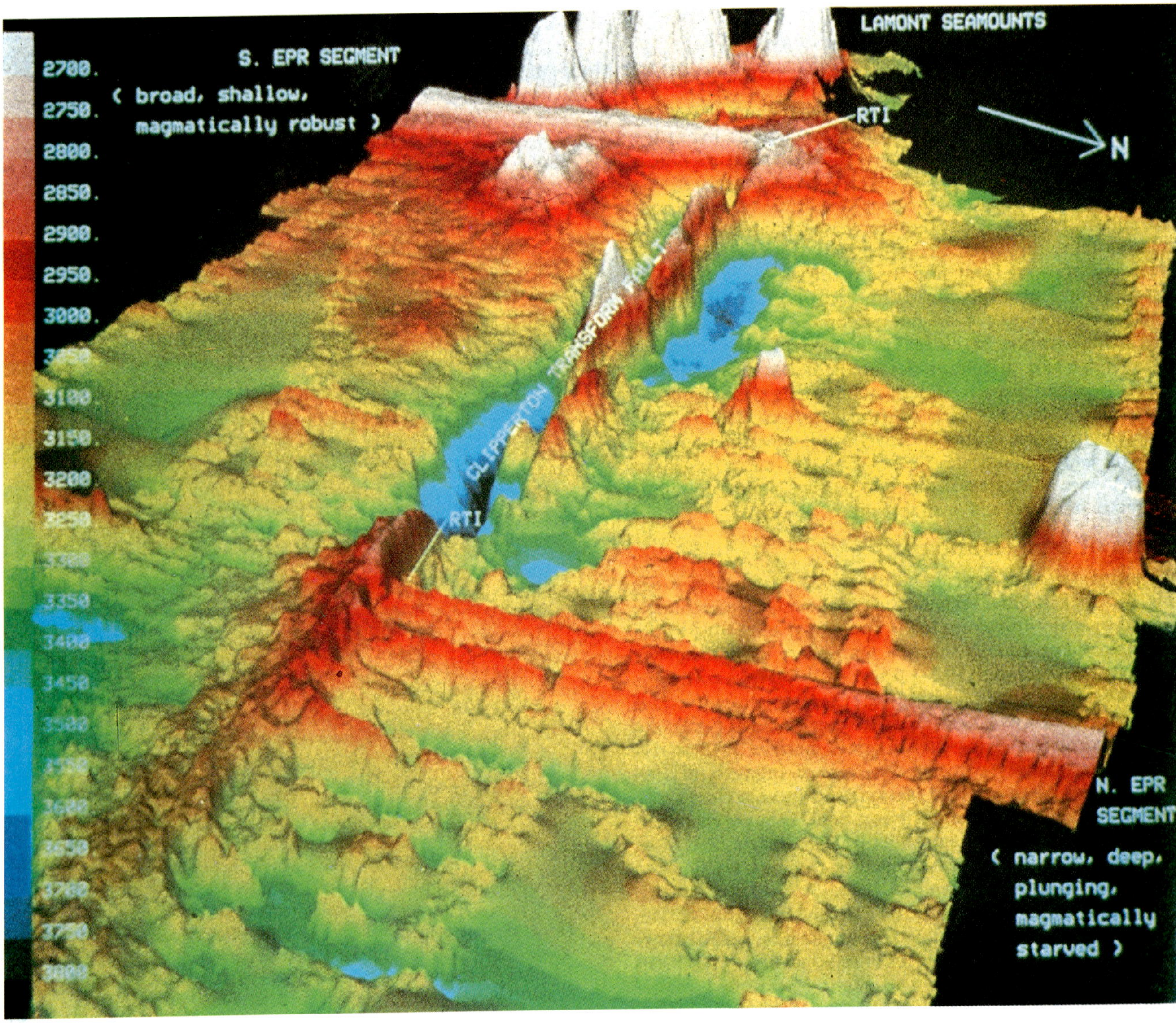

18. Bathymétrie de la dorsale Est-Pacifique décalée par la faille transformante Clipperton, vue en perspective. L'échelle des couleurs est présentée à gauche de l'image, avec les profondeurs indiquées en mètres. L'image représente une région d'environ 100 km dans la direction N-S sur 65 km dans la direction E-W. Les données ont été acquises avec un sondeur multifaisceaux. Les zones qui apparaissent très lisses ont été interpolées entre les traces du sondeur. L'axe de la dorsale est marqué par une ride (en haut à gauche et en bas à droite de l'image) qui culmine à 2 800 m de profondeur en moyenne et qui s'approfondit légèrement en approchant de la faille transformante (RTI = intersection ride-transformante). La faille transformante est caractérisée par une vallée, en bleu sur l'image, et par quelques collines sur le bord nord de la vallée. D'après Macdonald *et al.*, 1988.

donc de déterminer les paramètres correspondant à l'écart minimum. On peut utiliser le procédé des «moindres carrés» pour résoudre le système d'équations linéaires surdéterminé. Dans le cas du modèle NUVEL-1, il s'agit d'un système de 1122 équations (une par observation donnée) et 33 inconnues (3 paramètres pour chacune des plaques, sauf une, supposée fixe).

Le modèle résultant permet de retrouver les données avec une bonne approximation, comme l'indique l'écart moyen entre les valeurs observées et calculées. Pour chaque type d'observation, cet écart est inférieur à la précision de la mesure. En termes de vitesses, cela implique que la précision du modèle est d'environ 3 mm/an.

La solution du problème inverse, avec les 33 valeurs (et leur incertitudes) donnant les pôles eulériens et le taux de rotation des plaques expriment d'une manière condensée l'essentiel de la cinématique des plaques. On observe, par exemple, que la frontière de plaque où le mouvement est le plus rapide se trouve sur la bordure occidentale de l'Amérique de Sud, au niveau de la zone de subduction qui longe la chaîne andine, avec la fosse océanique associée. Le taux de convergence de la plaque Nazca vers le continent est de 16 cm/an!

Pour comparer avec un phénomène plus familier, il faut se dire que cette vitesse de convergence est trois fois plus rapide que celle à laquelle nos ongles poussent. A l'échelle des temps géologiques, un tel taux a des conséquences spectaculaires. Au cours des trois derniers millions d'années, la subduction andine a «absorbé» 480 km de croûte océanique, c'est-à-dire la distance entre Paris et Lyon.

19. Géométrie des douze plaques utilisées pour le modèle NUVEL-1: Europe (EU), Amérique du Nord (NA), Amérique du Sud (SA), Pacifique (PA), Afrique (AF), Australie (AU), Antarctique (AN), Inde (IN), Nazca (NZ), Caraïbe (CA), Coco (CO) et Arabie (AR). Les couleurs montrent les zones de déformation intraplaque non- rigides (voir chapitre 5) et leur comportement: déformation sous-marine, vitesses anormales et sismicité (jaune), sismicité sous-marine uniquement (rouge), déformation continentale, topographie élevée et sismicité (beige). D'après DeMets *et al.*, 1990.

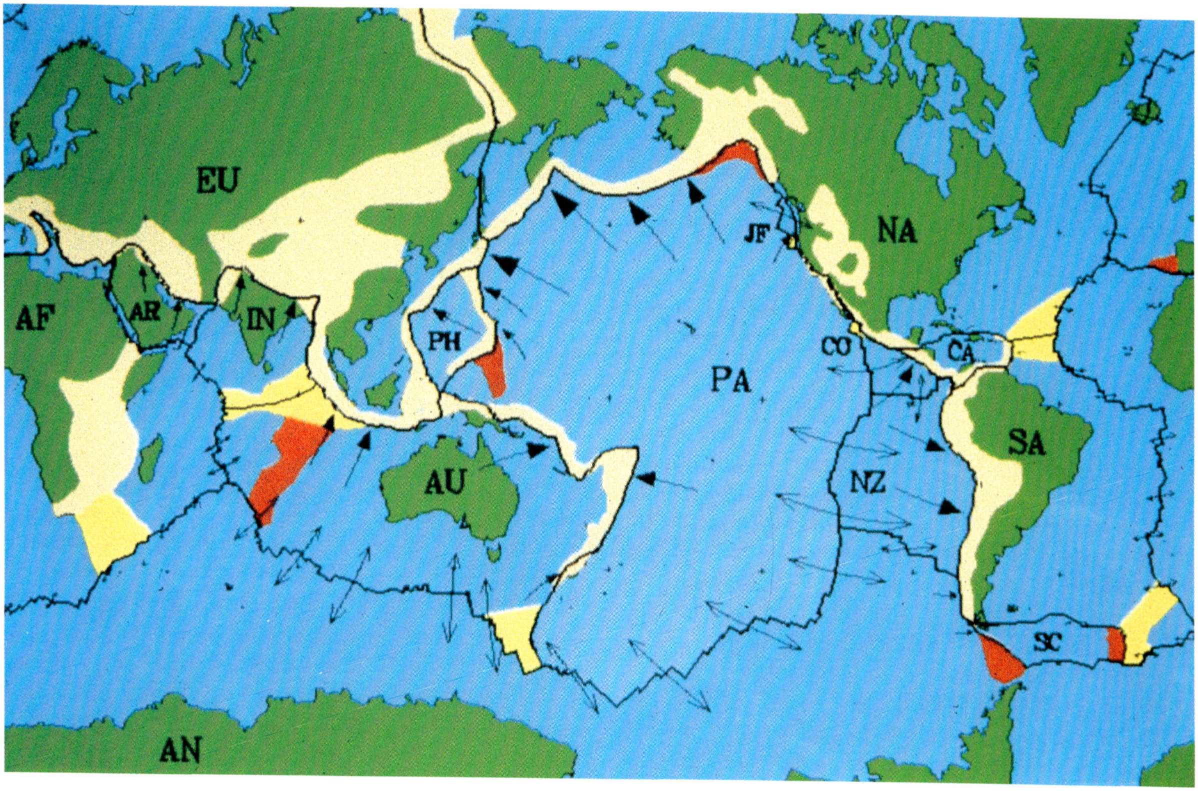

• La confirmation du modèle par la géodésie spatiale

Edifié à partir des hypothèses de la tectonique des plaques, le modèle NUVEL-1 admet comme postulat de base que les vitesses des plaques sont constantes sur une échelle de plusieurs millions d'années. Ce postulat implique une certaine uniformité dans le processus mécanique qui entraîne les mouvements des plaques. Il est indispensable de le tester. Autrement dit, la question est de savoir si les vitesses prédites par le modèle NUVEL-1 en kilomètres par million d'années correspondent bien à la déformation actuelle, mesurée en millimètres par an. La dérive des continents est-elle vraiment uniforme si l'on considère des échelles de temps qui diffèrent par six ordres de grandeur?

Les techniques de positionnement par géodésie spatiale permettent de répondre affirmativement à cette question, à condition de prendre quelques précautions. Les détails techniques concernant ces mesures directes seront exposés dans les chapitres suivants, mais considérons à présent les estimations des vitesses relatives mesurées à partir d'observatoires situés sur des plaques différentes, pendant une période d'observation de dix ans. Si l'on exclut les stations localisées sur les limites de plaques, dans des zones de déformation qui ne se comportent pas comme des blocs parfaitement rigides, une vingtaine de stations de type laser et VLBI fournissent des mesures parfaitement fiables. Considérées par paires, ces stations forment un réseau de 149 vecteurs qui traversent dix frontières de plaques. La longueur de chacun de ces vecteurs change en fonction du temps. Le taux de ce changement, en mm/an, est une quantité à la fois mesurée par la géodésie spatiale et prédite par le modèle NUVEL-1. Si on reporte les taux géodésiques en fonction des taux prédits par le modèle, on observe une très bonne corrélation, avec un coefficient de corrélation de 0,994 (ill. 20). Si l'accord entre les deux quantités était parfait, les points décriraient une droite de pente égale à 1. Or, les données permettent la construction d'une droite de pente 0,937 ± 0,009, ce qui indique que les taux géodésiques sont environ 6% moins rapides que les taux géologiques.

La corrélation est suffisamment proche de la perfection pour ne pas s'en distinguer de manière significative au sens statistique, ce qui signifie que le modèle NUVEL-1 est en accord avec les observations géodésiques, malgré une énorme différence en échelle de temps. Ce résultat tend à confirmer que les plaques rigides se déplacent de façon uniforme sur quelques millions d'années et donc que la théorie de la tectonique des plaques est valable. On a cependant exclu de la comparaison les stations situées en bordure de plaques, là où l'écorce terrestre n'est pas rigide. Ces régions situées aux frontières sont précisément celles qui nous apprendront le plus sur le comportement mécanique de la lithosphère.

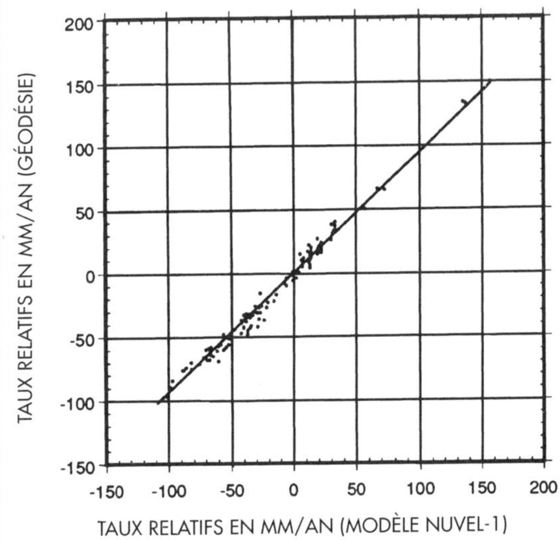

20. Corrélation entre deux méthodes d'estimation des vitesses aux limites de plaques. En abscisse, la valeur prédite par le modèle géologique NUVEL-1 pour la vitesse relative entre les stations géodésiques situées sur deux plaques différentes. En ordonnée, la même quantité estimée par les techniques de positionnement (laser+VLBI) par géodésie spatiale. Le coefficient de corrélation entre les deux quantités est de 0,994, très proche de la valeur 1,000 qui indiquerait l'accord parfait. La pente est de 0,937 ± 0,009, ce qui suggère que les taux géodésiques sont 6% moins rapides que les taux géologiques. D'après Robbins *et al.*, 1993.

Bien que la corrélation entre les mesures géodésiques et le modèle NUVEL-1 soit excellente, l'écart d'environ 6% en vitesse a posé problème aux géophysiciens pendant plusieurs années. Mentionné pour la première fois en 1990, cet écart a incité géodésiens et géologues à vérifier leurs calculs. Son origine est probablement liée à l'incertitude minimum sur la pente de la droite dans le diagramme de double estimation des vitesses (ill. 20). Cette incertitude ne tient pas compte des corrélations entre les mesures, c'est-à-

LE SYSTÈME DORIS

DORIS (pour «Détermination d'Orbite et Radio-positionnement Intégrés par Satellite») est un système conçu et développé en France pour la détermination fine des orbites et la localisation précise de points à la surface du globe. La mission de certains satellites exige que leur position soit connue avec une très grande précision. Il s'agit en général de satellites ayant à leur bord un altimètre radar, comme c'est la cas de la mission *Topex-Poséidon*. L'altimètre permet de mesurer à quelques centimètres près la distance entre le satellite et la surface de la mer. Mais pour accéder à la topographie de cette dernière avec une précision centimétrique, il faut connaître la position du satellite porteur avec une précision équivalente. C'est ce que permet le système *DORIS*.

Un récepteur embarqué à bord du satellite mesure le décalage en fréquence, dû à l'effet Doppler, des signaux radioélectriques émis par des balises réparties à la surface de la Terre. Le traitement mathématique de ces mesures associé à la modélisation des forces qui régissent le mouvement du satellite permet non seulement de restituer la trajectoire du satellite, mais aussi de calculer la position absolue des balises au sol.

DORIS a été embarqué pour la première fois sur le satellite d'observation de la Terre *SPOT 2* en janvier 1990. Il est aussi à bord de *Topex-Poséidon* (lancé en août 1992) et *SPOT 3* (lancé en septembre 1993). La précision de restitution d'orbite atteinte à ce jour avec le système *DORIS* est meilleure que 5 cm, précision encore jamais atteinte jusqu'ici.

La deuxième grande application de *DORIS* consiste à localiser dans un référentiel global, avec une précision centimétrique, des balises émettrices animées de mouvements très lents.

Le réseau au sol comprend une cinquantaine de balises assurant une couverture homogène et quasi complète de la planète (ill. 21). Les balises fonctionnent automatiquement. D'autres balises dites «de terrain», sont installées dans des endroits reculés pendant quelques semaines ou quelques mois pour des applications de localisation variées ne nécessitant pas un stationnement de très longue durée (rattachement d'îles, travaux de génie civil, surveillance de glissements de terrain).

DORIS est particulièrement adapté à la surveillance des phénomènes naturels (surveillance de l'activité volcanique et tectonique, mouvement des glaciers, dérive des plaques). L'une des plus intéressantes applications concerne la mesure des déplacements lents des balises du réseau permanent causés par les mouvements à grande échelle des plaques tectoniques (ill. 22). Pour la localisation des balises au sol, les performances actuelles de *DORIS* permettent d'atteindre une précision de 2 cm en positionnement absolu. Le niveau centimétrique devrait être prochainement atteint.

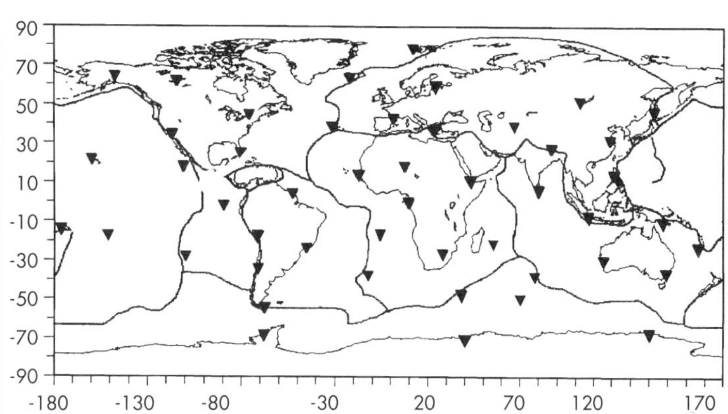

21. Carte montrant le réseau permanent de balises émettrices DORIS et leur position sur les grandes plaques tectoniques.

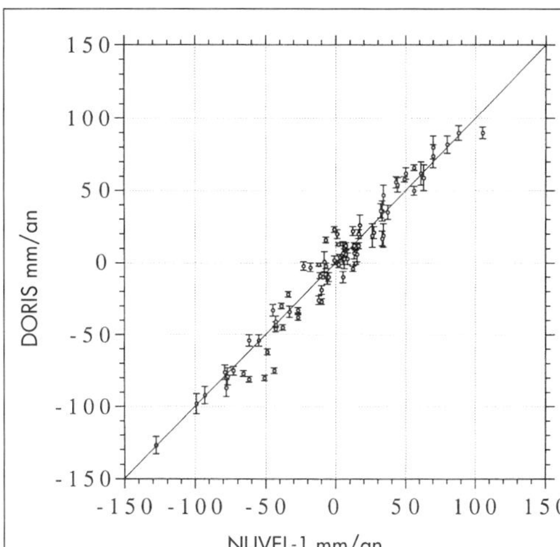

22. Mesures des vitesses tectoniques à partir de 4 années de données du système DORIS embarqué sur les satellites *SPOT 2* et *Topex-Poséidon*. Chaque point représente la vitesse relative entre un couple de stations. Ces résultats concernent 14 stations situées loin des bordures de 8 plaques tectoniques différentes (Eurasie, Amérique du Nord, Amérique du Sud, Afrique, Pacifique, Antarctique, Inde, Australie) et sont comparés aux prédictions du modèle géologique NUVEL-1. Le coefficient de corrélation entre les vitesses actuelles calculées avec DORIS et celles du modèle NUVEL-1 est de 0,98. L'alignement des points sur la droite de pente unité montre l'accord excellent entre les résultats DORIS et les vitesses géologiques. D'après Soudarin, 1994.

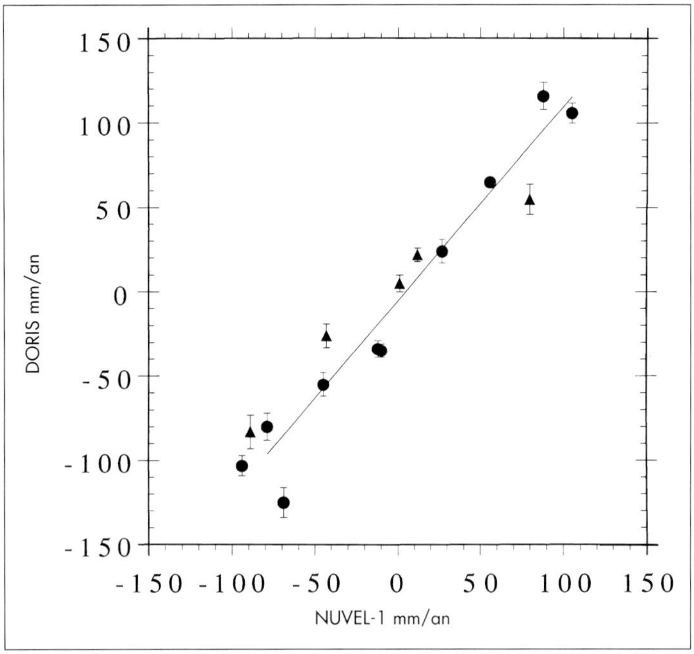

23. Deux méthodes d'estimation de la vitesse relative entre les plaques africaine et pacifique, qui n'ont pas de frontière commune. En abscisse, la valeur prédite par le modèle NUVEL-1 pour la vitesse relative entre deux stations situées chacune sur une plaque. En ordonnée, la même quantité estimée par la technique de positionnement DORIS. La couverture globale du réseau DORIS est irremplaçable pour les mesures de mouvements relatifs de ces deux plaques, en l'absence de données fournies par les techniques de VLBI ou laser. Le coefficient de corrélation entre les deux quantités est 0,938. La droite a une pente de 1,14 ± 0,2, ce qui n'indique pas d'écart significatif entre les taux géodésiques DORIS et les taux géologiques. Plusieurs stations sont localisées à proximité des frontières des plaques, là où elles ne sont pas strictement rigides. Ces stations, dont les points ne tombent pas sur la droite, ne sont donc pas représentatives du mouvement défini par une rotation eulérienne. Ces points de mesures ont été fournis par les balises DORIS installées pour mesurer les déformations locales au voisinage du *rift* à Djibouti et sur les îles volcaniques en bordure de la zone de subduction des Tonga-Kermadec. D'après Soudarin, 1994.

dire du fait que les estimations de vitesses sont relatives pour les deux méthodes. On sait par exemple que le taux du rapprochement des plaques eurasienne et africaine n'est pas indépendant du taux entre les plaques eurasienne et australienne. En tenant compte de ces corrélations dans l'estimation de la pente, l'incertitude serait plus grande et la signification statistique de l'écart moins importante.

Par ailleurs, et pour des raisons indépendantes de ce problème, des géologues ont proposé une révision de l'échelle chronologique des inversions magnétiques. Comme nous l'avons vu, toute l'information sur les vitesses des plaques dans le modèle NUVEL-1 repose sur l'âge de l'anomalie magnétique 2A. Or, le nouvel âge estimé pour cet événement est plus ancien de 4%! En conséquence, les vitesses prédites par NUVEL-1 seraient également inférieures, de 4%. Bien que ces vitesses révisées soient en meilleur accord avec les observations géodésiques, il semble difficile qu'elles justifient à elles seules l'écart. Pour effectuer la comparaison avec plus de rigueur, une meilleure répartition des stations laser et VLBI serait nécessaire. Dans le cas idéal, les mesures concerneraient les 12 plaques (au lieu des 7 instrumentées jusqu'à présent) pour pouvoir déterminer le taux de déplacement le long des 30 frontières (au lieu des 10 actuellement mesurées). Le réseau de stations *DORIS* (voir encadré p. 39) permettra sous peu d'atteindre un tel objectif.

3

LE CHAMP DE GRAVITÉ TERRESTRE

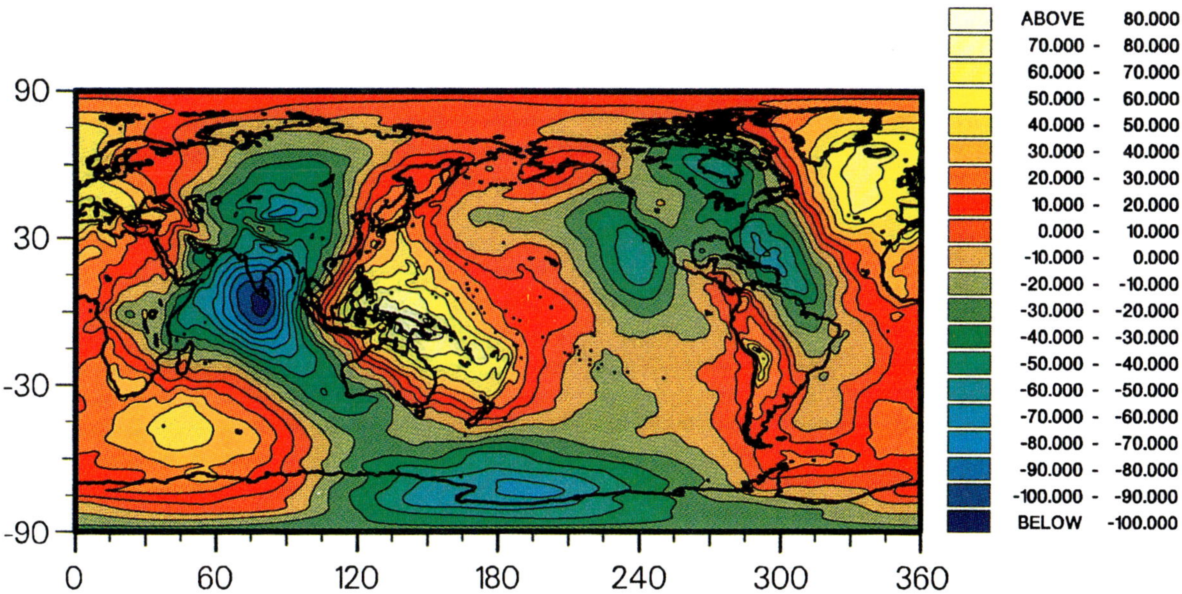

24. Carte des anomalies à grandes longueurs d'onde du géoïde terrestre (en mètres). On remarque les deux grandes bosses espacées d'environ 180° de longitude situées sur l'Atlantique et le Pacifique ouest. Cette figure à été réalisée à partir d'une solution récente du champ de gravité (modèle GRIM 4) obtenue au GRGS. D'après Biancale *et al.*, 1994.

Le champ de gravité terrestre reflète la répartition hétérogène de la matière à différentes profondeurs dans la Terre. Chaque particule de matière de l'intérieur du globe produit en un point extérieur une accélération gravitationnelle proportionnelle à sa densité. Si toutes les particules de matière possédaient la même densité, l'accélération gravitationnelle résultante serait indépendante de leur position à l'intérieur de la Terre. Or, le globe terrestre est composé de plusieurs unités aux propriétés physiques et chimiques différentes. Chaque unité a une structure complexe, comme le manteau, animé de courants de convection, ou la lithosphère, structurée en dorsales, failles et zones de subduction. Il en résulte des contrastes latéraux de densité, induisant des variations géographiques de l'accélération gravitationnelle résultante ou, ce qui est équivalent, du champ de gravité de la Terre. Ce champ va donc dépendre à la fois de la densité et de la position de toutes les particules élémentaires qui constituent la Terre.

Les variations de la gravité peuvent être visualisées au moyen du géoïde, une surface d'équilibre équipotentielle du champ de gravité, qui coïncide avec le niveau moyen des mers. La géoïde est la forme qu'aurait la Terre si elle était complètement recouverte d'océans au repos. Or, la surface d'un fluide

LE GÉOÏDE

Le géoïde est une surface équipotentielle du champ de gravité qui permet de visualiser, ou de matérialiser, les variations géographiques de la gravité terrestre. Cette surface épouse de très près la forme de la Terre et en milieu océanique, elle coïncide exactement avec le niveau de la mer au repos. Le géoïde, donc la surface de la mer, est en tout point perpendiculaire à la force de pesanteur. Or, la pesanteur varie d'un endroit à un autre à cause de la répartition hétérogène de la matière à l'intérieur de la Terre, de sorte que la surface de la mer n'est pas lisse mais ondulée, avec des creux et des bosses. Ceux-ci peuvent atteindre jusqu'à 100 m sur une distance de plusieurs milliers de kilomètres. Ces différences de niveau sont toutefois très faibles devant les dimensions de la Terre, si bien que lorsqu'on observe la Terre depuis l'espace, elle apparaît sphérique.

Les creux et les bosses du géoïde ont été découverts progressivement. Les ondulations les plus grandes ont été mises en évidence en étudiant les trajectoires des satellites, depuis plus de 25 ans. Le satellite décrit une trajectoire complexe sous l'effet du champ de pesanteur de la Terre. La mesure des déformations de la trajectoire permet de relier le mouvement du satellite au champ de forces auquel il est soumis et donc de déterminer le champ de pesanteur de la Terre. Cette méthode a été utilisée pendant de nombreuses années et l'est encore aujourd'hui.

Il y a quelques années, une nouvelle technique est apparue: l'altimétrie par satellite, qui permet de cartographier directement à l'aide d'un radar altimétrique les ondulations de la surface marine. Cette technique a complètement révolutionné notre vision du géoïde au dessus des océans. En 1975, la NASA lançait le premier radar altimètre embarqué sur le satellite *Geos 3*. Il a été suivi de plusieurs autres: *Seasat* (Etats-Unis) en 1978, *Geosat* (Etats-Unis) en 1985 et plus récemment *ERS-1* (Agence spatiale européenne) en 1991 et *Topex Poséidon* (France, Etats-Unis) en 1992.

Comparée à la méthode basée sur l'étude des trajectoires, l'altimétrie spatiale offre une description beaucoup plus détaillée et plus précise des ondulations de la surface marine. On a pu observer qu'à petite échelle – entre 10 km et 500 km –, la surface de l'océan est une «réplique» des reliefs des fonds océaniques: ainsi, la surface de la mer se bombe au-dessus d'un volcan sous-marin ou se creuse au-dessus des grandes fosses océaniques. La raison en est simple: les reliefs sous-marins créent des excès ou des déficits de matière produisant ainsi des variations locales du champ de pesanteur, donc du géoïde.

Les fonds marins sont encore très mal connus aujourd'hui: de vastes régions océaniques sont totalement inexplorées, surtout dans l'hémisphère sud. Mais grâce à la couverture exceptionnelle des océans réalisée par les satellites altimétriques, on dispose aujourd'hui d'une «image» complète à haute résolution des reliefs sous-marins. Ainsi, depuis l'espace, on a pu découvrir quantité de volcans sous-marins ainsi que de nombreuses autres structures associées à la tectonique des plaques et non répertoriées sur les cartes bathymétriques traditionnelles.

(la mer) placé dans un champ de gravitation est en tout point normale à la gravité locale. Et comme cette dernière varie d'un point géographique à un autre, la surface qui lui est perpendiculaire – le géoïde – présente des ondulations qui reflètent directement la répartition de la matière dans la Terre.

A cause de sa rotation sur elle-même et d'un comportement non rigide à l'échelle des temps géologiques, la Terre n'est pas parfaitement sphérique: en première approximation, sa forme s'apparente à celle d'un ellipsoïde aplati aux pôles. Cette déformation permanente est induite par la force centrifuge qui attire la matière vers l'extérieur avec une intensité d'autant plus grande que la distance à l'axe de rotation est plus grande. Pour cette raison, les régions équatoriales sont plus déformées que les régions polaires. La différence des rayons entre le pôle et l'équateur est de 21 km. Il est habituel de repérer les ondulations du géoïde par rapport à cet ellipsoïde.

A grande échelle spatiale, le géoïde présente des creux et des bosses qui peuvent atteindre 100 m (ill. 24). Ce qui frappe, c'est l'existence de deux grandes régions d'anomalies positives (bosses), l'une centrée sur la Nouvelle-Guinée (amplitude voisine de 100 m) mais s'étendant largement sur tout le Pacifique ouest, l'autre couvrant l'Atlantique et le sud de l'Afrique. Ces régions sont approximativement aux antipodes l'une de l'autre, c'est-à-dire espacées de 180° en longitude.

En revanche, une vaste anomalie négative est asso-

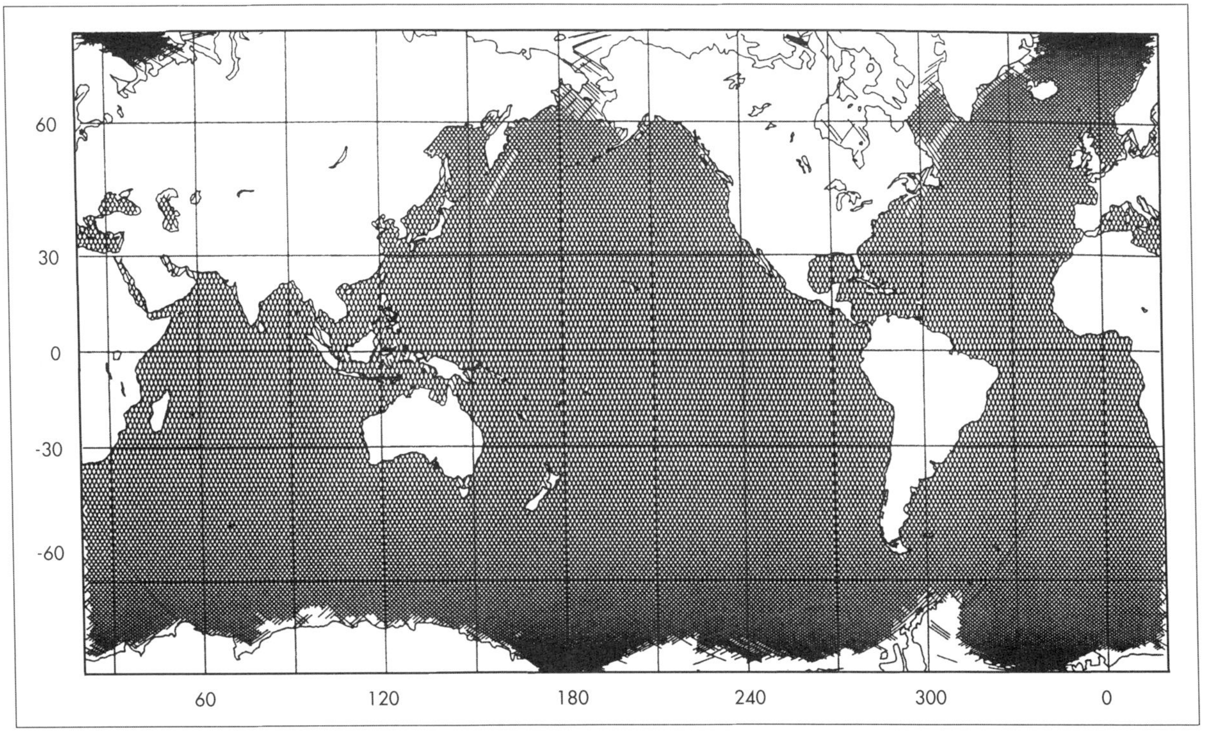

25. Exemple de couverture des océans réalisée par les satellites altimétriques (ici le satellite *Geosat* durant sa mission civile). La trace sous-satellite est la projection de l'orbite à la surface de l'océan. D'après Sandwell et McAdoo, 1988.

ciée à l'Asie et à l'océan Indien, dont le minimum (-100 m) se situe au sud de l'Inde. Le continent antarctique est aussi sur un creux du géoïde, de même que l'Amérique du Nord, et en particulier la baie d'Hudson au Canada.

Ces grandes ondulations ne sont pas corrélées aux reliefs de la surface terrestre et, comme nous le verrons plus loin, résultent d'anomalies de masse localisées profondément dans le manteau terrestre.

Ces ondulations, mises en évidence par l'analyse des trajectoires des satellites artificiels, ont été affinées régulièrement au cours des deux dernières décennies. A ces anomalies s'en superposent d'autres, d'amplitude 10 à 100 fois plus faible et de dimension spatiale plus courte (10-1 000 km). Dans certaines zones, les anomalies de courtes longueurs d'onde sont connues depuis fort longtemps grâce aux mesures d'anomalie de gravité à partir de pendules ou de gravimètres déposés sur le sol ou embarqués sur des navires. Toutefois, de vastes régions du globe sont restées longtemps – ou sont toujours – difficilement accessibles (déserts, montagnes) ou inexplorées (océans de l'hémisphère sud), limitant considérablement la couverture des mesures gravimétriques au sol et n'offrant ainsi qu'une représentation très partielle des irrégularités du champ de gravité. Grâce aux satellites, on accède à la vision globale mais la méthode fondée sur l'analyse des perturbations de trajectoire est inadaptée pour décrire la composante à courtes longueurs d'ondes du champ de gravité. Les anomalies à courtes échelles spatiales du champ causées par des contrastes de densité superficiels (situés principalement en surface et dans la lithosphère) produisent un effet gravitationnel rapidement atténué avec l'altitude si bien qu'à l'altitude habituelle des satellites géodésiques (entre 800 et 1 500 km), les perturbations induites sont négligeables et donc non mesurables. Au milieu des années 70, un nouveau concept de mesure de gravité a été développé: la cartographie directe des ondulations de la surface marine à l'aide d'un radar embarqué sur satellite. Cette technique a complètement révolutionné notre vision du géoïde au-dessus des océans.

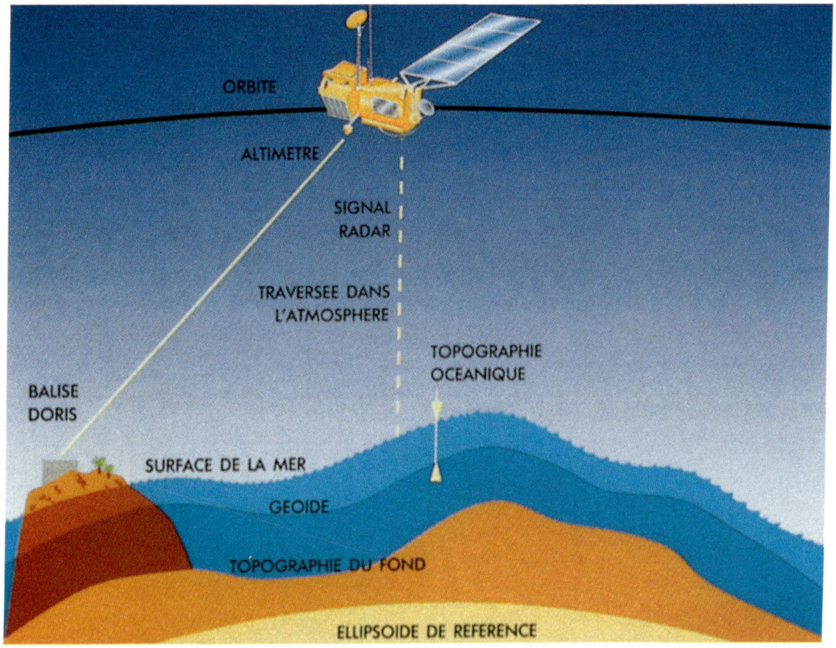

26. Principe de la mesure de la hauteur de la mer par altimétrie spatiale. Document CNES.

27. Carte des ondulations à courtes et moyennes échelles (< 2 000 km) du géoïde mesurées par altimétrie spatiale. On reconnaît la signature des principales structures tectoniques des fonds marins. Document GRGS.

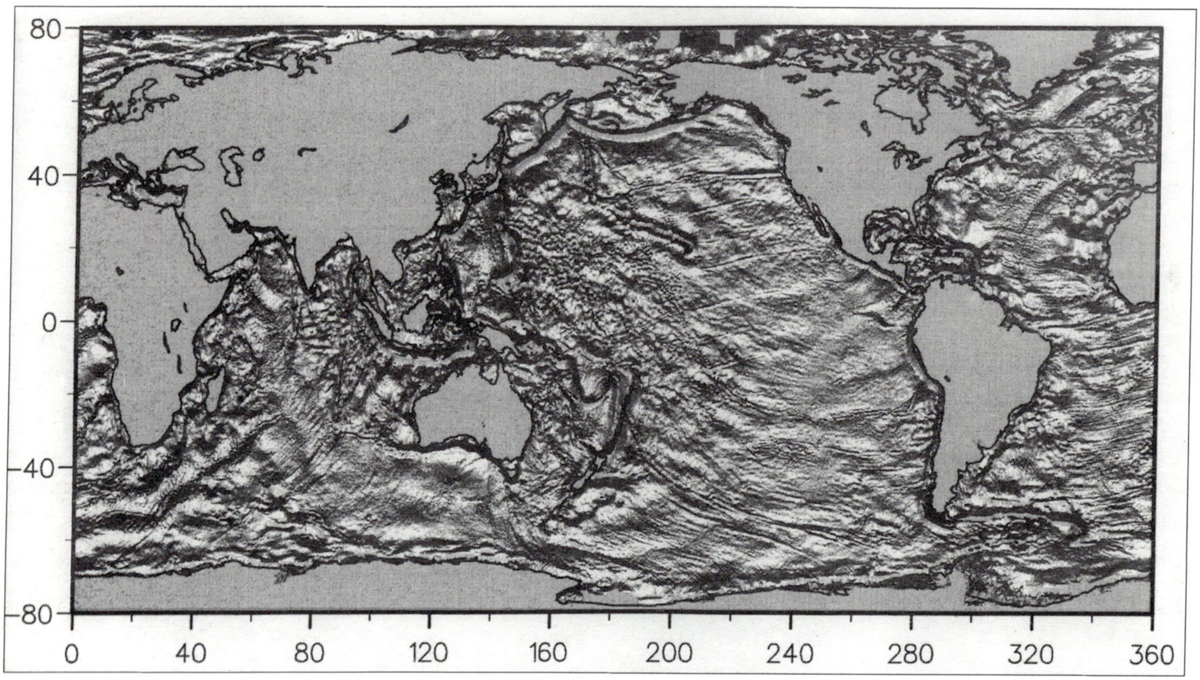

Altimétrie spatiale et géoïde

En 1975, puis en 1978, l'agence spatiale américaine (NASA) lança successivement deux satellites *Geos 3* et *Seasat* munis de radars altimètres dans le but de cartographier avec une haute résolution les ondulations de la surface de la mer et leurs variations temporelles associées à la circulation océanique. Plusieurs autres missions ont suivi; *Geosat* (Etats-Unis) entre 1985 et 1989, *ERS-1* (Agence spatiale européenne) lancé en 1991 puis *Topex-Poséidon* (France-Etats-Unis) lancé en 1992.

Le long de la trajectoire, l'altimètre radar embarqué mesure l'altitude du satellite au-dessus de la surface instantanée de la mer (ill. 26). Le calcul en temps différé de l'altitude du satellite au-dessus de l'ellipsoïde de référence à partir des mesures de trajectographie basées sur la télémétrie laser ou l'effet Doppler permet, par différence, d'obtenir la hauteur de la surface océanique par rapport à l'ellipsoïde. Des millions de points de mesure de la hauteur instantanée de la mer ont ainsi été collectés le long des traces sous-satellite (1 point tous les 10 km à l'aplomb de la trajectoire, les traces étant elles-mêmes espacées de 50 à 100 km en moyenne), offrant ainsi une couverture complète des régions océaniques (ill. 25).

La hauteur instantanée de la mer reflète l'influence de deux grands types de phénomènes: océanographiques et géophysiques (le géoïde). La contribution océanographique résulte des marées, des courants et des tourbillons associés, des variations du niveau de la mer dues au vent, à la pression atmosphérique, à la température de l'eau et à la salinité. Au total, ces effets ne dépassent pas 1-2 m en pleine mer et sont petits devant les ondulations de grande extension spatiale du géoïde pouvant atteindre 100 m. La contribution géophysique est due au champ de gravité: le niveau moyen des mers coïncide avec le géoïde. A petite échelle spatiale, le géoïde marin présente une variété très riche d'anomalies dont la caractéristique majeure est leur remarquable corrélation avec les grandes structures tectoniques des fonds marins (ill. 27).

Les ondulations de la surface marine: une image des fonds sous-marins

Les reliefs sous-marins sont dominés par quatre grandes classes de structures: les monts et volcans sous-marins, les dorsales océaniques, les zones de subduction, et enfin, les failles transformantes et les zones de fractures. Comme cela a été décrit dans le chapitre 2, ces trois dernières classes de structures

28. Carte de la topographie des fonds marins et des continents. Document GRGS.

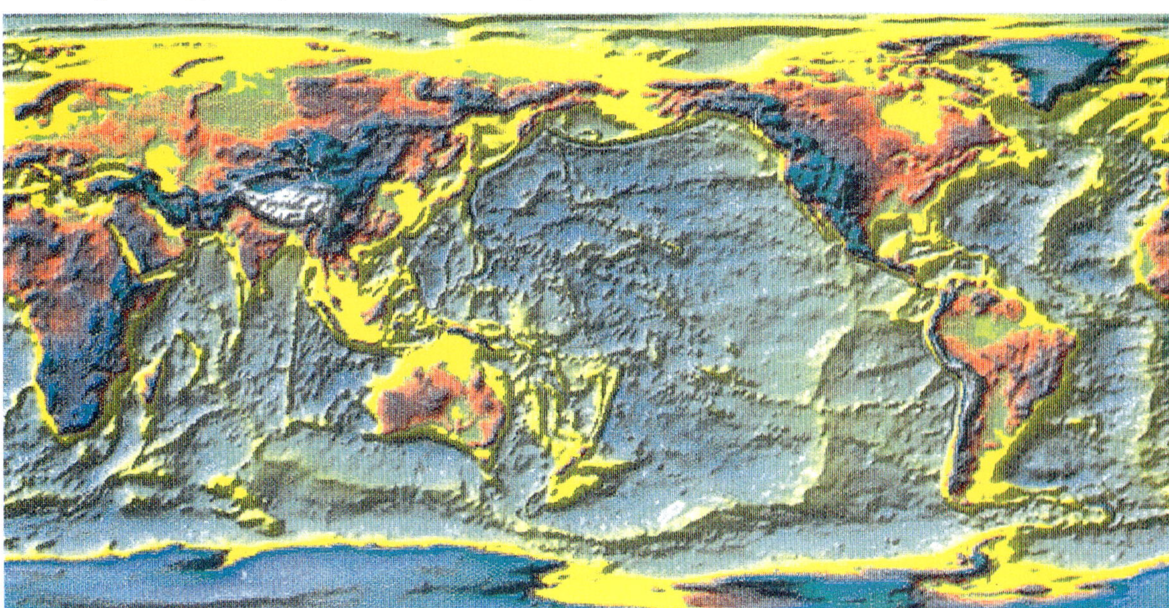

correspondent aux principales frontières des plaques lithosphériques. Les dorsales océaniques qui sillonnent le fond de la mer sur plus de 60 000 km sont les zones où les plaques se créent par cristallisation du magma basaltique remonté du manteau. Au contraire, les zones de subduction proches des frontières océans-continents sont les régions où les plaques lithosphériques plongent dans le manteau. Elles sont situées au niveau des grandes fosses océaniques, telles la fosse des Aléoutiennes, du Japon, des Mariannes au nord et à l'ouest du Pacifique, ou encore la fosse du Pérou en bordure ouest de l'Amérique du Sud. Tout le long des dorsales, on observe des structures striées, les failles transformantes, frontières étroites le long desquelles deux portions de plaque coulissent horizontalement l'une par rapport à l'autre. Latéralement par rapport à l'axe de la dorsale, la faille transformante devient inactive: les morceaux de plaques sont soudés. Toutefois, le plancher garde la trace de l'épisode actif: c'est la zone de fracture.

La profondeur moyenne des dorsales est de l'ordre de 2 500 m sous le niveau de la mer. Au fur et à mesure que la plaque nouvellement créée s'éloigne de l'axe de la dorsale, elle se refroidit et vieillit. Son âge, nul à la dorsale, augmente de façon continue jusqu'à des valeurs de 150-180 millions d'années en bordure des continents. A ce phénomène de refroidissement et de vieillissement correspond un approfondissement régulier du fond marin de l'ordre de 3 000-4 000 m depuis la dorsale.

Les fonds marins sont parsemés d'innombrables volcans et de monts sous-marins, d'altitudes et de dimensions variées. Certains de ces volcans sont actifs, d'autres pas. Nombre d'entre eux sont situés sur la dorsale. C'est la cas de l'Islande, sur la dorsale médio-atlantique, dont le volcanisme très actif a donné lieu à la naissance d'une nouvelle île il y a une trentaine d'années.

Mais d'autres volcans actifs sont observés loin des dorsales, par exemple à Hawaii ou en Polynésie dans le Pacifique, ou encore dans les îles du Cap Vert ou les Canaries dans l'Atlantique. Ces volcans sont appelés points chauds et sont l'expression en surface de panaches verticaux remontant des profondeurs du manteau, peut-être de la surface même du noyau. Les panaches sont très stables à l'échelle des temps géologiques et sont quasiment fixes par rapport au manteau. Comme la plaque en surface se déplace au-dessus du panache, elle emporte dans sa dérive les volcans formés par celui-ci. On observe alors une succession de volcans éteints, alignés dans la direction du mouvement de la plaque, d'autant plus vieux qu'ils sont plus éloignés du point chaud. Les chaînes volcaniques d'Hawaii, de la Ligne, ou des Cook-Australes dans le Pacifique sont des illustrations frappantes de ce phénomène.

En dehors des points chauds, le plancher sous-marin est constellé de petites montagnes n'émergeant pas à la surface de la mer et appelées monts sous-marins. Même si leur origine n'est pas toujours bien comprise, on pense que certains se sont formés en même temps que la plaque à l'axe de la dorsale puis ont été transportés avec elle. D'autres ont pu être formés sur une lithosphère déjà vieille, dans des régions fragiles de la plaque permettant une intrusion du magma.

Toutes ces structures produisent sur le géoïde une signature caractéristique (ill. p. 30). Les dorsales, en particulier celles à expansion lente comme la dorsale nord-atlantique ou la dorsale ouest-indienne, produisent sur le géoïde un bourrelet de 10 m d'amplitude sur des milliers de km de long. Les zones de fracture laissent une signature en forme de marche d'escalier de 1 à 5 m d'amplitude sur une distance de 50 à 100 km. Au niveau des fosses océaniques, le géoïde présente une profonde dépression pouvant atteindre 10 à 20 m d'amplitude. Au-dessus des volcans sous-marins, au contraire, le géoïde se bombe de quelques mètres.

A petite échelle spatiale, le géoïde, donc la surface de la mer, donne une image fidèle des reliefs sous-marins. L'altimétrie fournit une mesure des variations de la hauteur de la mer qui traduit directement l'influence gravitationnelle exercée à la surface terrestre par les reliefs des fond océaniques. Au-dessus d'un mont sous-marin par exemple, la surface de la mer se bombe. Le mont sous-marin correspond à un excès de matière, donc un excès de gravité. Il y a localement accroissement de l'énergie potentielle de gravitation. Cette énergie est proportionnelle à l'excès de masse dû à la montagne sous-marine et inversement proportionnelle à la distance entre cette masse et la surface de la mer. Or en surface, l'océan suit une figure d'équilibre sur laquelle l'énergie potentielle doit rester constante (le géoïde est, rappelons-le, une surface équipotentielle du champ de gravité). L'excès d'énergie causé par la présence de la montagne sous-marine doit alors être obligatoirement compensé par un accroissement de la distance qui la sépare de la surface de l'océan, d'où un bombement de cette dernière. Le raisonnement inverse s'applique à un déficit de masse au fond de l'océan, comme celui qui est généralement associé à une zone de subduction. Ainsi, la forme de la surface de la mer reflète-t-elle exactement celle du fond marin. Mais cette correspondance n'est que qualificative. Nous verrons qu'à reliefs identiques, les anomalies du géoïde n'ont pas nécessairement la même amplitude.

L'isostasie

L'anomalie de gravité ou de hauteur du géoïde associée à une structure topographique donnée a presque toujours une amplitude plus faible que celle qui est causée exclusivement par le relief, suggérant l'existence d'une anomalie de densité sous-jacente, de signe opposé. Ce phénomène, connu depuis plus de deux siècles pour les reliefs continentaux, est l'isostasie. En effet, la signature gravitationnelle d'une structure, par exemple un mont sous-marin, résulte de deux effets qui ont tendance à s'annuler: l'effet dû à l'excès de masse causé par le relief et l'effet de la réponse physique (mécanique ou thermique) du manteau terrestre supportant cette topographie. Le second effet résulte de la non-rigidité du manteau qui a tendance à se placer dans un état d'équilibre tel qu'en dessous d'un certain niveau (appelé profondeur de compensation), la pression exercée est de nature hydrostatique. A cet état d'équilibre correspond un principe de conservation, la conservation de la masse. Cela traduit le fait qu'au-dessus de la profondeur de compensation, la masse d'une colonne unitaire de matière est constante.

Ce phénomène d'isostasie est largement observé à la surface du globe; il est réalisé de façon statique pour les reliefs d'extension modérée, soit à l'échelle locale par la présence d'une racine légère située sous la topographie (ill. 29), soit à l'échelle régionale par flexure de la plaque lithosphérique par suite de son comportement élastique (ill. 31). Les reliefs de plus grande extension (> 1000 km) ne sont pas «supportés» de manière passive car les plaques n'ont pas une rigidité suffisante: ils sont associés à des manifestations dynamiques affectant l'intérieur de la Terre. Ainsi, le phénomène d'isostasie ne correspond pas à un mécanisme unique ni d'ailleurs à une définition unique. Néanmoins, on peut souvent l'associer à un état pour lequel les contraintes à l'intérieur de la Terre sont minimales.

Sur les bases d'hypothèses acceptables pour la compensation isostatique de la topographie, l'analyse des anomalies de hauteur du géoïde mesurées par les satellites altimétriques au-dessus des régions océaniques a permis, ces dernières années, d'apporter des

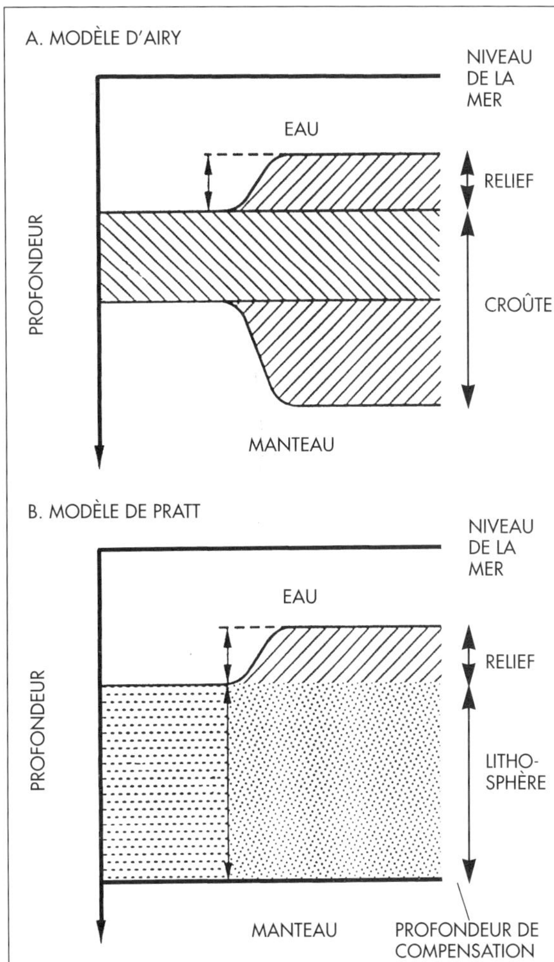

29. Schéma illustrant le principe de la compensation isostatique.
A. La compensation du relief topographique est assurée par la présence d'une racine légère causée par épaississement de la croûte (modèle d'Airy).
B. La compensation est assurée par une variation latérale de la densité dans la lithosphère (modèle de Pratt).
Dans les deux cas, la pression est hydrostatique en dessous de la profondeur de compensation.

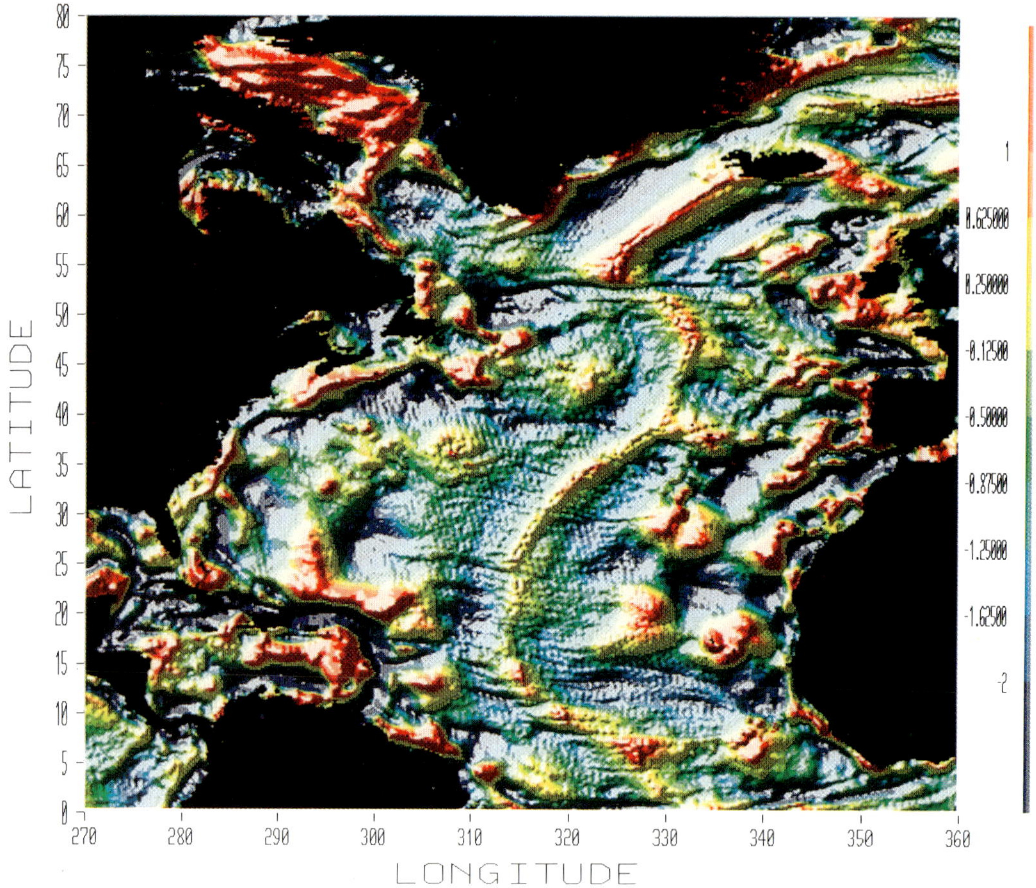
LATITUDE
LONGITUDE
80
75
70
65
60
55
50
45
40
35
30
25
20
15
10
5
0
270
280
290
300
310
320
330
340
350
360
1
0.625000
0.250000
-0.12500
-0.50000
-0.87500
-1.25000
-1.62500
-2

a

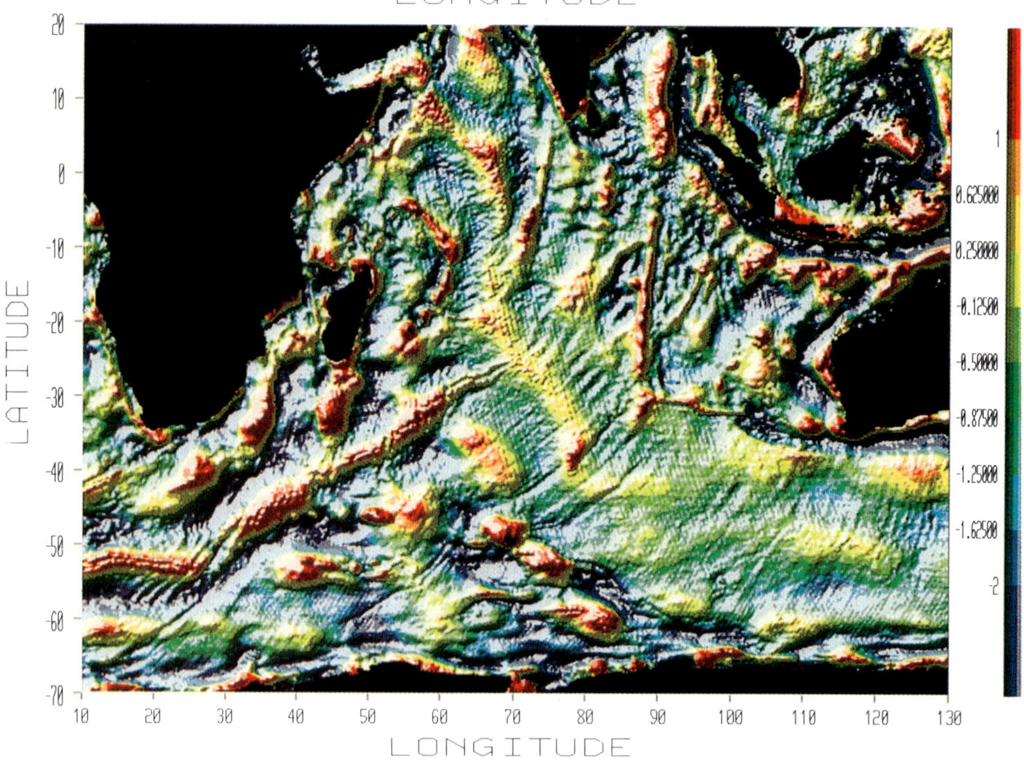
LATITUDE
LONGITUDE
20
10
0
-10
-20
-30
-40
-50
-60
-70
10
20
30
40
50
60
70
80
90
100
110
120
130
1
0.625000
0.250000
-0.12500
-0.50000
-0.87500
-1.25000
-1.62500
-2

b

informations nouvelles sur l'évolution dynamique de la lithosphère océanique et du manteau terrestre.

Grâce à leur grande précision et surtout leur couverture complète des océans, ces données ont permis d'affiner les modèles disponibles, de mettre en évidence des tendances, par exemple l'évolution avec l'âge de certains paramètres représentant la structure physique de la lithosphère. Elles ont également permis de découvrir de nombreuses structures topographiques non identifiées, en particulier quantité de monts sous-marins dans les océans de l'hémisphère sud où la bathymétrie est très mal documentée, voire inexistante. D'autres structures, enfin, telles que des zones de fracture ou des fosses océaniques ont été découvertes, résultat important pour les reconstitutions des mouvements passés des plaques lithosphériques. Les mesures à haute résolution du géoïde marin ont enfin conduit à découvrir des structures jusqu'ici inconnues, en particulier des ondulations régulières allongées le long de la plaque Pacifique dont l'origine reste très mystérieuse.

Géoïde et dynamique de la lithosphère océanique

En première approximation, les plaques lithosphériques ont un comportement mécanique élastique, comme en témoigne l'observation de la propagation des ondes sismiques. Si le manteau répond de façon élastique sur des échelles de temps extrêmement courtes, à l'échelle des temps géologiques il se comporte plutôt comme un fluide. Au contraire, la lithosphère océanique, beaucoup plus froide que le manteau, est capable de supporter élastiquement les charges superficielles créées par les chaînes volcaniques et les monts sous-marins pendant des millions d'années, en fléchissant plus ou moins selon son épaisseur élastique. Connaissant le relief du volcan et sa densité, donc sa masse, on peut modéliser la déformation de la lithosphère par la théorie des plaques minces élastiques en flexion sous une charge en surface. Le paramètre qui traduit l'extension verticale et

Page de gauche :
30. Le géoïde altimétrique (en m):
(a) sur l'Atlantique nord.
(b) dans l'océan Indien.
La signature des dorsales médio-atlantique et indienne est bien visible.
Documents GRGS.

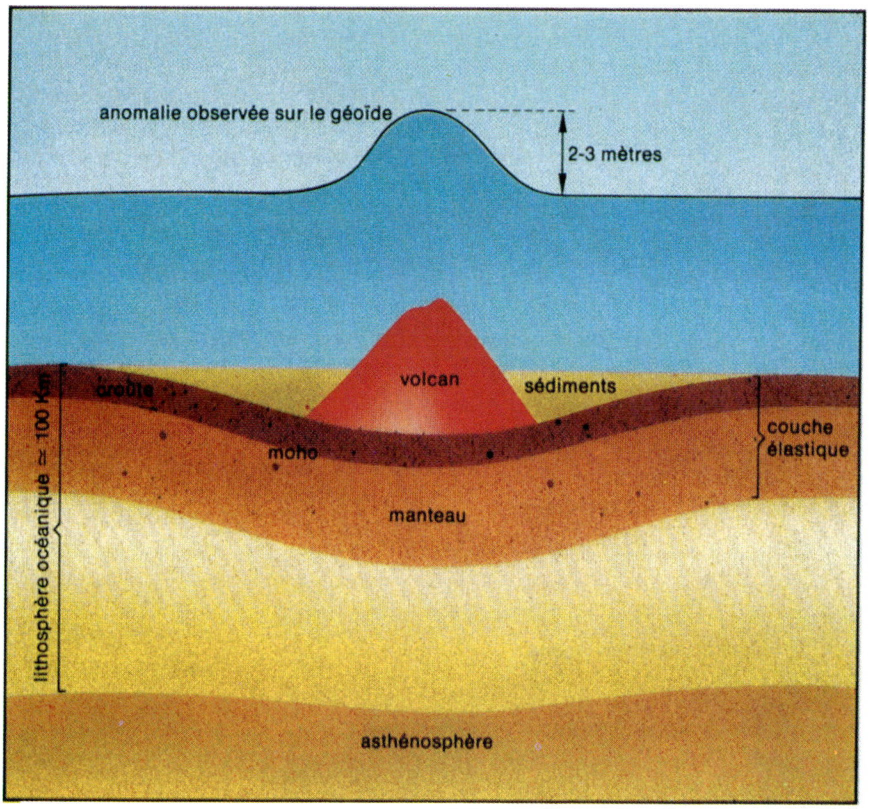

Ci-contre :
31. Flexion élastique de la plaque lithosphérique en réponse à la charge créée par un volcan sous-marin. Ce phénomène est capable d'assurer la compensation isostatique du relief sous-marin.

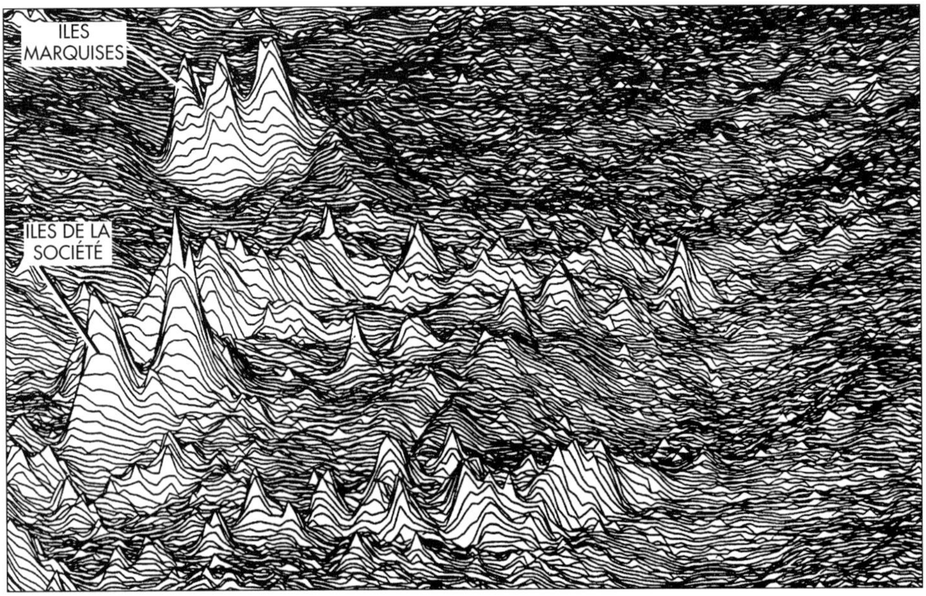

32. Carte des anomalies du géoïde au-dessus des volcans de la Polynésie. L'amplitude de ces anomalies est de quelques mètres et leur extension horizontale d'environ 100 km. Document GRGS.

horizontale de la déformation est la rigidité flexurale, paramètre dépendant des propriétés élastiques de la plaque et de son épaisseur. Ainsi, pour une charge donnée, la flexion est d'autant plus grande que l'épaisseur élastique est plus faible et inversement (ill. 31).

La forme et l'amplitude de l'anomalie du géoïde associée à un volcan sous-marin résulte de deux effets opposés: d'une part une anomalie positive due à la masse du volcan, d'autre par une anomalie négative due au déficit de masse causé par la flexion de la lithosphère. A la base de la croûte, le moho est entraîné à une profondeur plus grande qu'à l'état ordinaire à cause de la flexion: du matériau crustal léger remplace donc du matériau mantellique plus dense, produisant ainsi un déficit de masse.

Une plaque mince localement peu rigide se déforme beaucoup et forme ainsi une racine légère qui assure une compensation isostatique locale. A l'inverse, une plaque élastique très épaisse se déforme peu ou pratiquement pas sous la charge d'un volcan. Dans le premier cas, l'anomalie de hauteur du géoïde est faible mais légèrement positive. En effet, même si l'équilibre isostatique est parfait (conservation de la masse au-dessus de la profondeur de compensation), c'est toujours l'effet de topographie qui l'emporte en raison de l'atténuation de l'attraction gravitationnelle des masses avec la profondeur. Si la plaque se déforme peu ou pas, l'anomalie du géoïde résulte essentiellement de l'effet du relief et se trouve alors fortement positive. La comparaison entre l'anomalie du géoïde prédite par le modèle et l'anomalie observée au-dessus du volcan permet de calculer l'épaisseur élastique de la lithosphère. On montre ainsi que seule la partie supérieure de la plaque lithosphérique est élastique, la couche élastique ne dépassant par le tiers de l'épaisseur totale de la plaque.

Nous avons vu que lorsque la lithosphère s'écarte de la dorsale où elle s'est formée, elle se refroidit. Cette contraction thermique influe sur la profondeur de l'océan et sur l'épaisseur de la lithosphère: à mesure que l'on s'éloigne de la dorsale, la profondeur du fond de l'océan augmente et la plaque s'épaissit suivant une relation simple avec la distance à la dorsale ou, ce qui est équivalent, avec l'âge de la lithosphère. Les caractéristiques de la couche supérieure élastique dépendent du régime thermique interne à la lithosphère; sa base coïncide probablement avec une isotherme. Au cours du processus de refroidissement, la profondeur des isothermes augmente avec l'âge de sorte que l'épaisseur de la couche élastique doit aussi augmenter avec l'âge. C'est ce qu'ont confirmé de

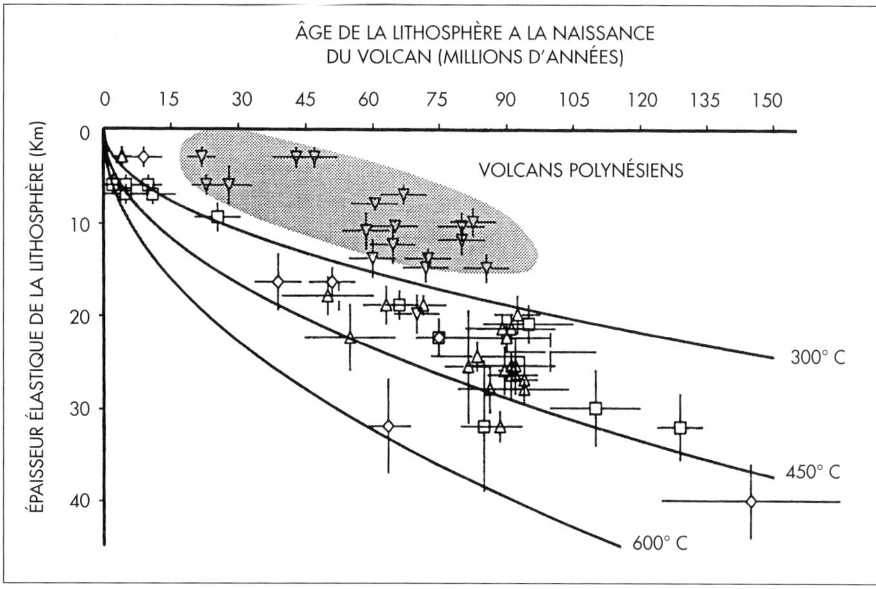

33. L'observation des anomalies du géoïde au-dessus d'un grand nombre de monts sous-marins des océans Atlantique, Pacifique et Indien, a permis de déterminer l'épaisseur de la couche élastique superficielle de la lithosphère et de mettre en évidence une relation empirique entre cette épaisseur et l'âge de la plaque (âge du fond marin) à l'époque où s'est formé le volcan. Cette relation indique que l'épaisseur élastique augmente linéairement avec la racine carrée de cet âge. La base de la couche élastique correspond à une isotherme (température de 350-400 °C). Cette relation est observée à l'échelle des trois grands océans, sauf en Polynésie où l'épaisseur élastique sous certains volcans est plus faible que la moyenne. Cette observation est encore mal comprise mais pourrait s'expliquer par la présence d'une vaste anomalie thermique présente dans le manteau supérieur sous cette région.
Chaque symbole correspond à une estimation de l'épaisseur élastique sous un volcan donné. Les courbes en trait plein représentent la profondeur des isothermes en fonction de l'âge. D'après Calmant et Cazenave, 1987.

nombreuses études basées sur les données de hauteur du géoïde au-dessus des volcans sous-marins. Elles ont montré que l'épaisseur élastique croît linéairement avec la racine carrée de l'âge de la lithosphère au moment où le volcan se forme (ill. 33).

Une telle relation permet d'estimer, à partir de l'épaisseur élastique de la lithosphère, l'âge du volcan ou l'âge de la croûte – lorsque ceux-ci ne sont pas connus. Elle permet également de déterminer l'origine des chaînes volcaniques étudiées grâce à l'effet qu'elles produisent sur le géoïde. On peut en effet déterminer si la chaîne s'est formée au voisinage d'une dorsale sur une plaque très mince ou, au contraire, en milieu de plaque, sur une plaque déjà épaissie. On obtient ainsi des renseignements sur son origine.

Cette approche a aussi conduit à mettre en évidence des régions «anormales», comme en Polynésie, où plusieurs volcans surmontent une plaque élastique beaucoup trop mince pour son âge. On pense que des perturbations thermiques en profondeur sont responsables de cet amincissement.

Géoïde et évolution thermique de la lithosphère océanique

La formation de la nouvelle croûte océanique, on l'a vu, se fait par intrusion de basaltes à haute température le long des dorsales actives. La croûte, et avec elle la plaque lithosphérique, s'écarte de la dorsale où elle s'est formée tout en se refroidissant. Ce refroidissement résulte d'une perte de chaleur par conduction thermique. Il s'accompagne d'une augmentation de la densité de la plaque qui, plus lourde, s'enfonce dans le manteau en s'épaississant. A cela correspond une augmentation régulière de la profondeur du plancher océanique avec l'âge de la plaque. Cependant,

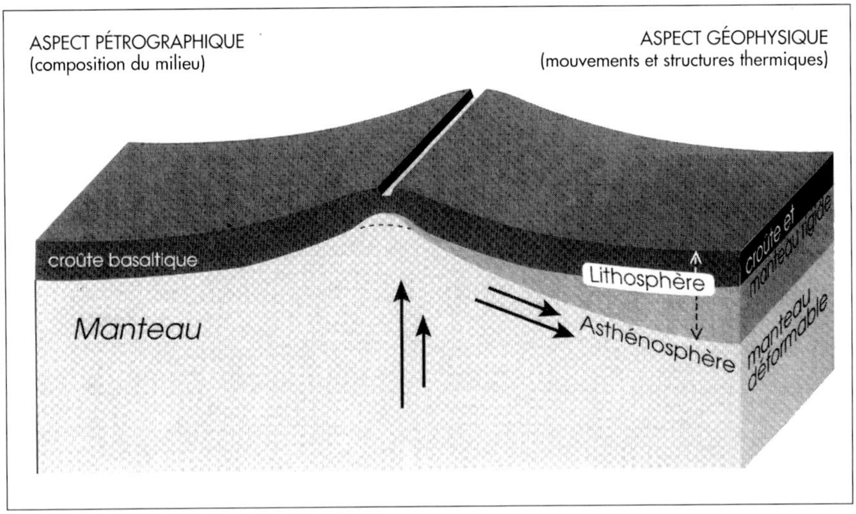

34. La lithosphère, formée à la dorsale, se refroidit et s'épaissit en vieillissant. Dans les océans vieux, elle est épaisse d'environ 100 km et sa base est définie par une isotherme (~ 1 300 °C). La lithosphère comprend la croûte et la partie superficielle du manteau. D'après Nicolas, 1989.

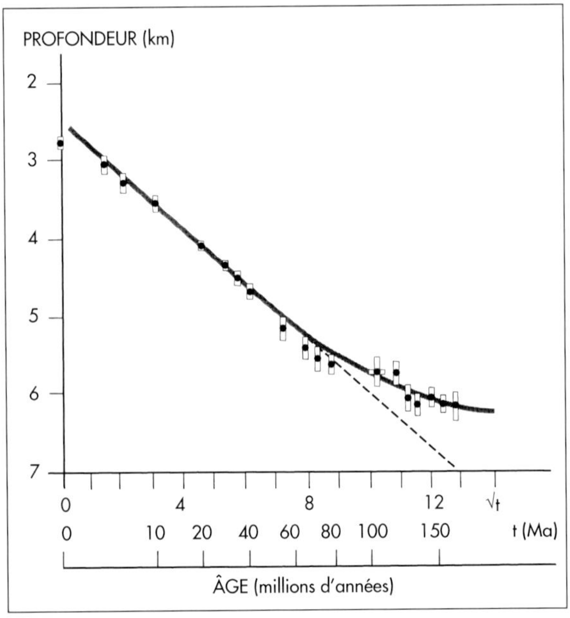

35. Les observations de la profondeur des fonds marins ont montré que le plancher océanique s'approfondit avec l'âge de la plaque. Jusque vers 60-80 millions d'années, le taux de subsidence des fonds marins est proportionnel à la racine carrée de l'âge de la lithosphère. Dans certaines régions, on observe un arrêt de la subsidence: le plancher reste à profondeur constante. D'après Nicolas, 1989.

l'observation de la topographie des fonds océaniques montre que dans certaines régions, au lieu de continuer à croître jusqu'aux fosses océaniques, la profondeur des fonds marins devient constante lorsque l'âge de la plaque atteint environ 80 millions d'années (ill. 35). Pour expliquer pourquoi la lithosphère cesse de se refroidir et donc pourquoi le plancher océanique cesse de s'approfondir, on invoque généralement des perturbations thermiques à la base de la lithosphère. Ces perturbations thermiques peuvent

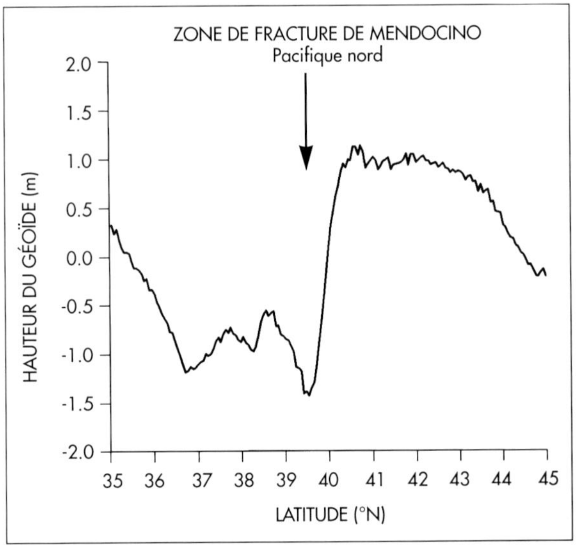

36. Profil de hauteur du géoïde mesurée par un satellite altimétrique. Ce profil traverse à angle droit la zone de fracture de Mendocino, qui s'étend dans la direction est-ouest à 40°N dans le Pacifique nord-est. On remarque la variation abrupte de la hauteur du géoïde à l'aplomb de la zone de fracture. Document GRGS.

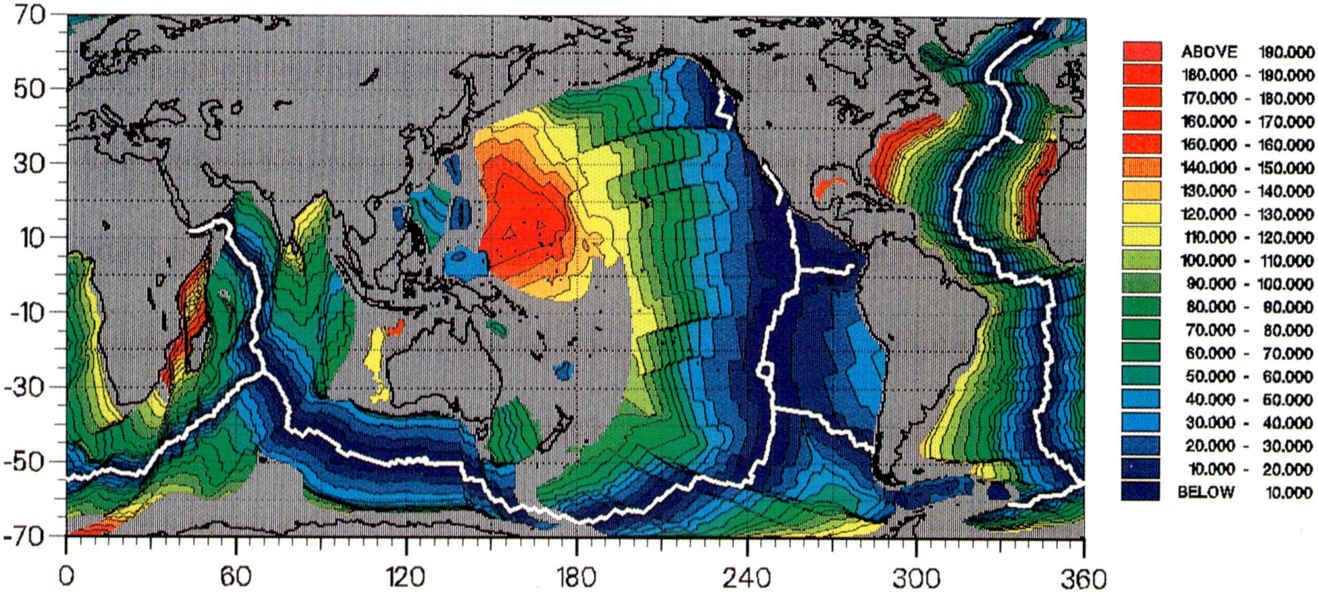

37. Age des fonds océaniques (en millions d'années) déduit des mesures d'anomalies magnétiques de la croûte océanique. D'après Mueller *et al.*, 1993.

38. La remontée du manteau chaud et peu dense le long d'un panache mantellique donne lieu à une accumulation de matière à la base de la lithosphère qui s'étend latéralement sous la plaque. D'après Coffin et Eldholm, 1993.

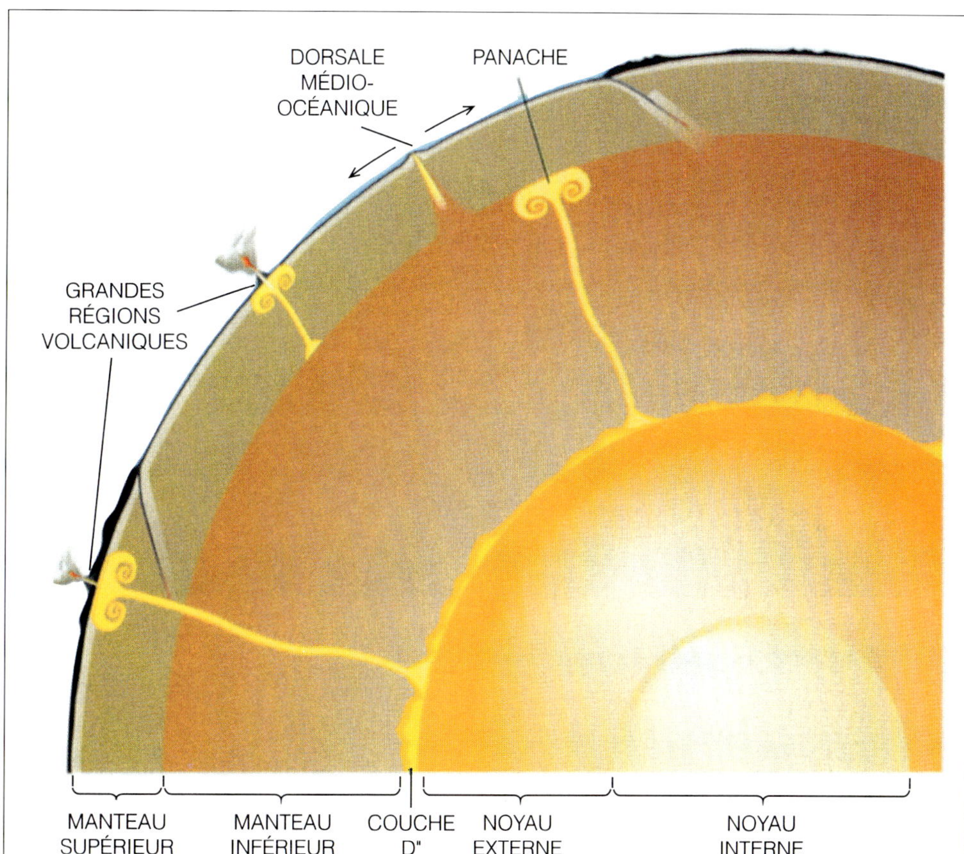

être causées soit par la présence de points chauds, soit par des phénomènes convectifs sous la lithosphère.

Or, le refroidissement de la lithosphère s'observe très bien sur le géoïde, en particulier au-dessus des zones de fracture, ces structures linéaires qui séparent deux portions de plaques d'âges différents. Le saut du géoïde observé (ill. 36) résulte en effet de la différence de température entre les deux portions de plaques adjacentes à la zone de fracture. L'analyse de ce saut renseigne donc sur la structure thermique de la plaque. Les nombreuses analyses réalisées à partir de données de hauteur du géoïde ont montré que le comportement thermique de la lithosphère océanique est bien plus complexe que ne le prédisent les modèles simples d'évolution thermique. Elles ont suggéré notamment l'existence d'instabilités convectives se développant sous les zones de fracture du fait de l'existence d'un contraste latéral de température associé à la différence d'âge. Par ailleurs, les données de la hauteur du géoïde observée au-dessus des zones de fracture s'expliquent mieux si on postule l'existence de sources de chaleur sous la plaque, hypothèse évoquée pour expliquer l'aplatissement du plancher océanique observé dans de nombreuses régions où la croûte est ancienne. Le débat sur l'origine de cette chaleur reste ouvert cependant. Le développement d'une convection à petite échelle à la base de la lithosphère âgée et instable en profondeur est une hypothèse soutenue par de nombreux chercheurs.

Les observations de l'approfondissement du fond de l'océan avec l'âge ont montré d'autres écarts notables aux prédictions du modèle simple d'évolution thermique de la lithosphère. On a ainsi observé des variations régionales importantes du taux d'approfondissement. On pense que celles-ci reflètent des variations de la température du manteau, notamment au niveau de la dorsale. Cette hypothèse permet aussi d'expliquer les variations de la profondeur de la dorsale elle-même. Cette profondeur semble en corrélation étroite avec le taux d'approfondissement du plancher (une dorsale peu profonde s'enfonce rapidement et inversement) et la teneur en certains éléments chimiques entrant dans la composition des basaltes de dorsale. Une origine commune, à savoir des variations de la température du manteau de l'ordre de 100 °C sous l'axe des dorsales, pourrait bien expliquer ces observations. La cause des variations de température n'est pas encore bien comprise.

39. Carte de la distribution des points chauds (volcans actifs intraplaques) à la surface du globe. Les frontières de plaques sont également indiquées.

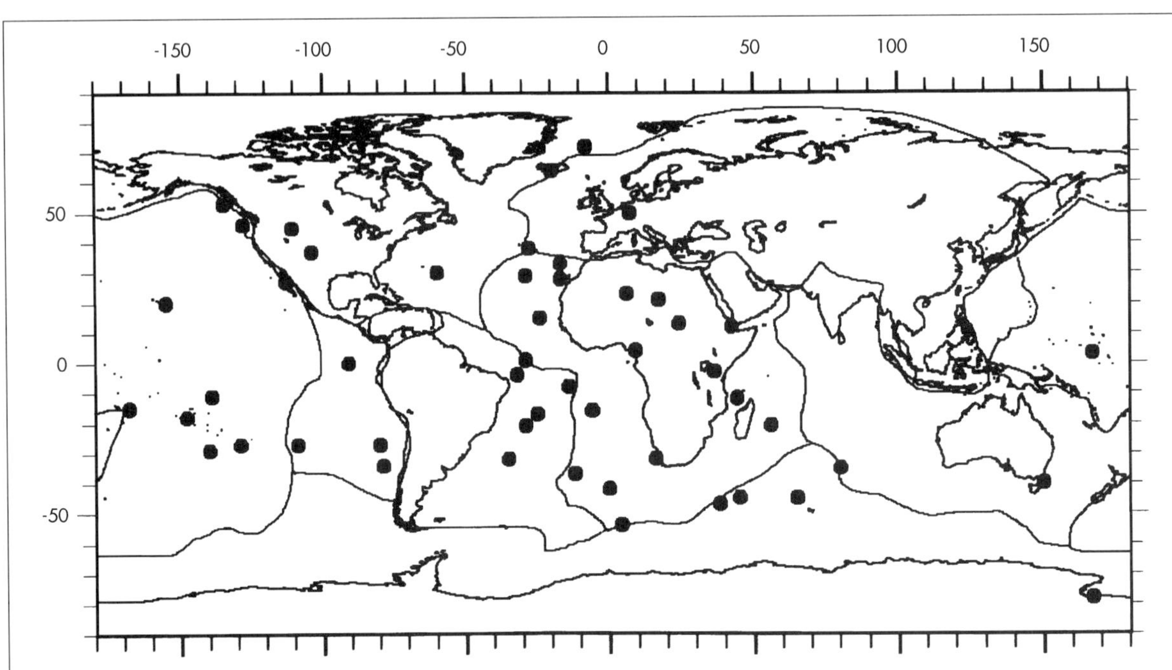

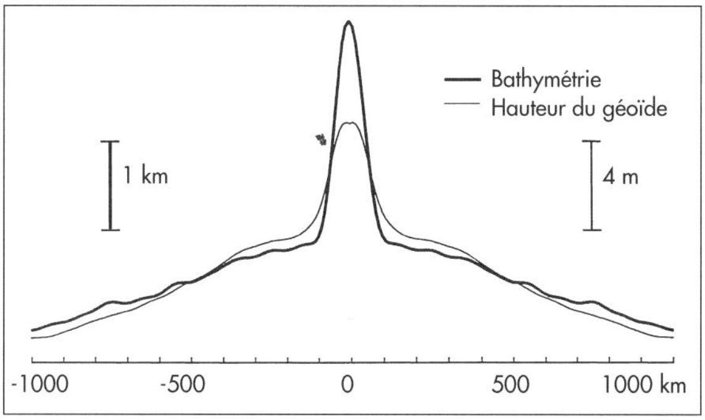

40. Coupe est-ouest du bombement du géoïde et de la topographie des fonds marins observés autour du point chaud des Bermudes. En trait gras: topographie; en trait fin: géoïde. Ce bombement, à symétrie axiale, a un rayon d'environ 1 000 km. Document GRGS.

Le géoïde et les points chauds

Depuis des dizaines de millions d'années, il y a à la surface terrestre une cinquantaine de volcans actifs, que l'on attribue à l'existence de points chauds, pour la plupart situés en plein milieu des plaques lithosphériques. Ces points chauds sont produits par de minces colonnes de magma remontées du manteau que l'on appelle panaches. Nous avons déjà évoqué le rôle des panaches dans la formation des chaînes d'îles volcaniques sous-marines ou des crêtes volcaniques continues. A l'aplomb du panache, un autre effet majeur est observé: un bombement du plancher sous-marin, de plusieurs centaines de mètres, parfois plusieurs kilomètres d'amplitude, s'étendant sur plus de 1 000 km de part et d'autre du point chaud. Ces bombements si caractéristiques des fonds marins ont également une signature au niveau de la surface marine et sont détectés par altimétrie spatiale. Au-dessus du panache, le géoïde est lui-même bombé de plusieurs mètres sur une grande étendue. Au-dessus des Bermudes par exemple, on observe sur le géoïde un vaste dôme presque circulaire, centré sur le point chaud (ill. 40). Son amplitude est de 5 m et son rayon de 1 000 km. En général, l'amplitude du bombement est variable d'un point chaud à un autre mais l'extension latérale est pratiquement toujours la même.

Comment un mince panache, dont le diamètre n'excède probablement pas 200 km, est-il capable de créer un bombement aussi vaste? Lorsque le panache chaud remonte du manteau, il transporte de la chaleur vers le haut. En arrivant à la base de la lithosphère, il rencontre de la matière beaucoup plus froide, celle de la plaque. Le matériau chaud transporté par le panache s'accumule alors à la base de la lithosphère en s'écoulant latéralement et forme une tête de champignon (ill. 38). Seule une fraction de ce matériau pénètre à travers la lithosphère et la fusion produite par décompression à l'approche de la surface donne lieu au volcan que l'on observe. Cette accumulation de matériau chaud peu dense sous la lithosphère produit un contraste de densité négatif par rapport au milieu ambiant. Pour rétablir l'équilibre isostatique, la surface de la plaque (donc le plancher sous-marin) se bombe. Ce phénomène résulte de l'action dynamique du panache ascendant avec la base de la lithosphère. Ces deux effets antagonistes au plan gravitationnel donnent lieu à une anomalie de géoïde résultante positive: la surface de la mer se bombe aussi.

Des analyses systématiques des bombements du fond marin et du géoïde, observés au-dessus d'un grand nombre de points chauds, ont montré que l'anomalie topographique, l'anomalie de géoïde et leur rapport, augmentent avec l'âge de la plaque. Plus la plaque est jeune, plus le bombement est petit en amplitude et inversement. Cette observation a pu être expliquée en invoquant la traversée par le panache d'une couche de manteau de faible viscosité, peut-être partiellement fondue, appelée asthénosphère, s'étendant entre 100 km et 200 km de profondeur. Cette couche dont la base est supposée à profondeur constante est épaisse sous une plaque jeune puis devient de plus en plus mince car remplacée par du matériau lithosphérique au fur et à mesure que la plaque se refroidit et s'épaissit. Lorsque la plaque est jeune, la couche asthénosphérique est épaisse et le panache interagit peu avec la lithosphère: le bombement est de faible amplitude. Et inversement. Grâce à ces observations, on a pu estimer la valeur de la viscosité de la zone à faible viscosité et mieux comprendre l'interaction du panache ascendant avec la lithosphère.

Découverte de linéations régulières dans l'océan Pacifique

Un des résultats les plus spectaculaires de l'altimétrie spatiale a été la découverte en 1986 par deux chercheurs américains, William Haxby et Paul Weissel du Lamont Doherty Geological Observatory, d'ondula-

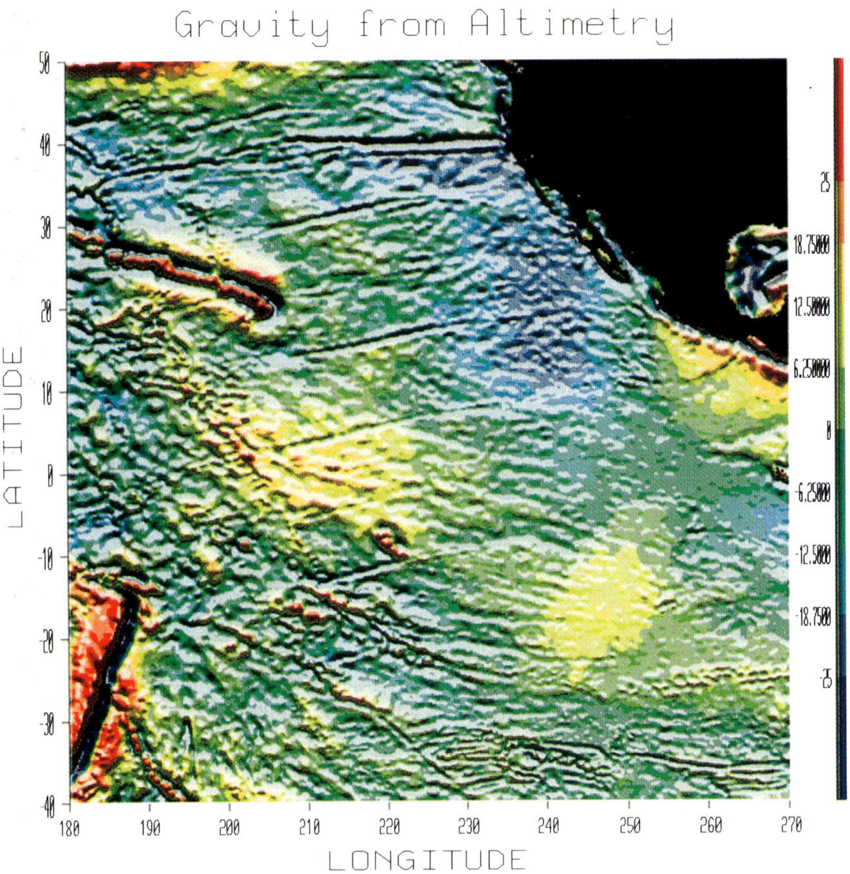

41. Carte des anomalies de gravité (en mgals) dans le Pacifique calculées à partir de la hauteur du géoïde mesurée par les satellites altimétriques (ici *Geosat* et *ERS-1*). On remarque dans le Pacifique central (entre les longitudes 200°E et 240°E) des linéations orientées N60°O, parallèles à la chaîne des volcans d'Hawaii et obliques par rapport aux grandes zones de fracture du Pacifique. La longueur d'onde de ces linéations est de l'ordre de 200 km et leur amplitude d'environ 20 mgals. Document GRGS.

tions régulières de la surface de la mer au-dessus du Pacifique central. Ces linéations ont une longueur d'onde d'environ 200 km et une amplitude de 10 à 20 cm. Elles sont allongées dans la direction nord-ouest sud-est, donc parallèles au mouvement de la plaque Pacifique par rapport au manteau. Elles sont très clairement obliques par rapport aux grandes zones de fracture du Pacifique qui témoignent de l'expansion passée de la plaque Pacifique. Elles sont particulièrement visibles entre 10° N et 30° S à l'ouest de la dorsale Est-Pacifique (ill. 41). Certaines de ces linéations sont remarquablement continues sur plusieurs milliers de kilomètres. Dans l'océan Indien, à l'ouest de la branche est de la dorsale indienne, on observe des structures similaires.

Quelle est l'origine de ces étranges zébrures dont l'existence n'était même pas soupçonnée avant que les satellites altimétriques ne les détectent? Leur orientation, qui ne coïncide pas avec l'ancienne direction

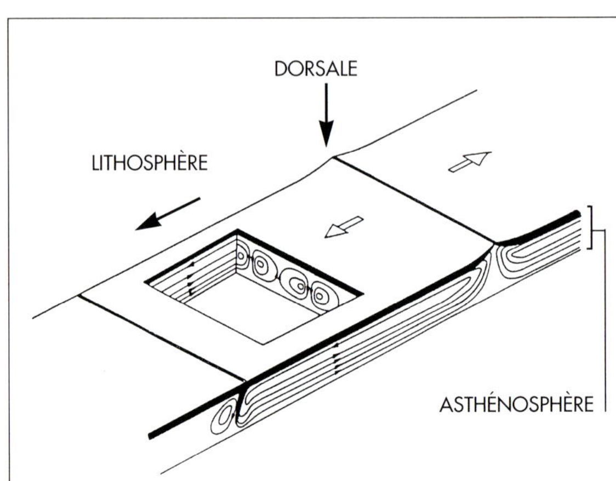

42. Schéma représentant des rouleaux de convection à petite échelle dans l'asthénosphère, allongés dans la direction du mouvement de la plaque lithosphérique. Il n'est pas sûr qu'une telle convection existe. D'après Parsons et Richter, 1981.

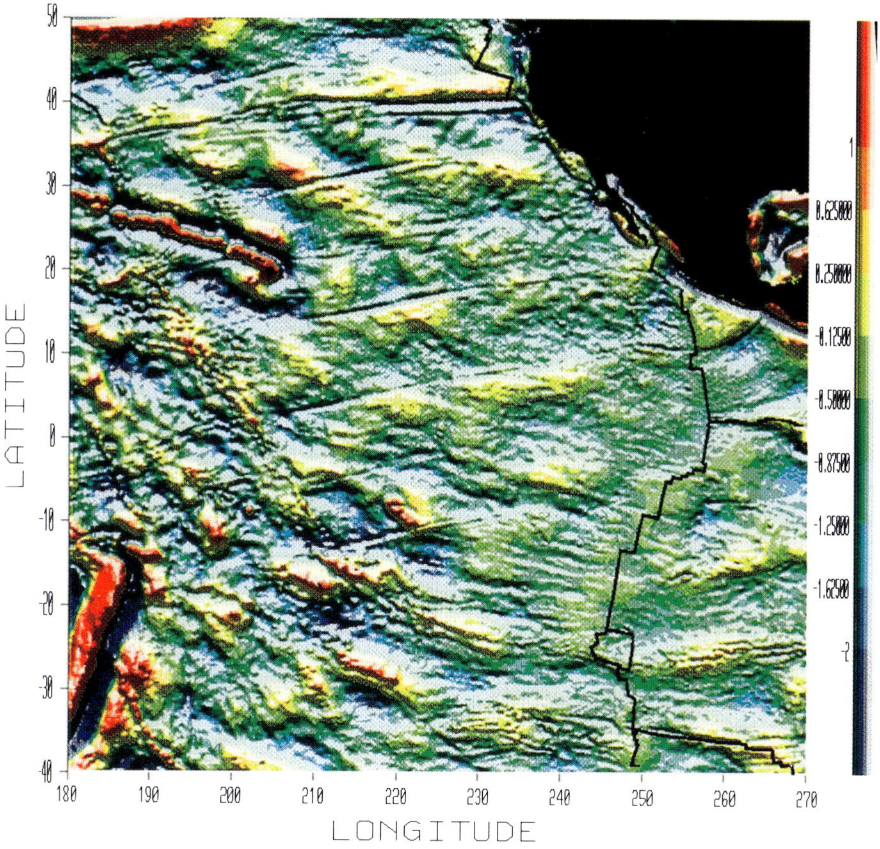

43. Carte des anomalies à moyennes longueurs d'onde (< 2 000 km) du géoïde dans le Pacifique Central (en mètres). Cette carte a été établie à partir des mesures altimétriques de trois satellites (*Geosat*, *ERS-1* et *Topex-Poséidon*). On remarque des ondulations espacées d'environ 1 000 km orientées N 60°W, c'est-à-dire parallèles aux linéations à petite échelle présentées sur l'illustration 41. Document GRGS.

d'expansion de la plaque Pacifique, conduit à rejeter l'hypothèse d'une formation à l'axe de la dorsale. En effet, si ces linéations avaient été formées à la dorsale en même temps que la plaque, elles devraient être figées dans la croûte et s'allonger dans la direction d'expansion, parallèlement aux zones de fracture. Dans le Pacifique, ce n'est clairement pas le cas.

Deux mécanismes ont été invoqués ces dernières années pour expliquer ces structures: des rouleaux de convection à petite échelle se développant dans l'asthénosphère et des intrusions magmatiques causées par un «boudinage» de la plaque soumise à des contraintes horizontales de grande amplitude.

La théorie prévoit que lorsque la lithosphère se refroidit et s'épaissit, elle devient localement instable thermiquement. A sa base se développent des instabilités convectives de petite échelle (environ 100 km), surtout si le manteau sous la lithosphère est peu visqueux. A cause du déplacement rapide de la plaque Pacifique au-dessus du manteau (10-20 cm par an), ces instabilités s'allongent en rouleaux dans la direction du mouvement (ill. 42). Les zones chaudes et froides coïncidant avec les flux ascendants et descendants créent des contrastes de densité négatifs et positifs. Les contraintes associées aux courants de matière produisent des déformations du plancher sous-marin, vers le haut pour un courant ascendant, vers le bas pour un courant descendant. L'ensemble des ces effets induit des anomalies de géoïde, parallèles aux rouleaux. La longueur d'onde des linéations du géoïde est égale à deux fois l'extension horizontale d'un rouleau si la viscosité de la couche convective est constante.

Ce mécanisme n'est cependant pas accepté unanimement. Certains chercheurs pensent en effet que les linéations sont produites par des déformations de surface de la lithosphère en réponse aux contraintes à grande échelle auxquelles la plaque est soumise,

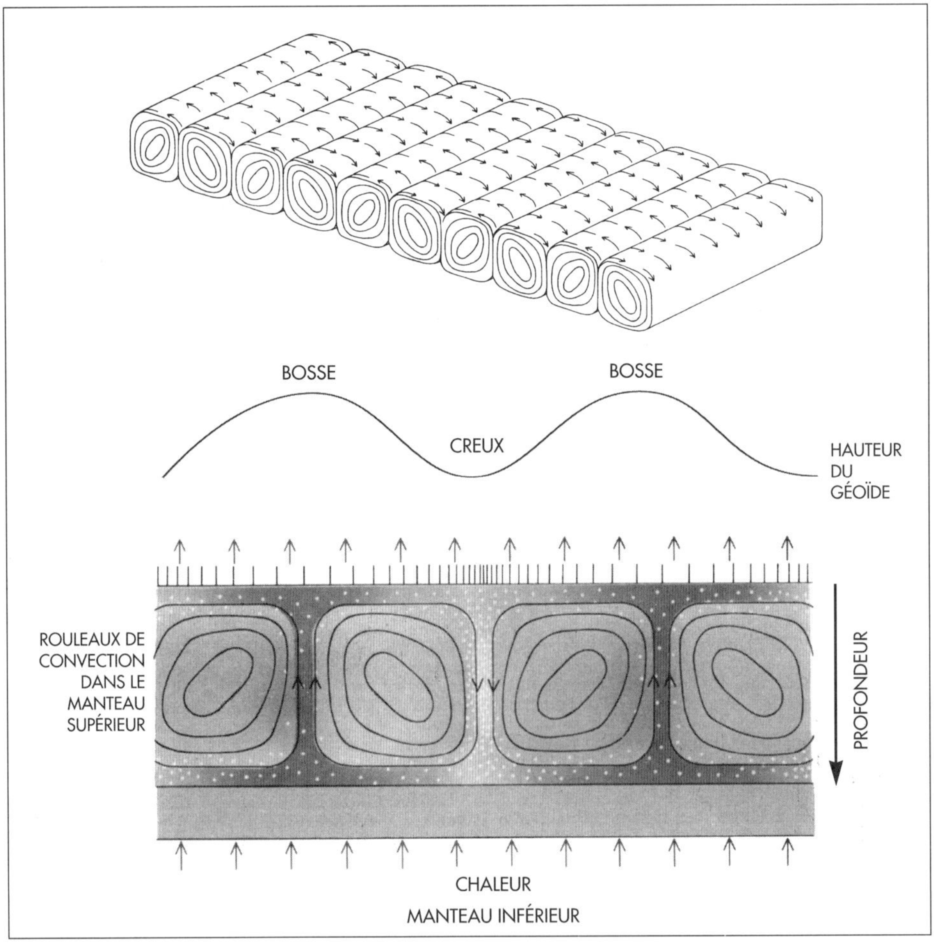

44. Schéma de la convection en rouleaux dans le manteau supérieur. Ce type de convection apparaît lors d'expériences numériques sur ordinateur et en laboratoire, lorsqu'une plaque se déplace en surface à vitesse rapide. Les résultats de ces expériences indiquent que, si la viscosité est constante, la largeur des rouleaux est égale à l'épaisseur de la couche convective. Si de tels rouleaux existent dans le manteau supérieur sous la plaque Pacifique, ils pourraient expliquer les linéations à moyenne longueur d'onde repérées dans le géoïde. D'après Velarde et Normand, 1980.

comme par exemple celles causées par le phénomène de subduction. Ce type de déformation est appelé «boudinage», un phénomène bien connu des géologues. Il a été proposé pour expliquer les déformations périodiques en forme de «nœuds» et «ventres» observées dans certaines roches. De telles instabilités peuvent se manifester dans un milieu stratifié si les propriétés mécaniques et l'épaisseur des différentes couches qui constituent la roche sont différentes. Un tel phénomène est envisagé pour expliquer la succession de collines et vallées caractérisant la région du *Basin and Range* dans l'Ouest des Etats-Unis, une région située entre les montagnes rocheuses et la Sierra Nevada. Mais si ce comportement paraît plausible en milieu continental, il n'est pas nécessairement applicable à la lithosphère océanique. Les linéations du géoïde n'ont pas encore livré tout leur mystère et les controverses sur leur origine n'ont pas fini d'alimenter la littérature scientifique.

C'est aussi sur la plaque pacifique que des linéations du géoïde à plus grande échelle ont été mises en évidence. Parallèles aux linéations de petite échelle, elles sont aussi orientées nord-ouest sud-est. Leur espacement caractéristique est de 1 000 à 2 000 km, leur amplitude de 40 à 50 cm. On les identifie très nettement dans le Pacifique central où les chaînes de volcans de la Polynésie apparaissent «capturées» par ces linéations (ill. 43). A chacune des grandes chaînes de volcans (les Australes, la Société, les îles Gambier-Pitcairn, les Marquises) correspond une anomalie positive, c'est-à-dire une bosse du géoïde. Cela n'est pas étonnant puisque l'on sait que les chaînes de volcans sont formées par des points chauds et qu'un bombement de la surface leur est associé. Ce qui est inattendu en revanche, c'est que le bombement précède de plusieurs milliers de kilomètres la chaîne volcanique et qu'il peut la dépasser sur une très longue distance. Au nord de la chaîne des Marquises, d'autres linéations parallèles aux précédentes ne coïncident avec aucune chaîne de volcans. Elles s'allongent aussi sur des milliers de kilomètres. Ces linéations sont surtout visibles à l'ouest de la dorsale Est-Pacifique, dès que l'âge de la plaque atteint 10 millions d'années.

Comme pour les petites linéations à petite échelle, l'origine des grandes linéations n'est pas à chercher au niveau de la dorsale puisque leur direction ne coïncide pas avec la direction d'expansion de la plaque. Dans les années 70, des modélisations de la convection du manteau supérieur avaient prédit qu'en présence d'une lithosphère en mouvement rapide et de sources de chaleur à la base du manteau, des rouleaux de convection devaient se développer (ill. 44). D'une dimension latérale égale à celle de la couche convective (soit environ 600 km), ils produisent un signal sur le géoïde de longueur d'onde double, c'est-à-dire environ 1 200 km. Longtemps recherché sans succès, ce signal avait été déclaré inexistant. En conséquence, l'existence de tels rouleaux de convection dans le manteau supérieur n'était pas établie. L'observation récente des ondulations du géoïde pourraient bien remettre en question ces conclusions et rouvrir le débat.

La géoïde à très haute résolution: des objectifs militaires à la géophysique marine

En 1985, le satellite altimétrique *Geosat* fut mis en orbite pour le compte de la Defense Mapping Agency aux Etats-Unis. Pendant 18 mois, ce satellite a parcouru une orbite choisie pour cartographier avec une résolution extrême l'ensemble du domaine océanique grâce à un altimètre embarqué. Ces données ont permis aux militaires américains de connaître tous les détails du géoïde avec une résolution kilométrique. Nous avons vu qu'à petite échelle, le géoïde est une réplique exacte des reliefs sous-marins. Aujourd'hui encore, la topographie des fonds marins est très mal connue. Obtenue par sondage radar à partir d'un bateau, la bathymétrie (mesure des reliefs sous-

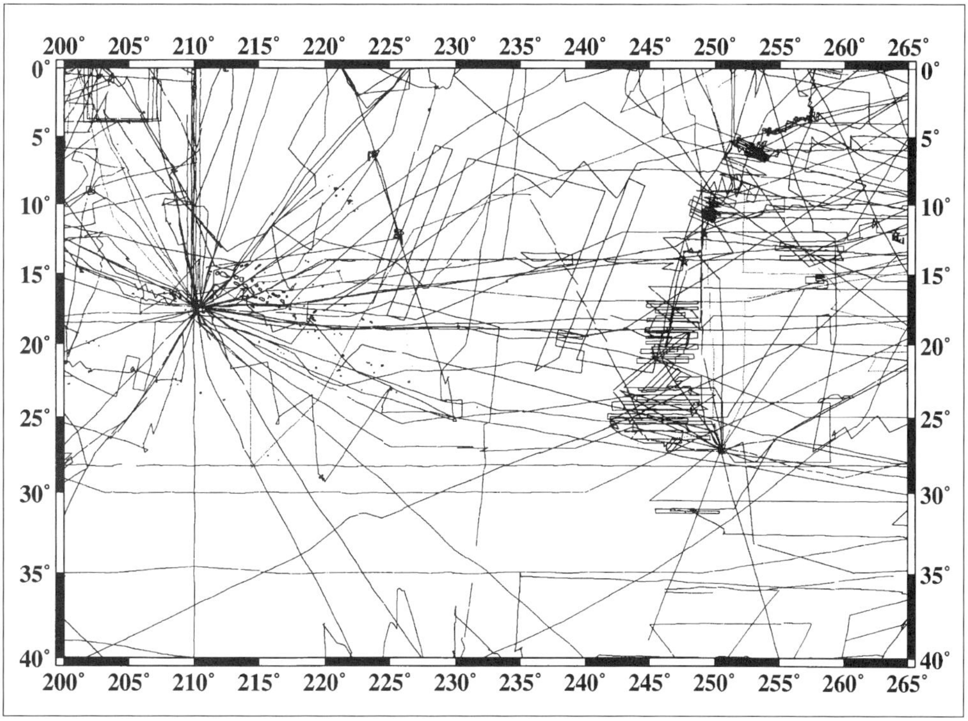

45. Exemple de couverture des données de géophysique marine obtenue par les navires océanographiques. Chaque trait correspond à une route de bateau. Cette région inclut les îles de la Société (à gauche) et la dorsale Est-Pacifique (à droite). Document GRGS.

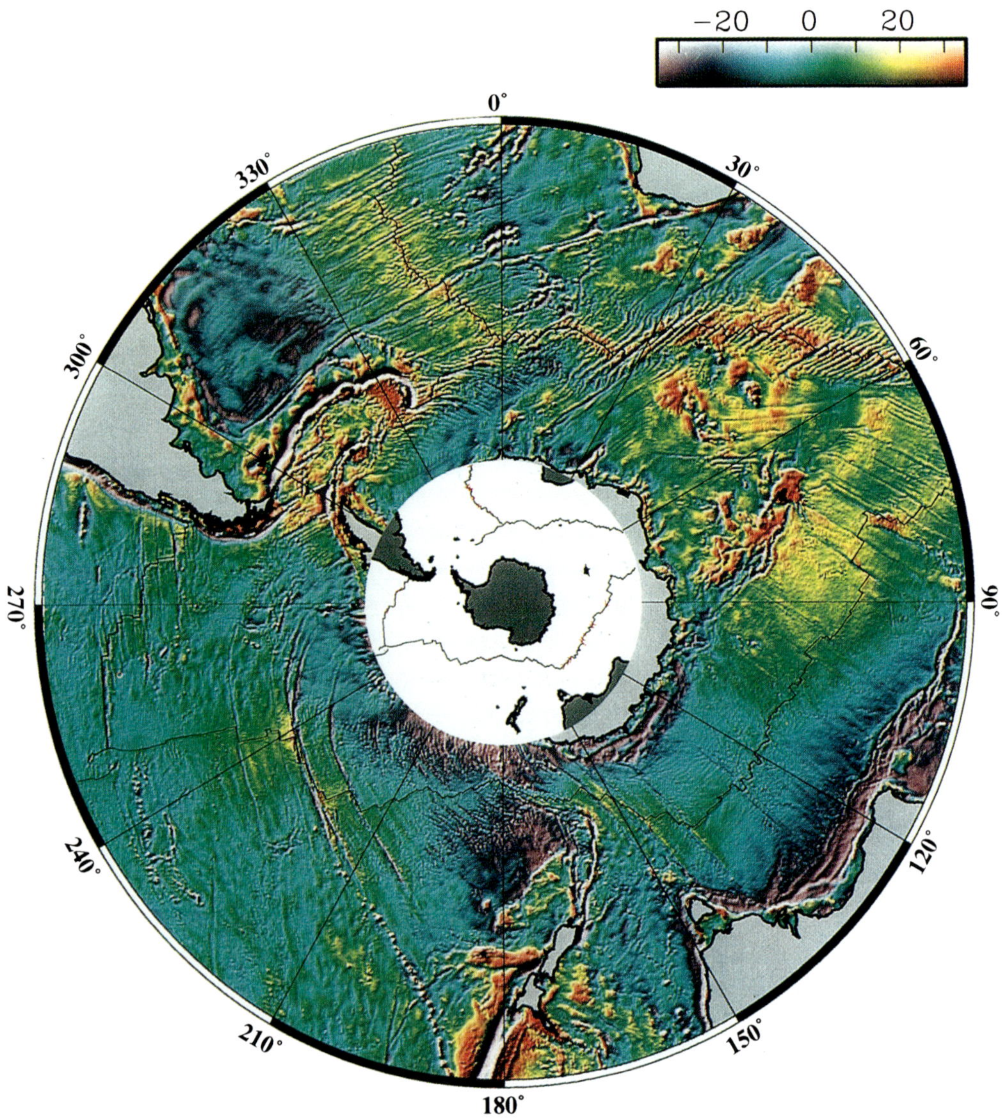

46. Carte des anomalies de gravité (en mgals) calculées à partir des mesures altimétriques du satellite *Geosat* au sud de 30 °S (mission militaire à très haute résolution). On distingue très clairement la signature des principales dorsales océaniques et les failles transformantes associées. D'après Phipps Morgan et Sandwell, 1994.

marins) est mesurée le long des routes des navires de commerce, des navires océanographiques et des bâtiments militaires. Devant l'immensité du domaine océanique, on conçoit aisément que de vastes zones restent encore inexplorées. La mesure du géoïde fournie par le satellite altimétrique est alors extrêmement précieuse pour connaître en tout endroit la topographie du fond des océans. Il s'agit en effet d'une information stratégique fondamentale pour les militaires qui ont besoin de guider leurs sous-marins ou détecter ceux des pays ennemis.

Les mesures du géoïde à très haute résolution réalisées par le satellite *Geosat* ont été classées secrètes par la marine américaine. Mais devant la pression exercée par la communauté scientifique, une partie de ces données a été rendue accessible récemment. Toutes les données au sud de 30 °S ont été mises à disposition des scientifiques, données à partir desquelles ils se sont empressés d'établir des cartes. Ces cartes ont

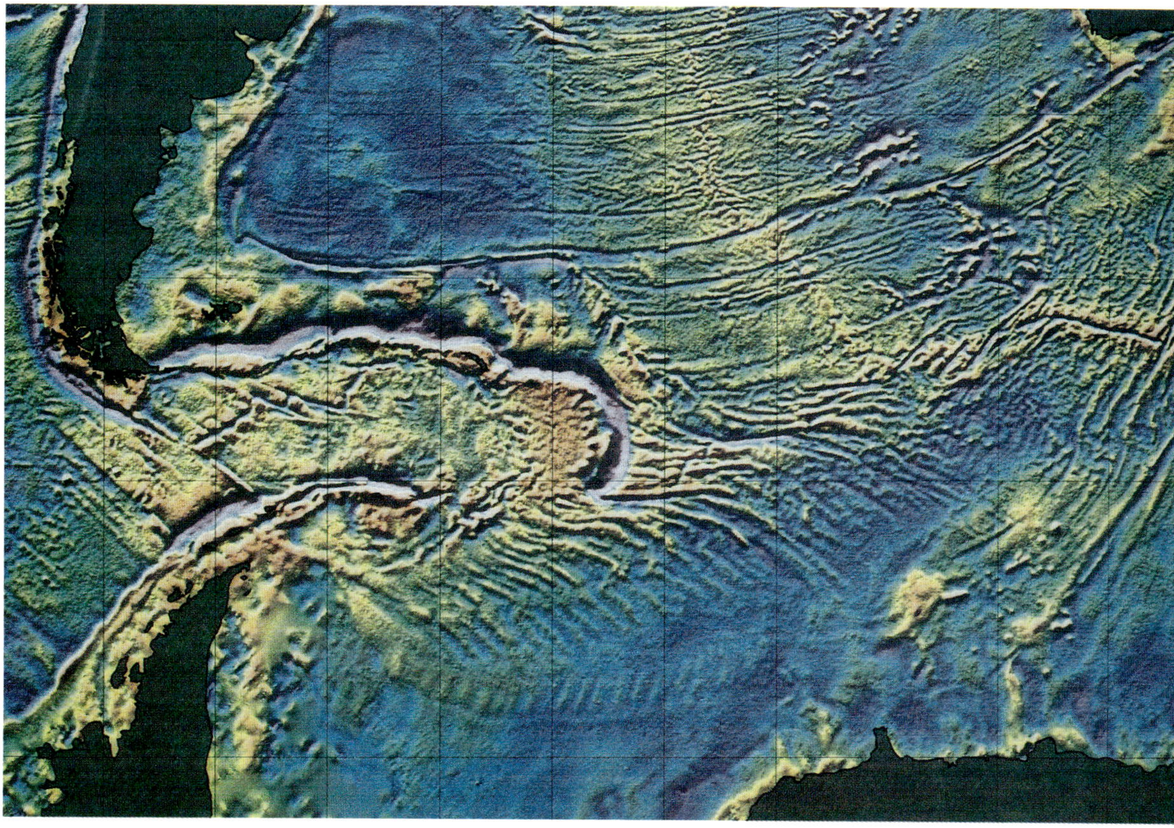

47. Anomalies de gravité déduites de la mission Geosat militaire dans l'Atlantique sud. Cette carte met en relief la signature gravimétrique de la dorsale médio-atlantique et de la zone de subduction des îles Sandwich au sud-est de l'Amérique du Sud. D'après Sandwell et Smith, 1992.

révélé des détails d'une résolution exceptionnelle. Outre nombre de nouveaux monts sous-marins ou zones de fracture, elles ont mis en évidence tout autour de l'Antarctique de curieuses stries dont l'origine est inconnue (ill. 47).

Des résultats remarquables ont été obtenus sur la structure des dorsales océaniques qui à petite échelle se révèlent fort complexes. Elles sont formées d'une succession de discontinuités qui s'échelonnent sur des distances de 10-20 à 100 km. Les discontinuités les plus familières de ces rides sont les failles transformantes, perpendiculaires aux segments de dorsale. Mais entre deux failles transformantes, d'autres discontinuités sont observées, certaines en forme d'arcs entrela-

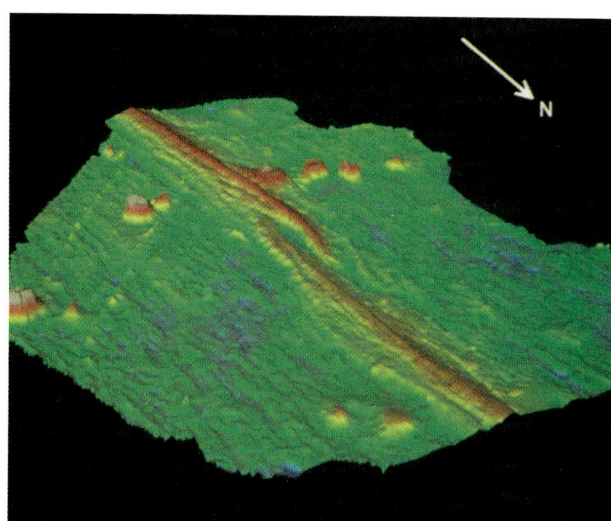

48. Structure fine d'un segment de dorsale obtenue par cartographie à très haute résolution avec un sondeur Seabeam depuis un navire océanographique. D'après Macdonald et Fox, 1990.

cés (ill. 48). On pense que ces discontinuités de surface reflètent la structure des sources magmatiques en profondeur sous l'axe de la dorsale.

Les dorsales océaniques se rangent en deux grandes catégories. Les dorsales à expansion lente (< 5 cm par an) et les dorsales rapides (expansion de 5 à 15 cm par an). Les premières sont caractérisées par une profonde vallée axiale (1-2 km de hauteur, 10 km de largeur) alors que les secondes ont la forme d'une crête. Des observations détaillées de la structure des dorsales ont été réalisées depuis une dizaine d'années à partir de navires océanographiques munis d'instruments «sonar» appelés «Seabeam» permettant de faire des levés bathymétriques de très haute résolution (quelques centaines de mètres). Pour cartographier un segment de dorsale de 50-100 km de long, une campagne de mesures de 4 à 6 semaines est nécessaire, au cours de laquelle le bateau réalise une série de zigzags le long de l'axe de la dorsale. On imagine aisément qu'à ce rythme, il faudrait de nombreuses décennies pour cartographier les 60 000 km de dorsales qui sillonnent le fond de la mer. D'où l'immense intérêt de l'altimétrie par satellite qui, en quelques mois seulement, offre une cartographie globale à haute résolution du système des dorsales.

Les études qui s'appuient sur ces données ne font que démarrer mais déjà on commence à cerner les causes des transitions brutales entre dorsales rapides et dorsales lentes, la relation entre la structure superficielle des dorsales et les variations de température du manteau. On a pu aussi détecter des dorsales fossiles qui fonctionnaient dans le passé et qui sont à présent inactives suite à des réorientations du mouvement des plaques. La connaissance précise des directions des zones de fracture révélées par l'altimétrie est une autre information majeure pour les études de la cinématique des plaques.

Sur les cartes du géoïde établies par altimétrie, les zones de fracture apparaissent comme des traits quasiment rectilignes sur des distances de milliers de kilomètres. Pouvoir suivre sur de très longues distances, donc sur de longs intervalles d'âge de croûte océanique, la position exacte des zones de fractures est de première importance pour la reconstruction des plaques tectoniques dans le passé: la direction d'une zone de fracture indique localement la direction du mouvement d'expansion de la croûte océanique. Si la direction du mouvement a changé au cours du temps, il en a été de même pour la zone de fracture. Par suite du manque de mesures bathymétriques dans de nombreuses régions, il est difficile de repérer avec précision la position des zones de fracture sur de longues distances mais la cartographie globale du géoïde réalisée par les satellites altimétriques a permis d'apporter l'information manquante. L'observation des directions des zones de fracture a pu être combinée aux mesures d'anomalies magnétiques pour établir la chronologie de l'ouverture de l'Atlantique sud, reconstruire le mouvement relatif des plaques sud-américaine et antarctique depuis 50 millions d'années ou encore retracer le mouvement de Madagascar par rapport à l'Afrique. Ces mêmes observations ont aussi été utilisées pour calculer le modèle NUVEL-1 fournissant les mouvements relatifs «actuels» des grandes plaques lithosphériques (voir chapitre 2).

Aura-t-on un jour accès à ces données exceptionnelles pour tout le domaine océanique? Le satellite altimétrique *ERS-1* de l'Agence spatiale européenne, lancé en 1991 pour étudier l'environnement terrestre, a été placé au cours du second semestre 1994 sur une orbite dite «géodésique» pour réaliser en 170 jours une couverture altimétrique complète des océans avec un espacement entre les traces de l'orbite de 15 km à l'équateur (quelques kilomètres aux hautes latitudes). Cette mission à caractère civil a un but essentiellement scientifique. Elle fournira une image globale des anomalies du géoïde avec une résolution inégalée. Ces données sont très attendues par la communauté géophysique. Nul doute que des structures inconnues seront mises à jour soulevant des questions nouvelles et des problèmes nouveaux.

4

LE CHAMP DE GRAVITÉ ET LA TERRE PROFONDE

Manteau profond, tomographie sismique et grandes longueurs d'onde du géoïde

La structure profonde du manteau terrestre a été découverte grâce à la sismologie. Les mesures de propagation des ondes sismiques ont en effet révélé il y a plusieurs décennies la zonation radiale du manteau et les discontinuités associées. Depuis une dizaine d'années, une information nouvelle a été fournie par la tomographie sismique, technique donnant accès aux variations latérales de température dans le manteau. Autorisant une résolution horizontale de 6 000-7 000 km seulement à ses débuts, la tomographie n'a cessé d'affiner ses résultats et permet aujourd'hui d'isoler des hétérogénéités latérales de dimension supérieure ou égale à 2 000 km.

Les cartes établies aux Etats-Unis et en France ont montré qu'à très grande échelle, le manteau inférieur est caractérisé par deux régions chaudes, l'une centrée sur l'ouest du Pacifique, l'autre sur l'Atlantique. Ces zones chaudes restent stables depuis la frontière du noyau jusque vers 1 000 km de profondeur.

Bien que connues depuis plus de 25 ans avec les premiers modèles globaux du champ de gravité, les ondulations à grande échelle (plusieurs milliers de kilomètres) du géoïde, d'amplitude comprise entre 40 m et 100 m, n'ont été expliquées que récemment car associées aux grandes anomalies thermiques du manteau détectées par la tomographie sismique.

En géodésie, il est nécessaire de repérer les hauteurs du géoïde par rapport à un ellipsoïde ayant même aplatissement que la Terre réelle. Or, cet aplatissement est un peu plus grand que celui que présenterait une Terre fluide soumise à sa seule rotation (aplatissement hydrostatique). Cette différence d'aplatissement, qui se traduit par une différence des moments principaux d'inertie, provient de l'existence d'hétérogénéités de masse internes. Si l'on cherche à interpréter les très grandes ondulations du géoïde, c'est le géoïde repéré par rapport à l'ellipsoïde hydrostatique qu'il faut considérer puisque l'écart entre les deux figures de référence a bien une origine géophysique.

Comme on l'a vu précédemment, les grandes ondulations du géoïde ont une structure relativement simple: la région équatoriale est caractérisée par deux grandes zones de maxima. L'une est centrée sur la Nouvelle-Guinée et affecte presque tout le Pacifique équatorial avec une anomalie dont l'amplitude atteint 100 m. L'autre est localisée sur une vaste région englobant l'Atlantique et l'Afrique de l'Ouest. Son amplitude est de l'ordre de 40 m. Plus à l'ouest, un maximum secondaire est centré sur la fosse du Pérou et la Cordillère des Andes.

Pour l'essentiel, ces anomalies ne présentent pas de relation avec la topographie de surface. Toutefois, une corrélation a été observée entre les régions d'anomalies positives du géoïde et l'emplacement des zones de subduction. La fosse du Pérou ainsi que la plupart des fosses du Pacifique nord-ouest se troua

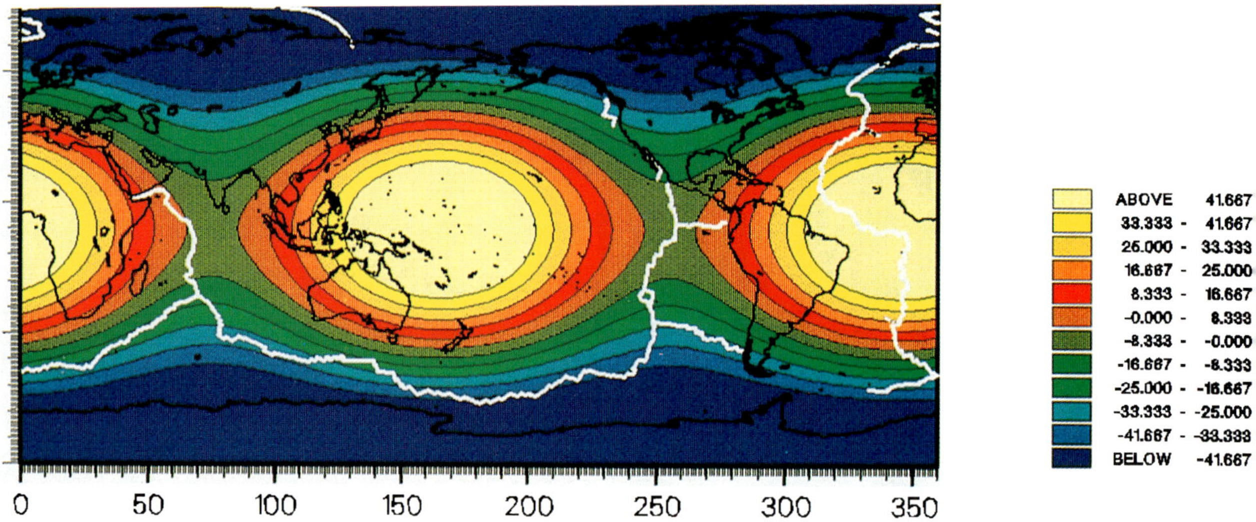

60
10
-40
-90
0
50
100
150
200
250
300
350
ABOVE 41.667
33.333 - 41.667
25.000 - 33.333
16.667 - 25.000
8.333 - 16.667
-0.000 - 8.333
-8.333 - -0.000
-16.667 - -8.333
-25.000 - -16.667
-33.333 - -25.000
-41.667 - -33.333
BELOW -41.667

b

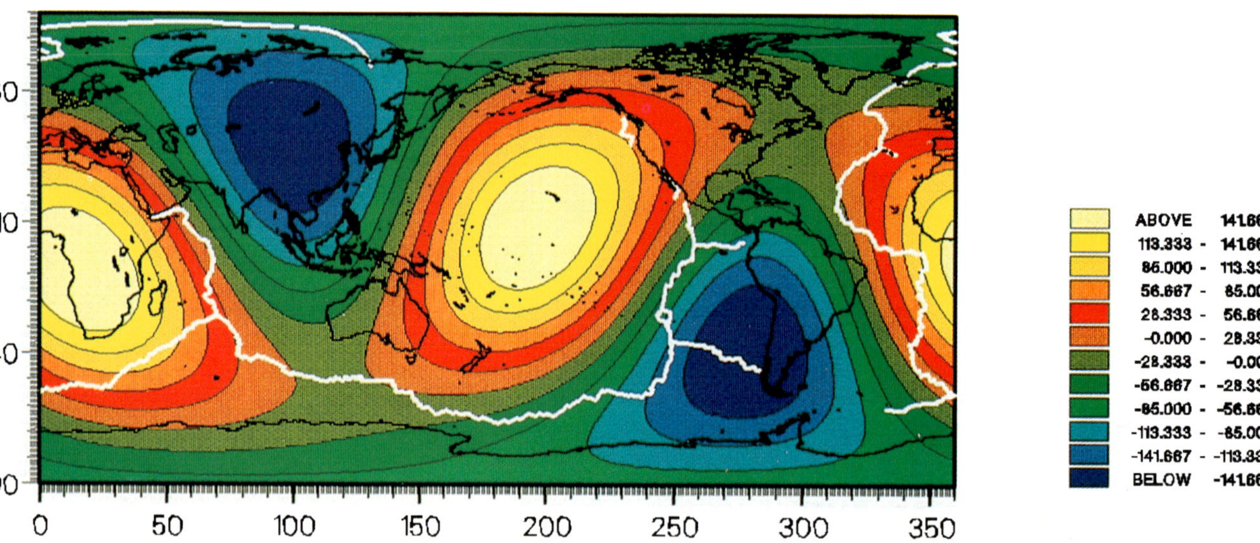

60
10
-40
-90
0
50
100
150
200
250
300
350
ABOVE 141.66
113.333 - 141.66
85.000 - 113.33
56.667 - 85.00
28.333 - 56.66
-0.000 - 28.33
-28.333 - -0.00
-56.667 - -28.33
-85.000 - -56.66
-113.333 - -85.00
-141.667 - -113.33
BELOW -141.66

c

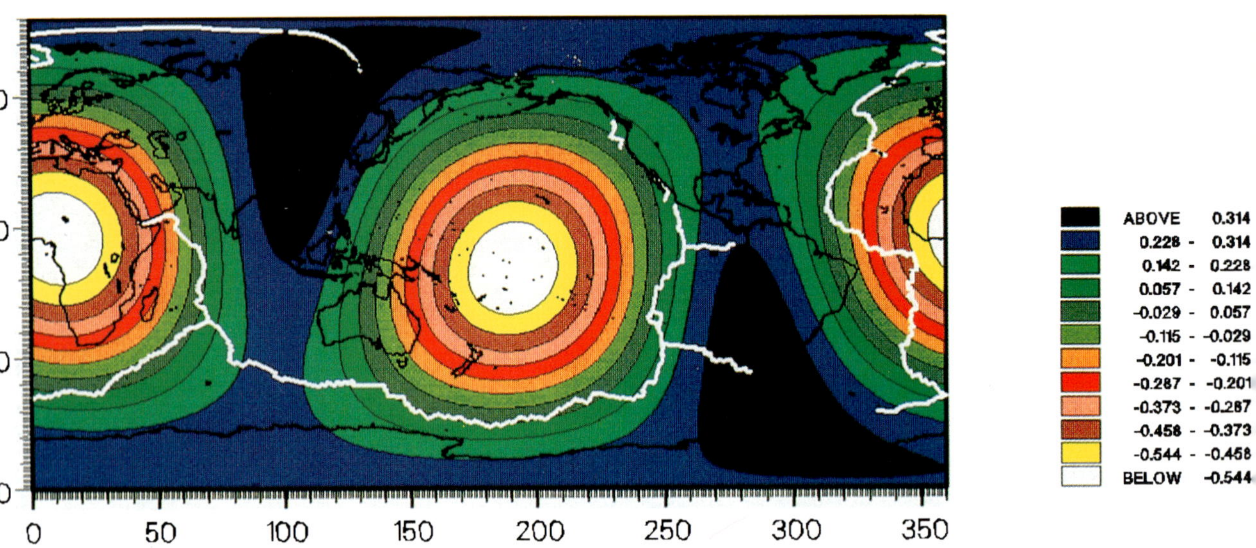

60
10
-40
-90
0
50
100
150
200
250
300
350
ABOVE 0.314
0.228 - 0.314
0.142 - 0.228
0.057 - 0.142
-0.029 - 0.057
-0.115 - -0.029
-0.201 - -0.115
-0.287 - -0.201
-0.373 - -0.287
-0.458 - -0.373
-0.544 - -0.458
BELOW -0.544

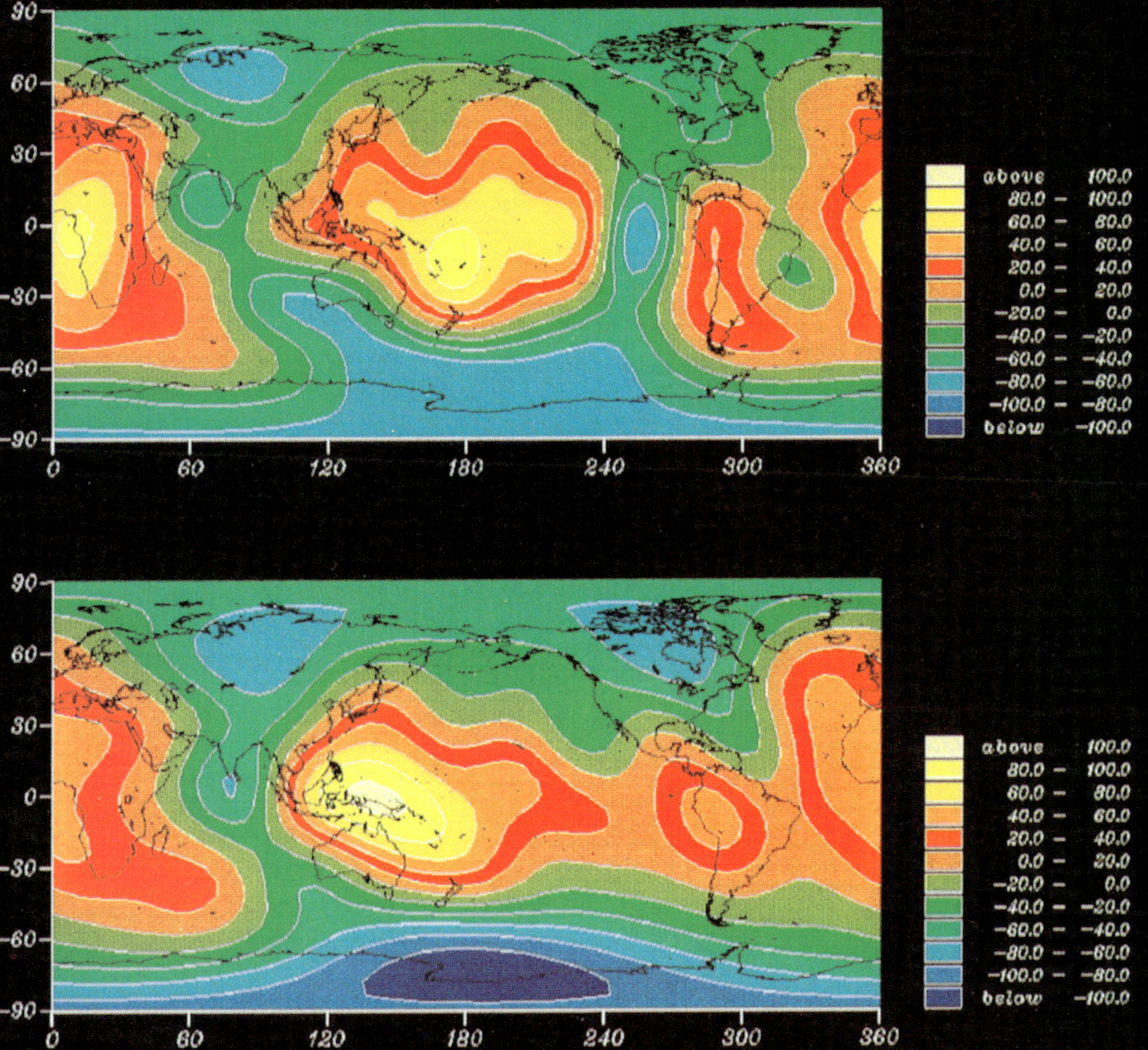

49. Carte des très grandes longueurs d'onde du géoïde (en mètres) (a), de la topographie de surface corrigée des phénomènes superficiels d'origine lithosphérique (en mètres) (b) et des anomalies de vitesses sismiques à 2 500 km de profondeur dans le manteau inférieur (en %) (c). On remarque que les bosses du géoïde et de la topographie coïncident avec les régions de vitesses lentes (donc chaudes) du manteau inférieur. On pense que ces régions correspondent aux courants ascendants à grande échelle de la convection mantellique. D'après Cazenave *et al.*, 1989.

50. Carte des très grandes longueurs du géoïde: en bas, observé, en haut, calculé à partir des données de tomographie sismique dans le cadre d'un modèle de circulation mantellique (en mètres).
On peut noter l'excellente correspondance entre les deux figures. D'après Thoraval, 1994.

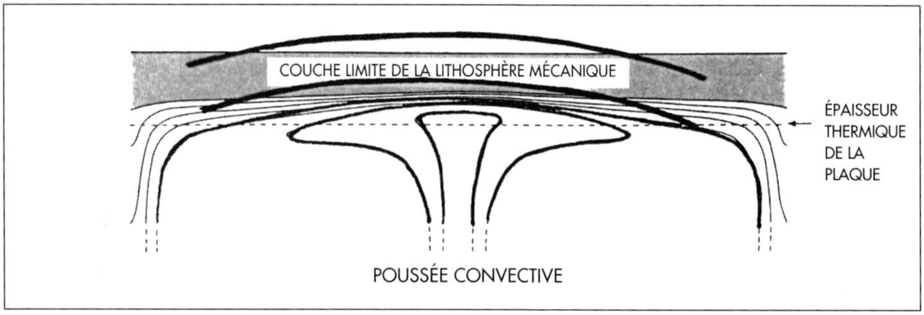

51. Schéma représentant la déformation de la surface terrestre sous l'effet de la poussée convective associée aux courants ascendants de matière.

vent dans des régions d'anomalies positives. Cela est expliqué par le fait que lorsque les plaques lithosphériques froides plongent dans le manteau, elles créent un excès de masse, donc une anomalie positive car elles sont plus denses que le milieu ambiant. Néanmoins cet effet, une fois modélisé, n'explique pas la totalité des grandes anomalies du géoïde pour lesquelles il faut trouver une autre origine.

En comparant les résultats de la tomographie sismique aux anomalies à grandes longueurs d'onde du géoïde, une observation remarquable a été faite: les deux grandes bosses du géoïde sont en coïncidence parfaite avec les zones chaudes du manteau inférieur. On a aussi remarqué que les points chauds du globe, dont la distribution n'est pas aléatoire, sont essentiellement localisés sur les bosses du géoïde. Les grands creux et bosses du géoïde, on l'a vu, ne semblent pas présenter de relation particulière avec la topographie de surface. Celle-ci est dominée par des phénomènes superficiels comme les reliefs continentaux ou l'approfondissement du plancher océanique causé par le refroidissement de la lithosphère. Si on corrige ces effets, la topographie résiduelle n'est pas plate. Elle présente aussi deux grands bombements, l'un sur le Pacifique occidental, l'autre sur l'Atlantique, parfaitement corrélés aux bosses du géoïde, aux zones chaudes du manteau inférieur et aux régions de concentration de points chauds (ill. 49).

Il ne fait donc pas de doute que les corrélations globales établies entre anomalies thermiques du manteau, géoïde, topographie et distribution des points chauds, traduisent un lien génétique entre ces observables et reflètent la circulation convective à grande échelle du manteau terrestre.

Au cours des dix dernières années, plusieurs équipes de chercheurs aux Etats-Unis, au Canada et en France ont réussi à modéliser avec succès ces corrélations. Il a été facile de montrer que les anomalies de densité du manteau observées par la tomographie ne peuvent expliquer à elles seules le géoïde observé. En effet, pour une Terre statique, dans laquelle les interfaces (frontière noyau-manteau, frontière entre manteau inférieur et manteau supérieur, surface terrestre) ne se déforment pas, le géoïde calculé apparaît anticorrélé au géoïde observé. Ce qui signifie bien que seul un modèle dynamique de la Terre, où les interfaces ont la possibilité de se déformer, est capable de rendre compte des observations. Cela signifie aussi, et surtout, que les hétérogénéités de densité mises en évidence dans le manteau inférieur par les mesures sismiques ont bien une origine convective puisque l'effet observé dans le géoïde ne résulte pas seulement des contrastes de densité (et par suite de température) causés par les flux montants ou descendants mais aussi de la déformation des interfaces résultant de ces courants (ill. 51).

En effet, la présence d'une bosse du géoïde traduit un excès de masse résultant: la coïncidence entre bosse du géoïde et régions chaudes du manteau inférieur implique l'existence de bombements de la surface terrestre pour compenser le déficit de masse associé à la matière chaude, donc moins dense. Et c'est bien ce qu'on observe. Comme cela a été mentionné auparavant, c'est la poussée convective des courants ascendants qui déforme la surface. Elle déforme aussi les autres interfaces du manteau, en particulier la zone de séparation entre manteau supérieur et manteau inférieur à 670 km de profondeur. L'amplitude de la déformation dépend de façon directe de la viscosité du manteau, paramètre essentiel de la convection. Ainsi, le géoïde observé en surface dépend-il de façon critique de la viscosité du manteau. Toutefois, il ne permet pas d'accéder à la valeur absolue de la viscosité mais à ses variations avec la profondeur.

De nombreuses études ont cherché à déterminer la structure radiale de la viscosité du manteau, en particulier le contraste de viscosité entre le manteau supérieur et le manteau inférieur à partir des données de tomographie sismique et des grandes longueurs d'onde du géoïde. Si le contraste est fort, on peut envisager que les deux couches du manteau sont animées de convections indépendantes. S'il est faible, au contraire, on imagine que les circulations convectives sont couplées, ou même que la convection du manteau a lieu en une seule couche.

Les résultats obtenus ont indiqué que la viscosité augmente de façon discontinue depuis la base de la lithosphère jusque vers la base du manteau inférieur. De 100 km jusque vers 400 km de profondeur, la viscosité est faible, de l'ordre de 3.10^{19} Pa.s (Pascal-seconde). C'est la zone à faible viscosité dont l'existence n'est plus discutée car sans elle, nombre d'observations géophysiques ne s'expliquent pas.

A partir de 400 km, la viscosité augmente brutalement. C'est la zone de transition. La viscosité y est de l'ordre de 10^{21} Pa.s. A l'interface manteau supérieur – manteau inférieur (670 km de profondeur) un autre saut important de l'ordre 30 est nécessaire. La viscosité du manteau inférieur, de l'ordre de $3.\ 10^{22}$ Pa.s, est sans doute quasi constante au moins jusqu'à la couche appelée D" située entre la base du manteau inférieur et le noyau, où la viscosité est de nouveau très faible.

Avec une telle structure en viscosité, les calculs du géoïde théorique ont montré un accord remarquable avec le géoïde observé (ill. 50). Un résultat très récent a montré que si la déformation de l'interface entre manteau supérieur et manteau inférieur à 670 km de profondeur est correctement modélisée, la circulation à grande échelle s'organise en «une couche et demie», avec de grandes cellules de convection traversant tout le manteau dans certaines régions et une convection à deux étages dans d'autres régions. Cette circulation partiellement stratifiée est aussi celle obtenue par les modèles théoriques de la convection mantellique (chapitre 2). Elle permet d'expliquer, au moins dans les grandes lignes, la plupart des observations géophysiques et géochimiques qui témoignent de la convection du manteau.

Le champ de gravité dans le passé

En reconstituant les mouvements passés des continents, des chercheurs ont remarqué que la bosse du géoïde actuellement centrée sur l'Atlantique coïncide avec la position du continent unique – la Pangée – qui existait il y a environ 200 millions d'années. Cette observation a conduit Don Anderson du Caltech aux Etats-Unis à imaginer le scénario suivant: la présence de ce super-continent aurait joué le rôle de bouclier thermique en empêchant la chaleur du manteau de s'évacuer normalement. L'excès de chaleur aurait donné naissance à des panaches dans le manteau, puis à un bombement de la surface. Des cassures seraient apparues à la surface de la Pangée, à partir desquelles des blocs continentaux se seraient disloqués puis auraient commencé à dériver. Il a été montré que jusqu'à l'époque de sa dislocation il y a environ 125 millions d'années, la Pangée se trouvait entourée de zones de subduction et complètement incluse dans un seul hémisphère, avec un arrangement autour d'un axe de symétrie très proche de l'axe de symétrie équatorial du géoïde. Il est vraisemblable que cet arrangement caractéristique reflète l'existence de la convection à grande échelle dans le manteau dont la géométrie serait contrôlée par la rotation de la Terre. L'ensemble de ces observations indique aussi que les plus grandes anomalies du géoïde ont été générées il y a environ 100 millions d'années et donc que leur durée de vie est extrêmement longue.

5

LE COMPORTEMENT NON RIGIDE AUX FRONTIÈRES DES PLAQUES

La théorie de la tectonique des plaques est fondée sur deux hypothèses concernant le comportement mécanique de la lithosphère. S'appuyant sur les travaux du géodésien allemand Alfred Wegener et de ses reconstitutions du puzzle des continents, on suppose que les plaques sont rigides. On suppose aussi que leurs vitesses sont constantes, ou du moins qu'elles varient très peu à l'échelle d'un million d'années. La combinaison de ces deux hypothèses permet une description très simple de la cinématique des plaques. Le modèle qui en découle explique la plus grande partie du champ de vitesse lithosphérique. Mais, malgré l'efficacité de cet outil théorique pour interpréter de nombreuses structures géologiques, on constate qu'il n'est pas partout utilisable. Les grandes nappes plissées des Alpes, le rebond postglaciaire en Scandinavie, les séismes, tous ces phénomènes témoignent d'un comportement non rigide. Ce sont là des exceptions à la règle de la cinématique des plaques et ce sont elles qui nous apprendront le plus sur le comportement mécanique de la couche supérieure de la Terre – la lithosphère. Nombre de lieux où la lithosphère ne se comporte pas comme une calotte rigide en rotation eulérienne sont situés aux frontières des plaques. C'est en mesurant leur déformation que les géophysiciens cherchent à faire de la tectonique des plaques une véritable théorie prédictive pour la dynamique de la Terre alors qu'elle n'est actuellement qu'une théorie descriptive qui rend compte de la cinématique des plaques. Comme dans d'autres domaines de la géophysique, la géodésie spatiale constitue dans cette entreprise un outil performant.

Ouverture de l'Atlantique

• Wegener: la poursuite d'une mesure directe

L'océan Atlantique poursuit son ouverture depuis une centaine de millions d'années. Au début du siècle, Wegener eut l'intuition de l'existence de ce phénomène et apporta un certain nombre d'arguments pour l'étayer, en particulier ses observations sur la forme des continents. Mais il s'appuya également sur les observations du géologue sud-africain du Toit, qui avait remarqué des similitudes entre certaines roches situées de part et d'autre de l'Atlantique, en Afrique et en Amérique du Sud. Il proposa l'idée que les côtes des continents de part et d'autre de l'Atlantique avaient été contiguës avant l'ouverture de l'océan. Bien que cette idée explique bien certaines similitudes entre des «roches jumelles» affleurant en Angleterre et en Nouvelle-Angleterre, l'âge de l'ouverture de l'Atlantique supposé par Wegener impliquait des vitesses d'ouverture très rapides: par exemple, il considérait que l'âge de la dernière glaciation (50 000 ans d'après ses arguments) correspondait à celui de la séparation du Groenland et de l'Écosse. La distance actuelle de 1 070 km entre ces deux régions impliquait un taux d'ouverture de 36 m par an, le plus rapide qu'il ait trouvé. Avec une telle vitesse, la dérive des continents aurait dû avoir des répercussions sur les observations géodésiques de l'époque, c'est-à-dire les déterminations astronomiques des longitudes. Wegener y avait d'ailleurs pensé:

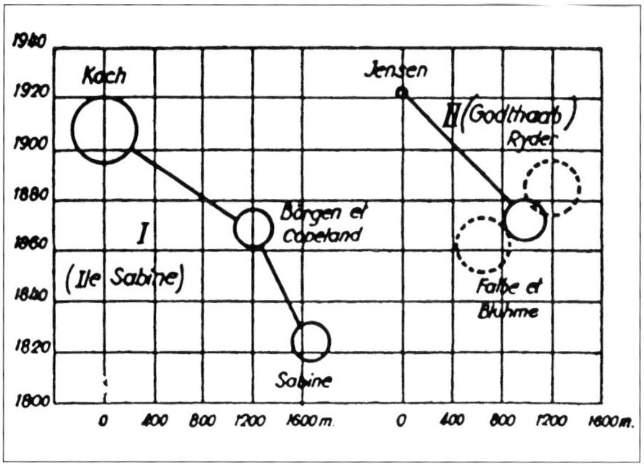

52. Dérive du Groenland d'après les variations de longitude. D'après Wegener, 1929.

«La théorie des translations a une grande supériorité sur toutes les théories ayant des buts analogues: celle de pouvoir être prouvée à l'aide de mesures géodésiques exactes. Du moment que les translations continentales se sont produites au cours de longues périodes géologiques, il est probable qu'elles durent encore. Il s'agit seulement de savoir si ces mouvements sont assez rapides pour qu'on puisse les déceler à l'aide de mesures astronomiques répétées dans un intervalle assez court». (*La Genèse des continents et des océans*, 1929).

Wegener se pencha sur les déterminations de longitudes au Groenland. Le principe de la mesure géodésique n'a pas changé: la longitude d'un point au Groenland, et donc sa position par rapport à Greenwich, de l'autre côté de l'Atlantique, varie en fonction du temps. Pour mesurer le taux d'ouverture, il suffit de déterminer la longitude du point à deux dates différentes et de diviser leur différence par l'intervalle de temps écoulé entre les deux déterminations. Wegener disposait des déterminations antérieures effectuées en 1823 et en 1870 pour estimer le taux de translation du Groenland. Il les compara avec les résultats de Koch, cartographe de l'expédition du Groenland de 1907, à laquelle Wegener avait pris part. Les taux d'ouverture donnés par Wegener dans l'édition de son livre en 1929 sont de 9 m/an pour l'intervalle 1823 à 1870, et 32 m/an pour l'intervalle 1870 à 1907.

Bien que ces estimations soient dans le même sens et du même ordre de grandeur que les estimations géologiques, Wegener prit soin de présenter les résultats avec leurs incertitudes (ill. 52). Pour l'écart de 1190 m entre la détermination de longitude en 1870 et celle de 1907, il nota que les erreurs moyennes des trois séries d'observations étaient de 124, 124 et 250 m respectivement. Ces valeurs auraient impliqué un rapport «signal sur bruit» d'environ 4 si les erreurs avaient été strictement aléatoires. Mais ce n'était pas le cas, comme Wegener le consigna honnêtement: le point observé par l'expédition de 1870 est situé «quelques centaines de mètres» à l'est de celui de 1823. Le sens de ce déplacement ne pouvait donc pas expliquer l'écart en longitude de 420 m entre 1823 et 1870. De plus, le point de 1907 n'était pas sur l'île de Sabine comme les mesures précédentes. Il aurait fallu rattacher l'ancien point de mesure au nouveau par une chaîne de triangulation, mais Wegener nota que l'erreur de transfert était «négligeable par rapport aux erreurs sur la longitude elle-même», d'après Koch. Le risque d'erreur systématique était à craindre, parce que les déterminations de longitude de l'époque reposaient sur des observations lunaires et ne bénéficiaient pas de la transmission du temps exact par télégraphe avec ou sans fil. Wegener mentionna cette possibilité dans son édition de 1929, en donnant une explication classique des erreurs systématiques. Il tempéra ainsi les conclusions obtenues à partir de données incertaines, comme le font les géodésiens depuis:

«D'autre part, Burmeister (1921) a objecté, avec raison, que dans ce cas, puisqu'il s'agit d'observations lunaires, l'erreur moyenne ne peut pas garantir la réalité du phénomène, comme dans le cas d'autres observations, et cela surtout parce que dans les observations lunaires peuvent intervenir des erreurs systématiques – n'intervenant pas dans l'erreur moyenne –, et pouvant atteindre ou même dépasser dans le cas le plus défavorable, le résultat obtenu. De ces observations, on pouvait donc seulement conclure qu'elles cadrent parfaitement avec les hypothèses de la théorie des translations et qu'elles peuvent s'expliquer le mieux possible par elle, mais qu'elles n'ont pas encore le caractère de justification exacte».

Wegener était conscient des problèmes liés aux observations lunaires et se tourna vers les mesures de longitudes utilisant la transmission de l'heure par télégraphe sans fil. La première détermination de ce type au Groenland fut réalisée par Jensen en 1922 et refaite en 1927 par Sabel-Jörgensen «avec emploi du micromètre impersonnel, qui élimine les erreurs personnelles, ce qui rend possible une exactitude encore plus grande que celles des mesures de Jensen». Le résultat fut une augmentation de 0,9 seconde de temps en cinq ans, soit une vitesse d'écartement d'environ 36 m/an, ce qui permit à Wegener d'inscrire sa victoire en italiques dans la version du livre de 1929:

«Puisque ce résultat est neuf fois plus grand que l'erreur moyenne des observations, et qu'on n'a pas à considérer des sources de grosses erreurs systématiques dans la méthode de l'heure par TSF, *il résulte que nous avons obtenu la preuve de la translation actuelle du Groenland,* même si l'on admet, ce qui est extrêmement improbable, que l'erreur personnelle de Jensen puisse avoir atteint 9/10 de seconde de temps».

Bien qu'on sache maintenant qu'il aurait dû admettre l'extrêmement improbable, Wegener était optimiste sur l'intérêt de la poursuite des mesures avec une nouvelle détermination tous les cinq ans. Il alla même jusqu'à formuler une question de recherche en géodésie tectonique qui reste ouverte de nos jours: «il sera intéressant d'évaluer encore plus exactement la dérive annuelle et d'établir si le mouvement est uniforme ou subit des variations».

En même temps, les astronomes et géodésiens poursuivaient un programme de détermination des différences de longitude entre l'Europe et l'Amérique du Nord. A partir de 1921, cette mesure était faite en utilisant la radiotélégraphie pour transférer l'heure au lieu du câble télégraphique. Le résultat, obtenu en 1925 par Wanach et cité par Wegener, était de 0,6 ± 2,4 m/an. Bien que l'incertitude fût plus grande que la mesure elle-même, le résultat géodésique était comparable en direction et magnitude avec l'estimation géologique de 0,6 à 1,2 m/an donnée par Wegener pour l'écartement entre l'Irlande et Terre-Neuve. Néanmoins, Wegener donnait raison à ses critiques qui pensaient qu'il fallait attendre plus longtemps pour laisser le signal devenir plus grand que le bruit. «Nous ne doutons pas qu'il nous sera permis de mesurer, dans un temps pas trop éloigné, la dérive exacte de l'Amérique du Nord par rapport à l'Europe».

Le résultat attendu, mais faux, est venu en août 1928 pendant l'impression de l'édition finale du livre de Wegener, et moins de trois ans avant sa mort. Les astronomes Littel et Hammond publièrent la différence des longitudes de Washington et de Paris déterminées en 1913-1914 et en 1927. La différence, ajoutée en annexe par Wegener, donne un accroissement annuel de la distance de 32 ± «environ» 8 cm. Bien que le résultat soit inférieur d'un facteur 2 par rapport à son estimation géologique, Wegener s'exclama: «le sens et la grandeur de cet accroissement sont en parfait accord avec les conséquences de la théorie des translations telles que nous les avons envisagées».

On sait à présent qu'une telle valeur est seize fois trop rapide. Le modèle cinématique actuel, NUVEL-1, déterminé par des géophysiciens américains en 1990, donne un taux d'ouverture de l'ordre de 2 cm/an à partir des anomalies magnétiques enregistrées par la croûte océanique formée à la dorsale médio-océanique (voir chapitre 2). Wegener était victime des erreurs de mesures. Ses idées furent néanmoins très fructueuses et il eût le mérite de poser nombre de questions pour les géodésiens actuels et futurs.

• La première mesure directe et correcte

Bien qu'un taux d'ouverture de l'ordre de 2 cm/an ait été déduit d'observations géophysiques dans les années soixante, il fallut attendre 1986 pour obtenir une mesure directe par la géodésie. La technique de pointe était alors l'interférométrie à très grande base ou VLBI, pour *Very Long Baseline Interferometry.* Mise au point pour les observations stéréoscopiques astronomiques des sources radio extragalactiques (les quasars), cette technique permet aussi les mesures de positionnement. De même que chacun de nos deux yeux observe un même objet sous un angle légèrement diffèrent, deux radiotélescopes reçoivent les signaux émis par les sources extragalactiques (étoiles, quasars, etc.) avec un léger décalage, de nature temporelle celui-ci. La mesure de ce décalage constitue la donnée de base pour le positionnement. Le décalage dépend, bien sûr, de la distance entre les deux antennes, de même que notre impression de profondeur dans le champ visuel dépend de la distance entre nos deux yeux. C'est parce que la transmission du signal est sensible à la géométrie des sources et des récepteurs qu'elle est utile pour le positionnement.

Le principe physique consiste à capter, avec au moins deux antennes différentes au sol, les ondes électromagnétiques centimétriques émises par un quasar. Ces ondes sont des signaux aléatoires, car générés par des processus chaotiques à l'intérieur du

QUELLE HEURE EST-IL? LE PROBLÈME DES HORLOGES

En géodésie spatiale, pour répondre à la question, «où suis-je?», il faut souvent répondre à celle de «quelle heure est-il?». Pour estimer les coordonnées *X*, *Y*, *Z* d'un point, il faut aussi en effet estimer l'heure locale *t*, ceci étant lié au fait que la quantité observable, celle que l'on mesure physiquement, est un temps de trajet entre un émetteur et un récepteur. Cela est vrai pour les techniques de VLBI, SLR, et GPS. Dans le cas du système DORIS, on mesure en fait une fréquence que l'on intègre ensuite pour obtenir le temps de propagation.

Pour mieux comprendre l'importance des horloges pour la géodésie moderne, prenons l'exemple de mesures d'interférométrie de longue base (VLBI), au cours desquelles plusieurs observatoires astronomiques enregistrent en même temps les signaux électromagnétiques émis par les corps extragalactiques. Si par exemple le signal émis contient une «bosse» caractéristique, il est possible de déceler le décalage chronologique entre l'arrivée de ce signal particulier en deux observatoires terrestres différents. Le décalage entre les deux temps d'arrivée correspond au temps du trajet différentiel entre les deux stations. Ce décalage traduit le fait que les deux observatoires ne se trouvent pas à la même distance de l'émetteur du signal, le quasar. Cette différence de distance est utilisée pour estimer les positions des observatoires selon le principe de trilatération. L'écart est faible, une dizaine de millisecondes pour deux observatoires séparés par 3 000 km, mais mesurable.

Mais comment mesurer ce décalage avec la précision nécessaire? La technique est proche de celle utilisée pour chronométrer une course de ski. Sur la piste, supposons qu'il y ait deux observateurs, un en haut, un en bas, chacun avec son chronomètre. Lors du passage d'un skieur, celui-ci est identifié et son temps de passage enregistré. La durée de la descente est donnée par la différence entre les deux temps de passage et calculée par comparaison après la fin de la descente. Pour que le calcul soit juste, il faut bien entendu que les deux chronomètres soient synchrones. Dans le cas du VLBI, le principe est le même: le skieur peut être assimilé à la «bosse» caractéristique du signal radio. Le télescope radio enregistre systématiquement tout signal, marquant chaque «échantillon» par son heure d'arrivée donnée par l'horloge de l'observatoire. Mais comment reconnaître le signal caractéristique? Pour que la technique soit efficace, il faut noter *quel* skieur est passé à quelle heure, et non pas seulement qu'*un* skieur est passé.

Pour cela, les géodésiens, par corrélation, comparent les deux enregistrements du même signal, reçus aux deux observatoires. Le décalage retenu est celui qui donne la meilleure corrélation entre les deux enregistrements, d'où l'importance de la précision des horloges: une erreur d'une nanoseconde (10^{-9} s, un milliardième de seconde) donne une incertitude de 30 cm en terme de distance relative, et donc en position estimée. Pour éliminer cette source d'erreur, les observatoires VLBI sont équipés d'oscillateurs atomiques dont la fréquence est stable au 10^{-15}. La stabilité, typiquement donnée en terme de rapport non dimensionnel, est quantifiée conventionnellement par la «variance d'Allan», qui mesure l'écart entre des heures successives indiquées par une horloge, et la réalité, c'est-à-dire une droite. Si on les considère comme des horloges, ces oscillateurs se désynchronisent de moins d'une dizaine de picosecondes (10^{-11} s) pendant une expérience VLBI qui dure plusieurs heures.

Une telle précision, qui représente une des applications actuelles les plus exigeantes dans le domaine de l'instrumentation physique, n'est possible qu'avec des horloges à base de maser, qui utilisent comme référence les oscillations «hyperfines» des atomes d'hydrogène. Cet oscillateur, qui fonctionne dans le vide et à température très basse (5 degrés Kelvin), joue un rôle équivalent à celui du balancier d'une horloge «Comtoise» ou du quartz piézoélectrique des montres digitales. Pour comparaison, le premier est stable à 10^{-4} (une minute par semaine); le second à 10^{-6} (une minute par an). Pour le GPS, où la précision requise est moins exigeante, on utilise souvent des oscillateurs à base de cristaux (10^{-7}), de rubidium (10^{-8}), ou de césium (10^{-8} ou 10^{-9}).

quasar. Elles sont enregistrées sur une bande magnétique et leur heure d'arrivée est chronométrée par une horloge atomique ultra-précise (voir encadré p. 71). La très grande densité des données enregistrées sur ces bandes nécessite des têtes d'écriture magnétiques d'une haute technologie capables de stocker 10^{12} bits par bande.

Les enregistrements effectués en plusieurs sites sont ensuite regroupés dans un centre de calcul, où on les compare par corrélation (voir encadré p. 74). La technique consiste à repérer une même séquence du signal sur les deux bandes et à mesurer le décalage du temps d'arrivée entre les antennes (ill. 53, 54). Une fois mesuré, comment le décalage en heure d'arrivée sert-il pour estimer les coordonnées géodésiques des antennes radio? Par exemple, le décalage des temps d'arrivée d'un même signal entre l'Europe et les Etats-Unis est de l'ordre de 10 millisecondes. En multipliant par la vitesse de la lumière, on peut donc déduire la distance angulaire entre les deux stations, vue du quasar. Si la position du quasar est connue à partir des observations astronomiques, le théorème de Pythagore donne la distance entre les deux stations (ill. 54). En utilisant plusieurs quasars et plusieurs stations, on peut ainsi se positionner par le principe de trilatération (voir p. 74).

Si on répète ce type d'observations au cours du temps, les estimations de distance permettent de tracer une courbe dont la pente donne le taux d'éloigne-

53. L'antenne astronomique de Wettzell, en Allemagne, sert de récepteur pour le VLBI. Elle mesure 20 m de diamètre. Photo: Institut für Angewandte Geodäsie, d'après Schlüter *et al.*, 1993.

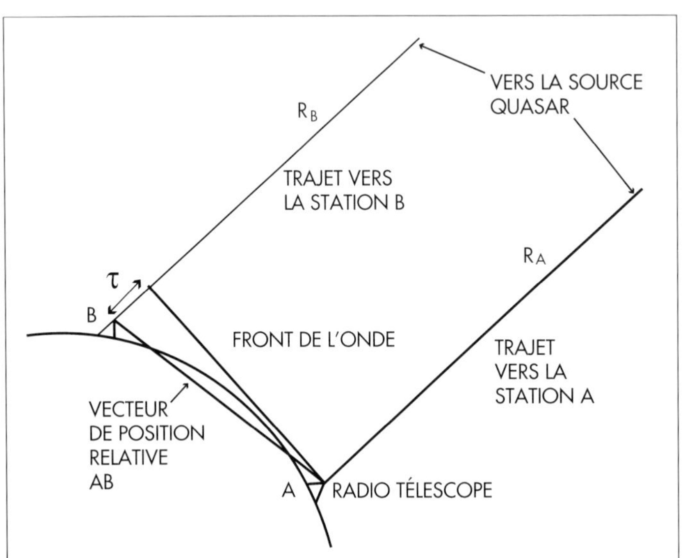

54. Un quasar lointain émet un signal électromagnétique d'une longueur d'onde centimétrique, qui est reçu sur Terre par deux antennes astronomiques. La différence τ entre l'heure d'arrivée du signal à la station A et à la station B, multipliée par la vitesse de la lumière *c*, donne la différence en longueur du trajet parcouru par le signal. La source quasar étant très lointaine, les deux chemins R_A et R_B peuvent être considérés comme parallèles. D'après Herring, 1983.

ment entre les deux stations. En 1986, après cinq ans de mesures mensuelles de la longueur de la base transatlantique entre Westford (Etats-Unis) et Onsala (Norvège), les géodésiens ont estimé un taux de 2 cm/an pour l'ouverture de l'Atlantique. C'était la première preuve, par mesure directe, de la dérive des continents. Il avait fallu cinquante ans pour confirmer les hypothèses de Wegener grâce à des mesures géodésiques ayant la précision requise.

Deux stations VLBI, l'une en Europe, l'autre en Amérique du Nord sont observées avec une cadence hebdomadaire pour pouvoir estimer la vitesse de rotation de la Terre et mesurer l'orientation de son axe (chapitre 7). Cette technique fournit une richesse

55. Distance entre Westford (près de Boston aux Etats-Unis) et Wettzell (Allemagne) mesurée toutes les semaines entre 1984 et 1993 par VLBI. Les barres indiquent les incertitudes de la mesure déduites de l'écart type de chaque estimation. L'incertitude diminue considérablement après 1988, grâce aux améliorations techniques. La pente de 18,8 mm/an prédite par la tectonique des plaques (modèle NUVEL-1) figure en gris; et après révision, en pointillé gris. La droite qui correspond le mieux aux données géodésiques est représentée en noir continu; sa pente est de 17,3 ± 0.2 mm/an. Les excursions par rapport à cette droite (comme entre 1988 et 1991) sont probablement dues aux effets saisonniers. Document T. Herring.

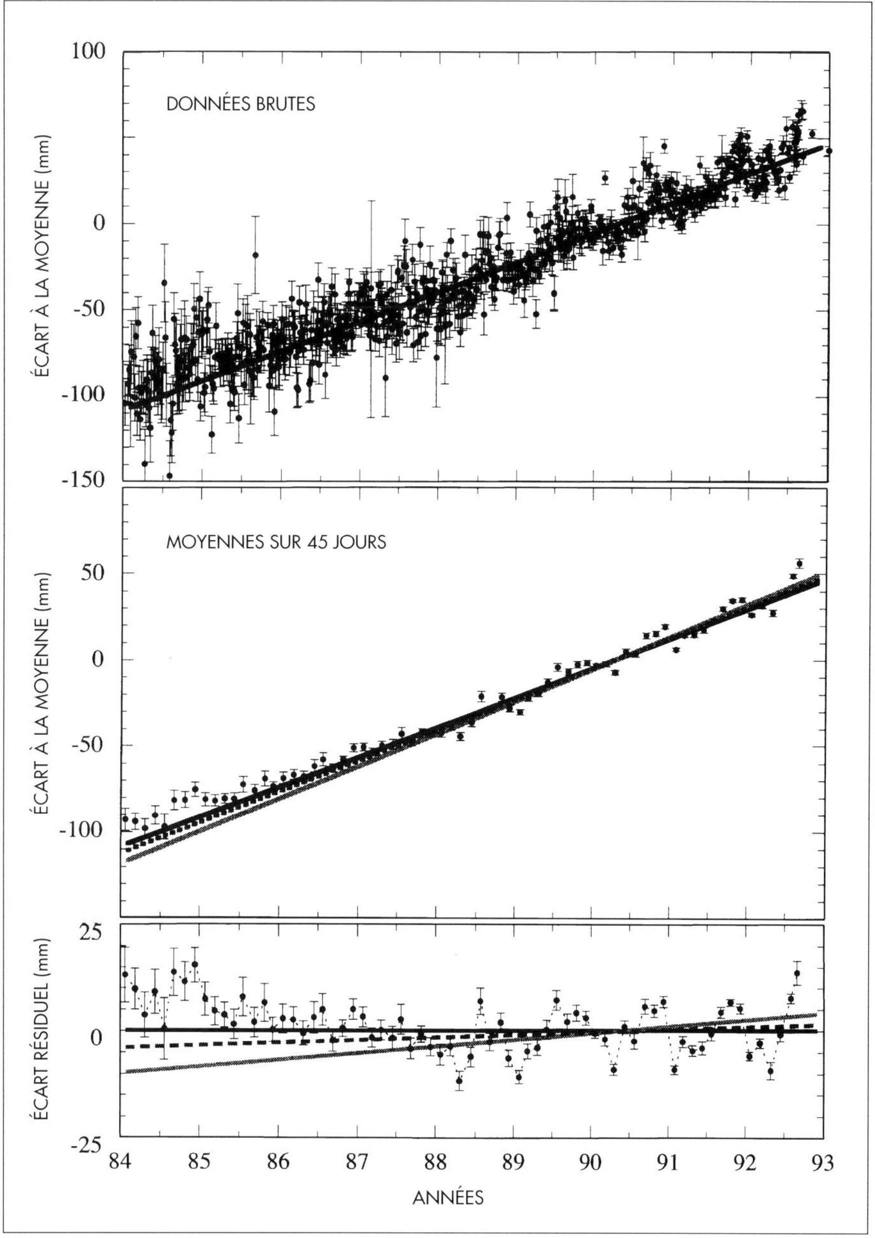

PRINCIPE DU POSITIONNEMENT PAR TRILATÉRATION

Pour prendre l'exemple d'un cas simple à deux dimensions (ill. 56), considérons le problème du positionnement d'un poste de télévision dans un salon. On est contraint par deux données: (i) la longueur (2 m) du fil d'antenne, qui permet de mettre la télévision en un point quelconque situé dans un cercle de 2 m centré sur le point de branchement de l'antenne (A), et (ii) la longueur (3 m) du cordon électrique, qui permet de mettre la télévision dans un cercle d'un rayon de 3 m centré sur la prise électrique (B). En supposant que les deux fils sont tendus au maximum et que la télévision doive rester au sol, la position de la télévision est connue. Elle se situe forcément à l'intersection des deux cercles. Dans ce cas, nous avons obtenu deux paramètres (les coordonnées X et Y de la télévision) en utilisant deux données (les longueurs des fils, 2 et 3 m). Le problème est bien posé, à condition que les coordonnées des deux prises soient connues.

Lorsqu'on élargit le problème à trois dimensions (ill. 57), comme c'est le cas en géodésie lorsque l'on cherche à estimer les trois coordonnées X, Y, et Z d'un récepteur, on dispose de trois données: les distances relatives (a, b, c) entre le récepteur et trois autres points, qui pourraient être soit des sources radios, soit les satellites émetteurs, soit d'autres récepteurs. Chacune de ces distances contraint les coordonnées du récepteur, de façon que celui-ci se situe sur une sphère d'un rayon donné. La solution du problème est obtenue par positionnement du récepteur à l'intersection des trois sphères. Dans cet exemple, nous avons estimé trois paramètres (les trois coordonnées X, Y, et Z du récepteur) en utilisant trois données (les trois distances). Le problème est encore bien posé, mais comme pour l'exemple de la télévision, il faut connaître les coordonnées des centres.

Prenons à présent trois stations situées dans un plan (ill. 58) dont on connaît les coordonnées (bidimensionnelles) de l'un des points (A) (X_A, Y_A). Nous pouvons mesurer trois distances indépendantes (AB, BC et AC). A partir de ces trois données, nous cherchons à déterminer les quatre coordonnées X_B, Y_B, X_C, et Y_C des deux autres points, B et C. On parle alors de «problème mal posé» parce que le nombre de données (3) est inférieur au nombre d'inconnues (4). Bref, il manque une donnée. Bien que la taille du triangle soit bien définie – B et C doivent rester sur les cercles de rayons AB et AC –, son orientation ne l'est pas. Le triangle peut s'orienter d'une façon arbitraire parce qu'il existe un nombre infini de solutions possibles. On a représenté ici deux des solutions et on précise alors que la solution est «non-unique» à cause du déficit de données. Ce problème se pose systématiquement lors des calculs de positionnement, dans la mesure où toute mesure géodésique est relative. Il s'agit en effet soit d'une mesure entre deux stations, soit d'une mesure entre des stations et une source, ou bien encore une station et un satellite. En pratique, on résoud ce problème dit de «singularité» en fixant arbitrairement les coordonnées de plusieurs stations.

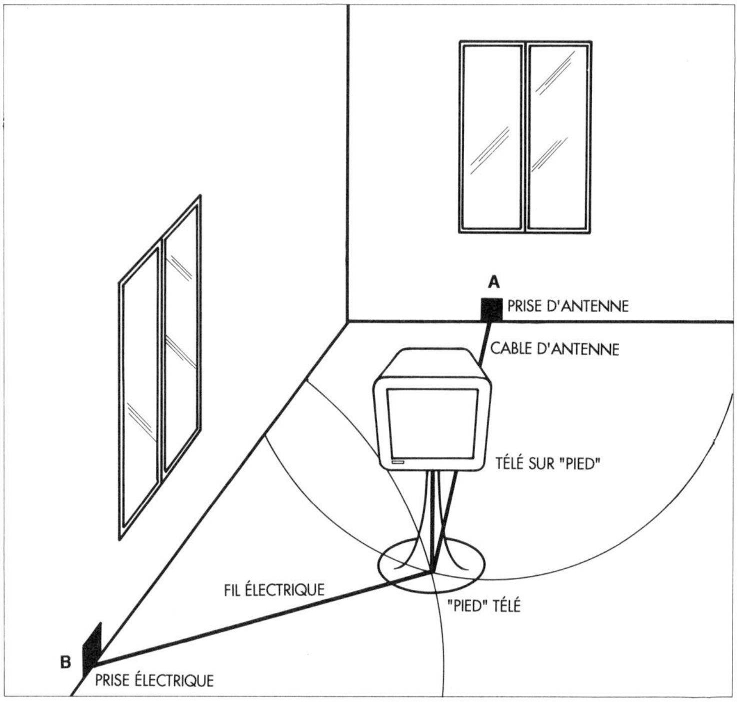

de données sans égale sur d'autres sites. La courbe des résultats (ill. 55) montre l'évolution de la distance entre les deux stations en fonction du temps entre 1984 et 1993. On observe très nettement la dérive de plusieurs centimètres par an due à l'ouverture de l'Atlantique. On note aussi les effets des progrès techniques qui améliorent nettement la précision à partir de 1988. Avant cette date, la dispersion entre les mesures voisines était centimétrique. Après, grâce aux améliorations technologiques sur la corrélation des signaux, la précision devient millimétrique. En tenant compte de toutes les observations, on peut calculer la droite qui passe par ces points. Sa pente est de 17,3 ± 0,2 mm/an, valeur qui diffère d'une façon significative des 18,8 mm/an prédits par le modèle tectonique NUVEL-1. On peut expliquer l'écart par la combinaison d'une révision récente dans l'échelle de temps paléomagnétique utilisée pour estimer NUVEL-1, et des mesures systématiquement trop longues des observations antérieures à 1988. L'évolution temporelle paraît néanmoins beaucoup plus compliquée que la simple droite prédite par la tectonique des plaques ne le laisse penser. On observe une variation de position relative qui est quasi périodique sur une échelle temporelle de 18 mois, qu'on peut attribuer aux effets de l'atmosphère mal pris en compte dans l'analyse des mesures VLBI.

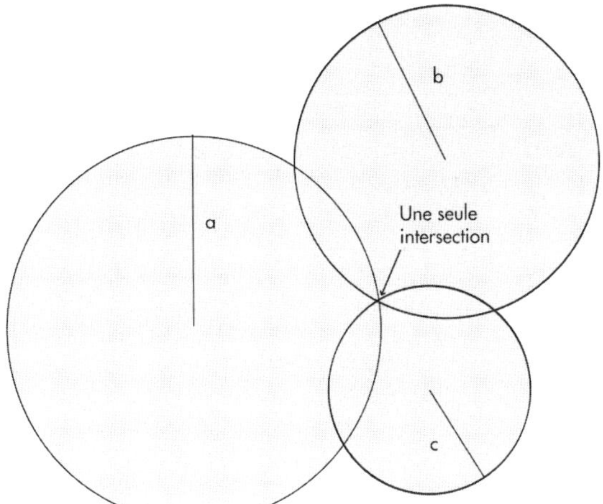

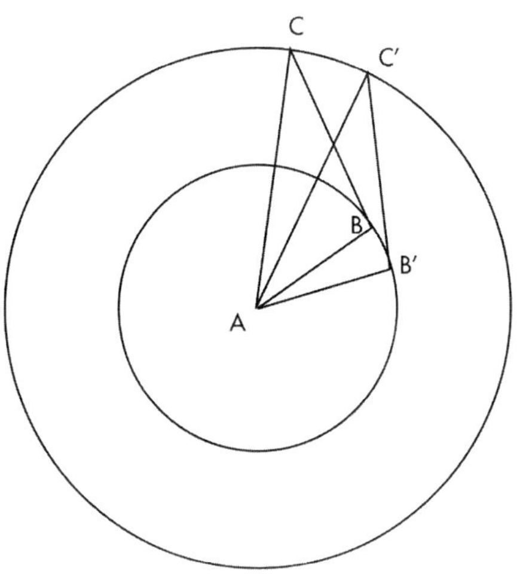

56. Principe du positionnement dans un espace à deux dimensions.
57. Intersection de trois sphères.
58. Les positions de B et C ne sont pas définies par les 3 distances.

Grèce: l'utilité des mesures historiques

• Tectonique des blocs rigides

Même avec un système de positionnement atteignant une précision centimétrique, voire millimétrique, il est difficile de mesurer les déformations tectoniques à cause de leur lenteur, typiquement de quelques centimètres par an. La région active de la Grèce centrale, soumise à une déformation extensive, fournit à cet égard un bon exemple: la péninsule du Péloponnèse s'éloigne de l'Eurasie stable avec un taux d'environ 1 cm/an (ill. 59).

Supposons, par exemple, que nous souhaitions mesurer cette vitesse grâce aux mesures de position relative de deux stations. Si chaque mesure de position est faite avec une précision de 1 cm, la précision de leur différence est de $\sqrt{2}$ fois l'écart type d'une seule mesure, soit 1,4 cm. Si les deux mesures sont faites pendant deux étés successifs, et sont donc séparées par un intervalle de un an, cela entraîne une

59. La faille normale active de Delphes. L'escarpement holocène qui souligne la base des reliefs atteint une hauteur de 3-4 mètres. Photo B. Meyer.

incertitude de 1,4 cm/an, plus grande que l'amplitude du signal de déformation attendu. Si, par contre, un intervalle de dix ans sépare les deux mesures de position, la précision sur l'estimation de la vitesse est ramenée à 0,14 cm/an, valeur qui permet de tester certaines hypothèses tectoniques sur la Grèce. Pour éviter ce délai d'une dizaine d'années, on a recours aux observations historiques, suffisamment anciennes pour que le déplacement tectonique déjà accumulé (le signal) soit plus grand que l'incertitude de mesure (le bruit). Une équipe de géodésiens anglais, avec leurs collègues grecs, ont ainsi exploité un ensemble de mesures d'angles d'une précision de 0,55 seconde d'arc faites avec des théodolites à la fin du XIXe siècle en Grèce centrale. Cette triangulation de haute précision, exemplaire, reste presque inégalée encore un siècle plus tard. Pour comparaison, les exigences de l'IGN pour la triangulation en France requièrent actuellement un écart type de 0,5 seconde d'arc sur les mêmes distances (30-50 km). Avec des mesures d'une telle précision, on a pu estimer la position (horizontale) d'une station avec une précision comprise entre 10 et 40 cm, largement inférieure à la déformation atteignant un mètre qui s'est produite au cours du siècle suivant.

Pour mesurer les vecteurs des déplacement produits par les déformations tectoniques, certaines hypothèses doivent être intégrées dans la procédure d'estimation au problème inverse afin de supprimer les singularités produites par l'absence de mesures précises de distance et d'azimut pendant la campagne de triangulation du siècle dernier. Autrement dit, la géodésie terrestre classique laisse indéterminées l'échelle et l'orientation du réseau. Pour combler cette lacune, les géodésiens anglais et grecs ont supposé que la distance et l'azimut entre deux stations situées sur la péninsule du Péloponnèse sont restés constants au cours de l'intervalle de temps d'un siècle qui sépare les deux mesures. Cette hypothèse raisonnable (il y a peu de failles entre les deux stations) conditionne l'estimation des déplacements. Avec une autre hypothèse, les déplacements déduits seraient différents.

En terme de déplacements cumulés pendant un siècle, les résultats conduisent à une interprétation simple (ill. 60). Comme les déplacements de stations voisines sont comparables en valeur et en direction, on peut imaginer que celles-ci se déplacent comme si elles étaient portées par le même bloc de l'écorce terrestre. On individualise ainsi trois groupes de stations qui correspondent à trois blocs différents: la péninsule du Péloponnèse, une bande située au nord du golfe de Corinthe et la partie nord du réseau. Les

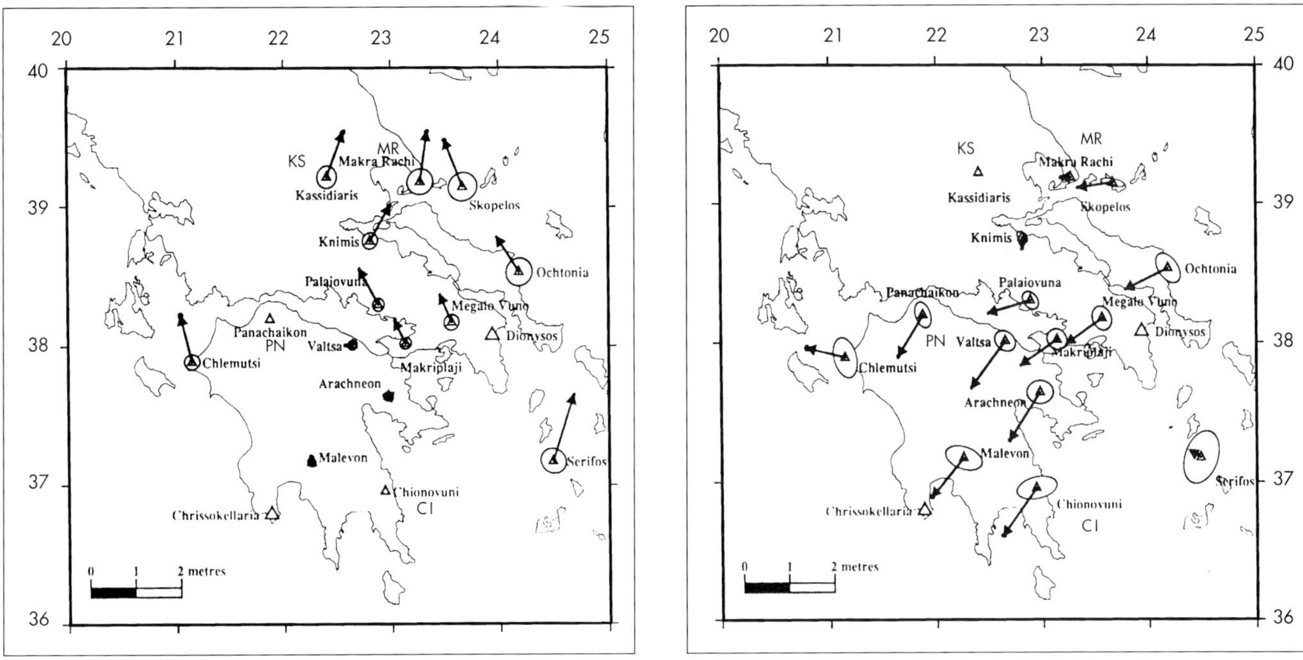

60. Déplacements horizontaux entre 1890 et 1988 estimés par comparaison de la triangulation historique (en 1890) avec les mesures GPS de 1988 effectuées sur les mêmes sites.
A gauche, cas où les stations CI et PN sont fixes, c'est-à-dire que la péninsule du Péloponnèse est considérée comme stable.
A droite, hypothèse où la distance PN–CI est constante, la station KS fixe, et l'azimut KS–MR constant. Ces deux hypothèses supposent que la partie nord du réseau est stable, et que la péninsule du Péloponnèse peut tourner de façon rigide. D'après Billiris *et al.*, 1991.

blocs, dont les dimensions varient entre 30 et 100 km de côté, sont séparés par les golfes de Corinthe et d'Evvoia, délimités par des grandes failles normales (extensives). Ces deux golfes sont par ailleurs des zones très actives du point de vue sismique. La somme de la déformation accumulée entre 1890 et 1988 lors des séismes représente environ 60% du déplacement mesuré par la géodésie pendant la même période. Les tremblements de terre représentent donc le processus majeur responsable de la déformation. Comme les séismes sont localisés dans ces zones de moins de 30 km de large, on attribue cette déformation à l'activité des failles séparant les blocs rigides. Du fait de la largeur de ces blocs, ceux-ci tendent à élargir la frontière entre les deux plaques continentales. Vue de loin, la région de la mer Egée apparaît comme une zone où la déformation est distribuée de façon diffuse sur des centaines de kilomètres. La géodésie révèle que la distribution n'est pourtant pas uniforme à l'échelle de 30 km, mais plutôt localisée sur les failles entre les blocs rigides.

• Une application de la technique GPS

Les stations géodésiques installées au cours du siècle dernier par les géodésiens grecs sont pour la plupart situées sur des sommets peu accessibles. Des instruments suffisamment légers, transportables, ont donc été sélectionnés pour l'étude, en particulier les récepteurs utilisant les signaux des satellites du Global Positioning System (GPS) américain. Cette technique de positionnement géodésique ressemble beaucoup au positionnement VLBI déjà décrit. La différence majeure réside dans la nature des signaux utilisés pour mesurer le temps de trajet (et donc la distance) entre transmetteur et récepteur, qui sont émis par des satellites artificiels, et non par les quasars naturels. Le signal GPS, beaucoup plus fort que celui de VLBI, permet d'utiliser des antennes beaucoup plus petites, d'environ 20 cm de diamètre au lieu d'une dizaine de mètres!

La technique GPS, comme le VLBI, utilise des ondes radioélectriques du domaine de fréquence des micro-ondes. Pour le VLBI, il s'agit des bandes X (4 cm en longueur d'onde) et S (~ 13 cm) alors que pour le GPS, la bande L est utilisée (20 et 25 cm). La propagation des ondes à travers l'atmosphère terrestre étant surtout retardée par l'ionosphère, un écart d'une vingtaine de nanosecondes (plusieurs mètres) peut apparaître pendant le trajet entre l'émetteur et le récepteur (voir encadré p. 100-101). Les molécules de vapeur d'eau de l'atmosphère peuvent aussi retarder les signaux par absorption, selon le processus physique utilisé dans les fours à micro-ondes. Cet effet, qui se produit dans les kilomètres juste au-dessus de la surface de la Terre, dans la troposphère, perturbe les mesures, en particulier dans les régions à climat chaud et humide comme les zones tropicales. Quant à la structure des ondes transmises par le système GPS, elle peut être décrite par deux sortes de signaux sur deux fréquences différentes, soit 4 signaux différents. Les deux fréquences, 1,6 et 1,2 GHz, sont appelées L1 et L2 respectivement. Leur combinaison permet de s'affranchir des effets perturbateurs de l'ionosphère. Le premier type de signal est une simple oscillation sinusoïdale que l'on appelle la «porteuse» (ill. 62). C'est la phase de ces porteuses que les récepteurs

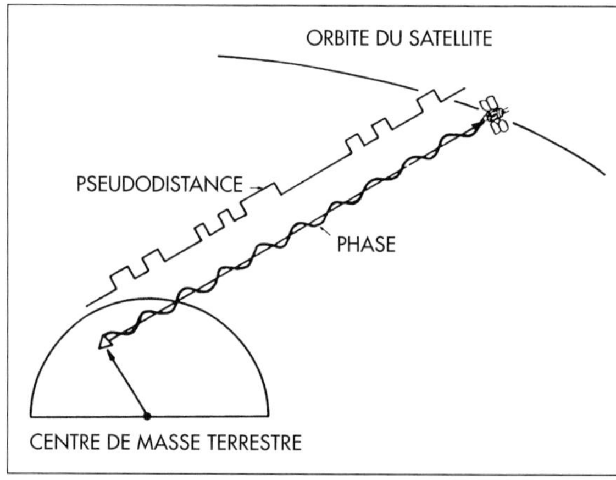

61. Les deux catégories de signaux GPS: l'onde porteuse, une oscillation sinusoïdale, et le code, une modulation identifiable et répétée.

mesurent en réalisant un «battement» (l'interférence) entre la fréquence reçue et celle générée par un oscillateur interne (voir encadré p. 78).

Le deuxième type de signal utilisé en GPS est une modulation sur l'onde porteuse. Elle mesure le temps de trajet (et donc la distance) entre le satellite

LA MESURE DE PHASE DU SIGNAL GPS

Pour comprendre ce qu'est la phase d'une onde radioélectrique, on peut faire l'analogie avec les ondes de propagation à la surface de l'eau. Un observateur assis les pieds dans l'eau sur un embarcadère au bord de la mer peut mesurer la phase des vagues (ill. 62). Quand la crête de la première vague passe, en lui mouillant les jambes jusqu'aux mollets, l'amplitude de l'onde atteint son maximum, et on assigne arbitrairement une valeur «0» à cette phase. Quand, une demi-période plus tard, le creux de la vague est sous ses pieds, l'amplitude est au minimum, et on assigne une valeur de «0,5» à la phase. Quand la vague remonte à nouveau jusqu'aux mollets, la phase prend la valeur «1». Encore une demi-période plus tard, on compte «1,5» quand la vague redescend à son minimum, et ainsi de suite. Bien qu'imprécise, cette analogie présente deux traits communs avec toute mesure de phase: la précision et l'ambiguïté. La mesure de phase est intrinsèquement précise parce qu'il est relativement facile de se situer dans le cycle de l'onde. Dans le cas de la vague, il suffit de mesurer la hauteur de l'eau sur la jambe: 0 pour les pieds, 0,3 pour les chevilles, etc. Avec GPS, un récepteur est capable de mesurer la phase avec une précision d'environ 3 millièmes d'un cycle, ce qui correspond à un demi-millimètre, et qui donne aux techniques GPS leur haute précision. En revanche, il est très difficile de connaître le nombre absolu de cycles passés auquel correspond la partie entière de la phase. Pour la mesurer sur l'embarcadère, il aurait fallu compter toutes les vagues depuis le début. Pour la mesurer dans un récepteur GPS, on numérote les cycles à partir d'un «zéro» arbitrairement défini à l'allumage de l'instrument. Dans les deux cas, si on arrête l'observation de l'onde pour une raison quelconque, on perd le compte, et donc la partie entière de la phase. Cela provoque, en GPS, ce qu'on appelle un «saut de cycle».

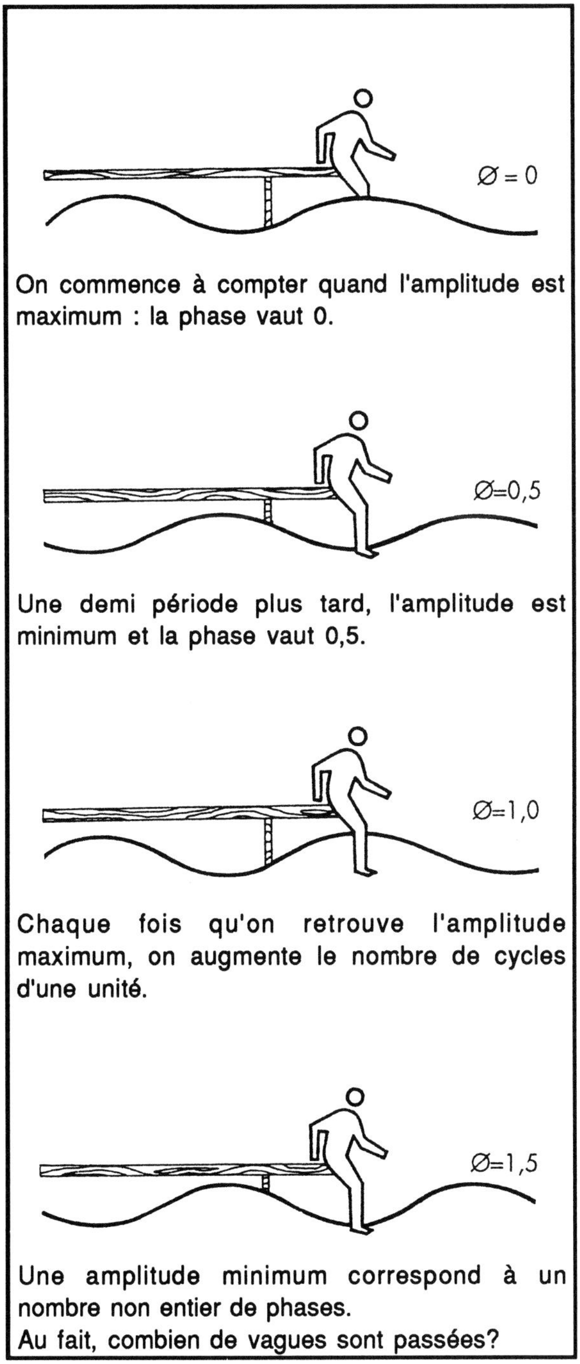

62. La phase d'une vague sur la surface de la mer. Chaque fois que l'eau monte jusqu'aux mollets, on compte une longueur d'onde en augmentant la valeur de la phase par un cycle.

et le récepteur par le retard de groupe de l'onde électromagnétique. Il s'agit en effet d'une séquence binaire identifiable, imposée d'une façon répétitive par le satellite et que l'on appelle «le code». Le code sur la fréquence L1, appelé *Coarse/Acquisition* (C/A) se répète avec une longueur d'onde effective d'environ 100 m, et est accessible a tout utilisateur. Le deuxième code, imposé sur la fréquence L2, s'appelle *Precise* (P), et se répète avec une longueur d'onde de 10 m. Ce dernier code peut être crypté par les militaires américains en cas de besoin stratégique et n'est alors plus accessible aux utilisateurs civils sans une «puce» de décodage. Quand un récepteur GPS reçoit le signal «code», il peut déterminer directement le temps que l'onde électromagnétique a mis pour parcourir la distance entre le satellite et le récepteur. Ce temps de trajet est donc la différence entre l'heure de réception (enregistrée par l'horloge du récepteur) et l'heure de transmission (codée dans la modulation par le satellite) du signal GPS. Il s'agit d'un délai de l'ordre de 70 millisecondes qu'on peut convertir en distance en multipliant par la vitesse de la lumière. On appelle cette mesure une «pseudodistance», le préfixe «pseudo» indiquant que la mesure est contaminée par les décalages des horloges dans le récepteur comme dans le satellite, ainsi que par la propagation qui ne s'effectue pas dans le vide. Après correction de ces erreurs (voir encadré p. 80-81), les mesures de code donnent la distance absolue entre le satellite et le récepteur, ce qui représente un avantage par rapport aux mesures de phases qui ne permettent, quant à elles, que de déterminer une différence de position. En mesurant la distance par rapport à au moins quatre satellites, on peut ainsi déterminer la position d'un récepteur donné (et déterminer l'heure précise) par trilatération classique (voir encadré p. 74). Le système GPS a été conçu spécialement pour ce type d'exploitation, notamment pour le positionnement des engins mobiles militaires. Comme la longueur d'onde effective est de 10 ou 100 m selon le code, la position estimée ne peut être donnée qu'à quelques mètres près: la mesure est alors 100 à 1 000 fois moins précise que les positions estimées en utilisant les mesures de phase des ondes porteuses. On voit ainsi la complémentarité des deux types de mesures GPS: les mesures de phases sont précises, mais ambiguës, alors que les pseudodistances sont absolues, mais moins précises.

DOUBLES DI

Comme pour le VLBI, la détermination de l'heure à la nanoseconde près devient indispensable pour obtenir un positionnement ultra-précis par GPS. Si l'on se contente d'une précision de 300 m, il est possible d'estimer le décalage de l'horloge du récepteur (à 1 microseconde près) par trilatération en même temps qu'on estime la position du récepteur. Typiquement, un récepteur géodésique fait ce petit calcul d'une façon autonome grâce à un microprocesseur incorporé. Pour obtenir une meilleure précision, il faut corriger le décalage de l'horloge. Une erreur d'une nanoseconde dans l'horloge peut provoquer une erreur de 30 cm en position. Seule une horloge atomique maser est capable d'une telle précision, mais elle pèse des centaines de kilos et n'est donc pas transportable.
On élimine le problème des horloges en utilisant une technique différentielle qui est analogue à la double pesée souvent utilisée pour gagner en précision sur les mesures de poids. Prenons un récepteur qui enregistre les signaux de deux satellites (ill. 63). L'heure de l'horloge du récepteur est utilisée pour marquer l'arrivée des signaux des deux satellites. Or, un décalage de cette horloge faussera de la même façon les deux mesures de phase (ill. 64). L'erreur de l'horloge du récepteur est donc commune aux deux mesures, et elle peut être éliminée complètement, en prenant en compte la différence des deux phases transmises par les deux satellites différents pour les calculs.

Pour éliminer l'erreur due au décalage de l'horloge du satellite, on utilise la même astuce, mais de façon complémentaire. On calcule la différence entre les phases transmises par un satellite, mais mesurée par deux récepteurs différents. Cette fois-ci, l'erreur du satellite est commune aux deux récepteurs, et s'élimine dans la différence. Pour éliminer à la fois les

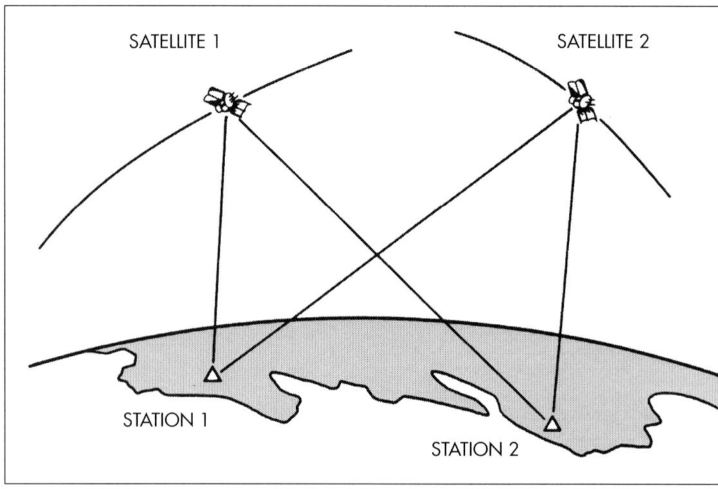

63. La «double différence» combine les quatre mesures de phase entre deux satellites et deux récepteurs.

Deux dorsales émergées: Djibouti et l'Islande

Sur les dizaines de milliers de kilomètres de dorsales océaniques qui sillonnent le globe, deux sites privilégiés permettent d'observer à l'air libre leur fonctionnement: Djibouti et l'Islande. Les deux régions sont donc des laboratoires idéaux pour étudier le comportement des frontières divergentes. Dans les deux cas, la déformation est dite «extensive» parce que les deux plaques s'écartent. A Djibouti, c'est la plaque de l'Arabie qui s'éloigne de l'Afrique avec une vitesse moyenne d'environ 2 cm/an. En Islande, c'est l'Eurasie et l'Amérique du Nord qui s'écartent à une vitesse comparable (voir le début de ce chapitre). Les deux régions ont subi récemment des épisodes d'extension liés à des crises sismo-volcaniques, avec des ouvertures brutales atteignant plusieurs mètres; en 1975 pour l'Islande, en 1978 pour Djibouti, c'est-à-dire avant le développement spectaculaire de la géodésie spatiale et de ses applications tectoniques. La plupart des observations géodésiques proviennent en fait des instruments terrestres.
Pendant les années 80, suite à une diminution du taux de déplacement liée à une relaxation graduelle de l'état de contrainte, les géodésiens ont pu utiliser les techniques satellitaires, mais hors période de crise.

erreurs des horloges dans les récepteurs comme dans les satellites, il est donc indispensable de calculer une «double différence», c'est-à-dire la différence de phase entre deux satellites et entre deux récepteurs. On obtient aussi une quantité qui est composée d'un quadruplet de mesures directes.

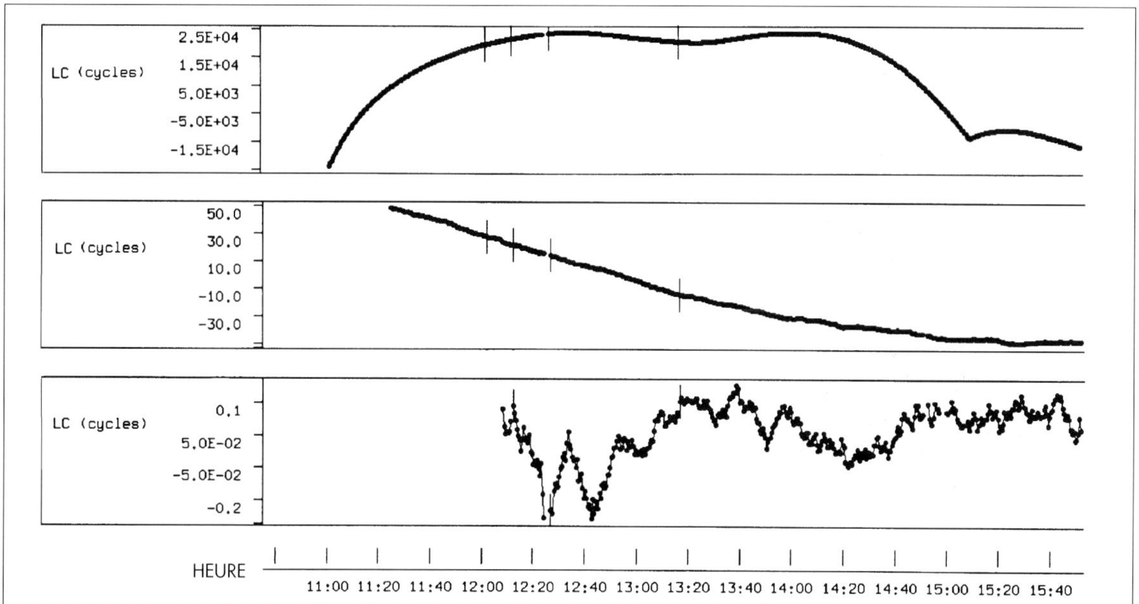

64. La phase résiduelle (signal après modélisation) en fonction du temps. Les trois panneaux montrent le même intervalle de temps. Le premier est la phase résiduelle non différenciée et varie de 10^6 cycles en magnitude. Le deuxième panneau montre la différence simple entre deux satellites, après élimination de l'erreur commune de l'horloge du récepteur. La valeur des phases résiduelles est ramenée à 10^3 cycles. Finalement, le troisième panneau montre la différence double entre deux satellites et deux récepteurs, avec élimination des erreurs des horloges. La magnitude de la phase résiduelle est inférieure au cycle. D'après K. Feigl.

• La crise sismo-volcanique de Djibouti en 1978

La divergence des frontières de plaques se traduit à Djibouti par un *rift*, une vallée de 300 m de profondeur et 10 km de large. Les flancs de cette vallée, marqués dans le paysage par des falaises presque verticales, correspondent à des escarpements de failles normales. Cette structure en *graben* évoque, en miniature, la vallée du Rhin, limitée par les Vosges et la Forêt Noire. De telles structures se forment par affaissement des blocs centraux sous l'effet de l'écartement des deux bords. Le même style de structure extensive s'observe sous la mer au niveau de la dorsale médio-atlantique.

A l'échelle des temps géologiques (plusieurs millions d'années) et des dimensions des plaques (plusieurs milliers de kilomètres), le taux d'extension du *rift* africain est d'environ 2 cm/an. A de moindres échelles, comme dans le cas de la crise de 1978 (plusieurs mois et une dizaine de kilomètres à travers le *rift*), l'extension peut être beaucoup plus rapide, et probablement épisodique. Deux mètres d'extension ont été mesurés par trilatération entre 1973 et 1978, et on attribue la plus grande partie de cette activité à une crise qui a commencé en novembre 1978. Comme cette période a été marquée par des phénomènes sismiques et volcaniques (une éruption de lave basaltique), on a parlé de «crise sismo-volcanique», mais l'importance relative des deux phénomènes reste à préciser. La crise sismique a duré deux

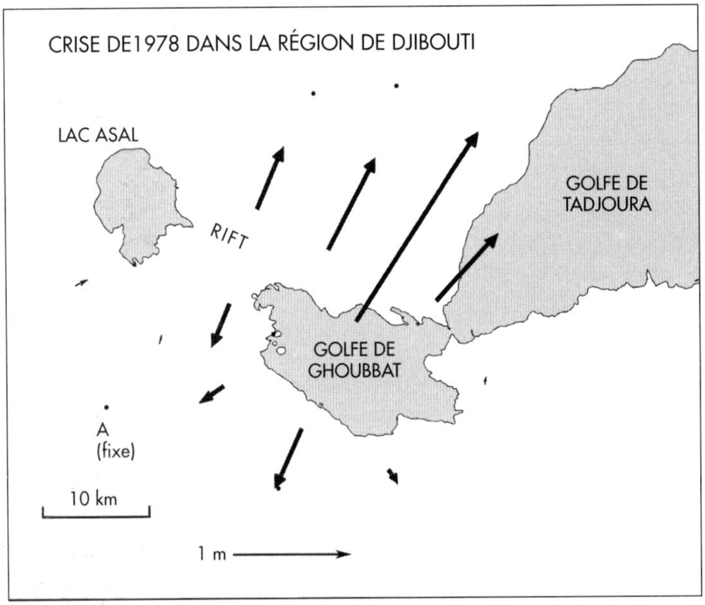

65. Vecteurs de déplacement horizontal déduits des mesures de triangulation et de trilatération entre les campagnes de 1973 et de 1978-79 dans la région de Djibouti. Plusieurs stations ont subi des déplacements de plus d'un mètre par rapport à la station A, qui est supposée fixe dans cette représentation. D'après Ruegg *et al.*, 1979.

mois, pendant lesquels plusieurs milliers de petits séismes se sont produits dont deux seulement de magnitude supérieure à 5. Pendant 4 jours au pic de la crise, plus de deux mille séismes ont été enregistrés par jour! La crise volcanique s'est étalée sur une semaine seulement, mais a engendré un nouveau volcan, Ardoukoba, soit 10 à 20 millions de mètres cubes de lave basaltique fraîchement mise en place (ill. 66).

Les mesures géodésiques de la déformation associée à la crise sismo-volcanique ont été rendues possibles grâce à l'installation par les géophysiciens et géodésiens français d'un réseau géodésique en 1973, pour tester la séparation Arabie-Afrique. Ce réseau, constitué d'une vingtaine de stations de triangulation et d'une ligne de nivellement à travers le *rift*, est indispensable pour toutes les études antérieures. Une des grandes faiblesses des techniques géodésiques pour mesurer la déformation est mise en évidence. Comme les mesures doivent être effectuées avant et après les déplacements, le catalogue des déplacements tectoniques enregistrés se limite aux régions où les chercheurs ont eu l'intuition d'installer un réseau de mesure avant une crise éventuelle. Après la crise, on a pu remesurer le réseau par triangulation et trilatération en 1978 et 1979. La comparaison des coordonnées estimées par la compensation des observations des angles et des distances aux deux dates donne directement les vecteurs de déplacement (ill. 65). Le plus grand atteint presque 2 m!

De tels déplacements sont compatibles avec un modèle élastique faisant appel à l'ouverture de deux fissures verticales de 2,2 et 3,8 m respectivement. Il faut alors supposer que les roches de la croûte océanique situées près du *rift* s'étirent par extension jusqu'à un seuil de rupture; après ouverture des fissures, les blocs des deux côtés rebondiraient de façon élastique. Dans le cadre de cette interprétation, les séismes, bien que nombreux, ne pourraient rendre compte de plus de 10% de l'énergie élastique relâchée par l'ouverture des fissures. Autrement dit, les deux tremblements de terre de magnitude 5, même accompagnés des milliers de séismes de magnitude inférieure ne pourraient produire qu'une vingtaine de centimètres d'extension, c'est-à-dire beaucoup moins que les 2 m observés. Cela implique que le mécanisme de déformation, l'extension par fissuration, éventuellement accompagnée par des injections magmatiques, se déroule pendant une période plus longue que les 20–100 secondes qui caractérisent les ondes sismiques.

La déformation après la crise à Djibouti

Après la crise de 1978, l'extension s'est poursuivie, mais avec une diminution du taux d'ouverture du rift en fonction du temps, comme le montre clairement une série de mesures de la distance entre deux stations situées de part et d'autre du *rift*. Comme la distance entre ces deux stations n'est que de 5 km, il a été plus facile de la mesurer annuellement avec un instrument optique appelé distance-mètre à laser (qui

66. Eruption de lave à Ardoukoba en 1978. Elle a duré une semaine et produit un édifice de 10-20 millions de mètres cubes. Les falaises créées par les surfaces de failles qui délimitent la vallée du *rift* sont visibles au deuxième plan. Cliché Patrick Allard.

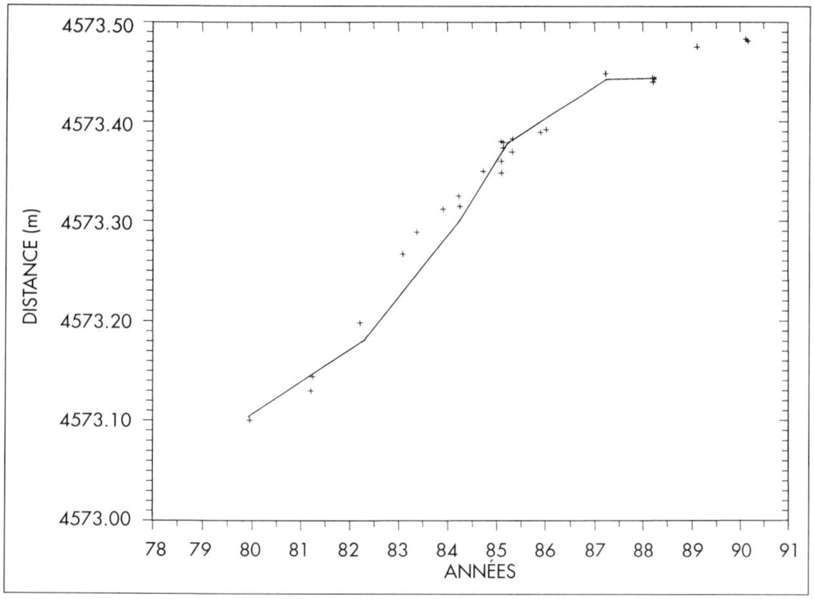

67. Distance entre deux points situés sur les deux flancs opposés de la vallée du *rift* à Djibouti, en fonction du temps. Le taux d'extension, initialement très rapide (6 cm/an) juste après la crise sismo-volcanique de 1987, diminue à 2 cm/an en 1991. Ces mesures de trilatération, faites grâce à un distance-mètre atteignent une précision d'environ 1 cm sur cette ligne. Données de Jean-Claude Ruegg.

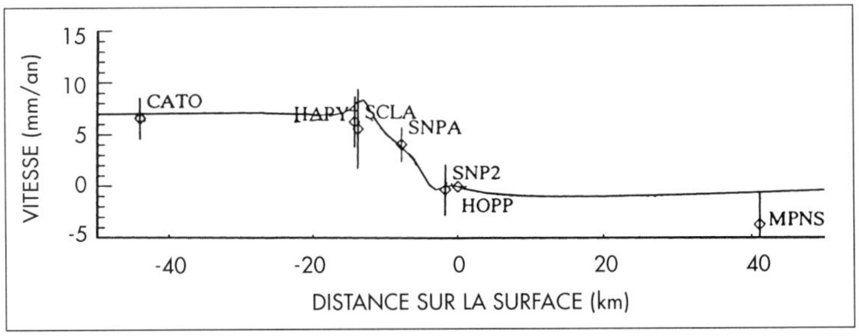

81. Comparaison des profils des vitesses observées par GPS (points avec barres d'erreurs) et prédites par un modèle de dislocation élastique (courbe). Dans ce modèle, les failles plongent en profondeur avec une pente constante. Au-dessus d'une profondeur de 5 km, elles sont bloquées, alors qu'au-dessous, elles glissent avec une vitesse de 6 mm/an. Voir illustration 79 pour la localisation du profil. D'après Donnellan *et al.*, 1993.

82. Autoroute sectionnée par le tremblement de terre du 17 janvier 1994 à Northridge, en Californie. Le pilier a subi une accélération verticale presque deux fois supérieure à celle de la pesanteur, mais de sens inverse! Ce type de mouvement vertical est une conséquence directe des mouvements chevauchants, comme l'indiquent les modèles basés sur les observations GPS (ill. 80 et 81). Cliché G. Klein, Caltrans.

ment précise pour corriger certaines mesures géologiques. Pour évaluer le risque sismique, on peut exploiter bien davantage les données géodésiques en essayant de les retrouver à partir d'un modèle de faille (calcul du «problème direct»). Pour calculer la magnitude d'un éventuel tremblement de terre, il faut évaluer la surface de la faille sur laquelle le séisme risque de se produire. L'énergie relâchée par un séisme est en effet proportionnelle au produit du rejet multiplié par la longueur de la rupture multiplié par sa largeur. Si par exemple la nouvelle interprétation géométrique est valable, cela signifie que les failles sont bloquées et qu'elles présentent donc un risque de rupture uniquement dans la partie supérieure de leur surface. Plus bas, elles glissent sans engendrer de séisme. Si la partie bloquée de la faille (5 km de profondeur sur 20 km de longueur dans le modèle) lâchait brusquement avec un rejet de 2 m, l'énergie émise serait suffisante pour produire un tremblement de terre de magnitude 6,4. Mais, si les prolongements des failles en profondeur sont aussi bloqués, la surface de rupture pourrait être plus grande, éventuellement capable de produire un séisme de magnitude supérieure à 7,5. On préfère la première hypothèse parce qu'elle est en meilleur accord avec les valeurs des vitesses estimées par la géodésie spatiale (ill. 81). Dans ce premier cas, les zones profondes des failles ne sont pas bloquées, mais plutôt glissantes, avec des vitesses de 6 à 10 mm/an; le danger sismique est donc moindre.

Moins de deux mois après la publication de cette évaluation du risque sismique, en 1994, un tremblement de terre de magnitude 6,6 a secoué la ville de Los Angeles avec des dégâts importants dans la région de Northridge (ill. 82). L'épicentre du séisme a été localisé sur une faille qui plonge vers le sud, comme dans les modèles basés sur les observations géodésiques.

Mesurer les rotations des microplaques

Dans le domaine de la tectonique continentale, un des grands débats concerne la rotation de blocs autour d'axes verticaux. L'existence de mouvements de rotation ayant affecté des microblocs de quelques dizaines à quelques centaines de kilomètres a été déduite des observations paléomagnétiques, et en particulier des mesures de la déclinaison magnétique (l'angle entre le nord géographique et la composante horizontale du champ magnétique), enregistrée dans les roches au moment de leur formation. Dans beaucoup de régions, cette «aimantation fossile» de certaines roches n'est plus alignée avec le nord magnétique actuel. On en déduit que la plaque et la roche, solidaire avec elle, ont subi une rotation due à des mouvements tectoniques. Dans le massif des Transverse Ranges, en Californie, la différence entre les paléodéclinaisons et la déclinaison actuelle du champ magnétique est de l'ordre de 30 degrés, pour des roches datées d'environ 5 millions d'années. Si l'on admet que la rotation a été continue pendant cette période et qu'elle se poursuit actuellement, le taux de rotation devrait être voisin de 6 degrés par million d'années, soit 0,1 microradian par an, c'est-à-dire un déplacement relatif d'un millimètre par an entre deux points séparés de 10 km, ou 5 mm sur 50 km. Un signal d'une telle amplitude devient détectable par les mesures géodésiques dans un intervalle d'observation de plusieurs années, d'où l'intérêt pour la confrontation des données paléomagnétiques et géodésiques.

Mais avant de comparer ces deux types de mesures, il faut prendre quelques précautions. D'abord, il faut noter que les repères géométriques dans lesquels on mesure les rotations ne sont pas identiques dans les deux cas. Dans le premier cas, les vecteurs de vitesses géodésiques sont repérés par rapport à un cadre de référence défini sur la plaque de l'Amérique du Nord, pour l'exemple californien du moins. Dans le second cas, les rotations magnétiques sont définies par rapport au pôle nord magnétique. Comme le pôle nord magnétique se trouve depuis plusieurs millions d'années au Canada sur la plaque de l'Amérique du Nord, cette différence est négligeable pour l'exemple considéré.

Un deuxième obstacle, plus subtil, à la comparaison des taux de rotations géodésiques et paléomagnétiques sont les échelles de temps auxquelles se réfèrent les deux types de mesures. Les mesures géodésiques sont en effet acquises pendant un intervalle de cinq ans, une période beaucoup plus courte qu'un cycle sismique; pour les mesures paléomagnétiques, le taux moyen concerne les cinq derniers millions d'années, intervalle suffisamment long pour moyenner l'effet de milliers de séismes. Le problème est donc que l'accumulation de la déformation intersismique risque d'introduire une composante de rotation dans les mesures géodésiques qui ne soit pas présente dans la moyenne à très long terme enregistrée

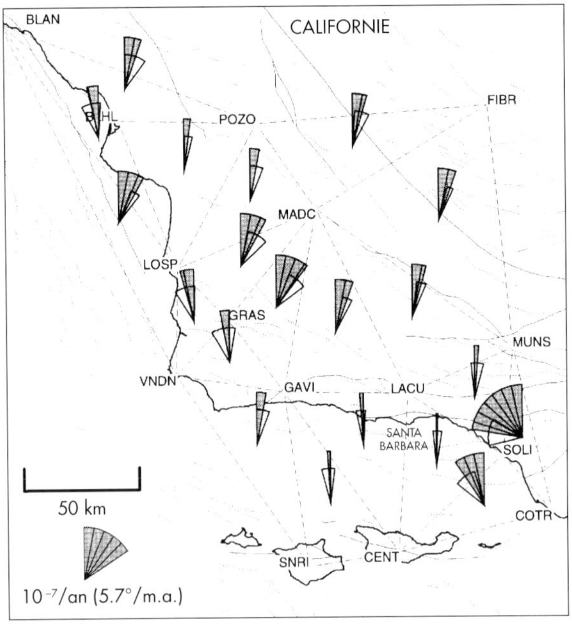

83. Taux de rotation mesuré par la géodésie spatiale (GPS) en Californie. La partie grise de chaque secteur indique l'angle qu'une aiguille initialement orientée vers le nord balayerait si le champ de vitesse résiduelle (GPS moins le modèle intersismique) restait constant pendant un intervalle de 10 millions d'années. Le secteur blanc du camembert représente un écart-type d'incertitude. Les rotations sont données par rapport à l'Amérique du Nord stable. Le secteur de l'échelle en bas à gauche représente une rotation de 0,1 microradian/an. Cette valeur est comparable à la moyenne des valeurs paléomagnétiques, environ 6 degrés par million d'années. D'après Feigl *et al.*, 1993.

par les déclinaisons paléomagnétiques. Pour s'affranchir de cet obstacle, on cherche à annuler l'effet intersismique grâce à un modèle proche de celui des dislocations élastiques introduit auparavant. On est alors en mesure de comparer les observations géodésiques et paléomagnétiques.

Les taux de rotation estimés dans des sous-réseaux triangulaires du champ des vitesses résiduelles géodésiques (valeurs observées par GPS moins les valeurs prédites par le modèle intersismique) ne sont pas partout en accord avec les estimations paléomagnétiques (ill. 83).

Dans certaines régions, le taux mesuré par la géodésie est deux fois plus rapide que celui mesuré par le paléomagnétisme. Dans d'autres, les rotations mesurées par les deux méthodes sont de sens opposés. Il y a même quelques régions où le taux de rotation est nul selon les deux méthodes.

Pourquoi donc de telles divergences dans les résultats? La réponse la plus probable est que le taux de rotation n'est pas constant sur des périodes longues de quelques millions d'années. Les failles séparant les blocs peuvent se bloquer lorsqu'elles ont tourné suffisamment et que leur nouvelle orientation finit par empêcher leur glissement. Après le blocage de la faille, les blocs voisins cessent de tourner, pendant que d'autres failles et d'autres blocs prennent le relais pour prendre en compte la déformation. Dans le cadre d'une telle interprétation, la région au sud du bassin de Ventura serait actuellement affectée par des rotations. Mais il est aussi possible que le modèle de déformation intersismique ne soit pas suffisamment précis en terme de rotation pour que la comparaison soit significative.

Une troisième explication met en cause l'échantillonnage. Les mesures paléomagnétiques sont faites à partir de carottes de terrain correspondant à des points discrets, alors que les mesures de rotations géodésiques sont supposées représenter la rotation de régions triangulaires de 50 km de côté en moyenne. L'échantillonnage géodésique est donc peut-être trop grossier pour les mesures de rotation. Bien que la question reste ouverte, la géodésie spatiale a malgré tout apporté des observations suffisamment précises pour remettre en cause certaines notions comme par exemple celle de rotations continues. Quoi qu'il en soit, la confrontation des deux types de données enrichira nos connaissances sur le comportement tectonique de la lithosphère continentale.

6

DÉFORMATIONS DANS LES RÉGIONS ACTIVES

On a vu que la géodésie spatiale permettait de mesurer la déformation et les mouvements à grande échelle qui affectent des régions de centaines, voire de milliers de kilomètres, mais cette technique peut aussi servir à étudier des zones beaucoup plus petites. Les régions dites «actives» sont celles où la croûte se déforme avec ou sans tremblement de terre, sur moins de 100 km de large en général. La surveillance depuis l'espace y est utile pour des raisons économique et de sécurité. En effet, il n'est pas toujours facile, dans les régions volcaniques ou sismiques, de contrôler sur le terrain les mouvements significatifs.

Le spectre des déplacements

Les phénomènes qui déforment la croûte terrestre étant nombreux et divers, il est utile de les classifier par leur spectre, c'est-à-dire les échelles de temps et de distance sur lesquelles ils agissent. La rupture d'un tremblement de terre, par exemple, peut engendrer localement des rejets de faille de quelques dizaines de centimètres pour un séisme de magnitude 6, à quelques dizaines de mètres pour un séisme de magnitude 8. En comparaison, une onde sismique reçue dans une station à grande distance de l'épicentre est une oscillation élastique qui agit sur des périodes comprises entre un dixième de seconde et une centaine de secondes, et qui se manifeste au niveau du senseur d'un sismomètre par

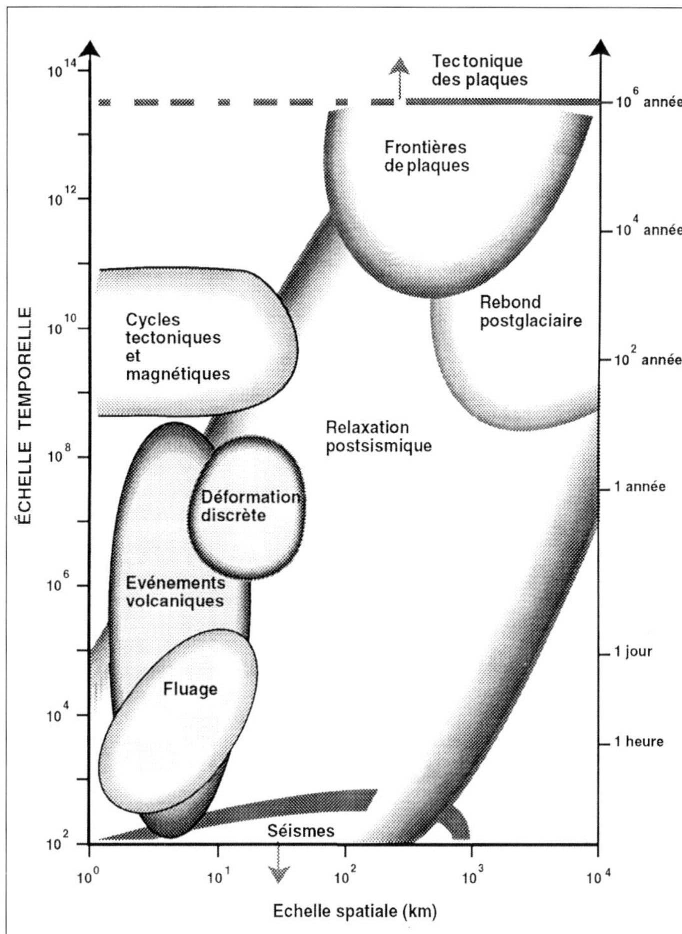

84. Classification des mécanismes de déformation de la croûte terrestre en fonction de leur échelle temporelle (périodes) et spatiale, donnée ici en terme de taux de déformation (déplacement normalisé par la distance). Document de J.-B. Minster.

des déplacements inférieurs au millimètre. Pour mieux tenir compte des distances, les géodésiens parlent fréquemment du «taux de déformation» (sans dimension), défini comme le déplacement divisé par la distance. Par exemple, un déplacement de 1 mm sur une distance de 1 km revient à une déformation d'un millionième, ou 10^{-6}. Ainsi, on peut classer les déformations actives de la croûte terrestre par leurs échelles temporelles et spatiales (ill. 84).

Le classement par spectre est indispensable pour le choix de l'outil de mesure géophysique ou géodésique, qui doit être capable de détecter les déformations qu'on souhaite étudier. Bien qu'une caméra vidéo avec une résolution temporelle de 1/10 de seconde et une résolution d'un millimètre sur 10 m, c'est-à-dire 10^{-4} en déformation, soit suffisante pour les usages courants, elle ne convient pas pour évaluer l'écoulement d'un glacier par exemple. Pour cela, les géodésiens prennent chaque semaine une photo de marqueurs disposés à l'origine de l'expérience tous les 10 m à la surface du glacier. Si le déplacement hebdomadaire observé est de 10 cm, le taux de déformation est de 10^{-2}. Actuellement, les glaciologues commencent à utiliser l'interférométrie radar qui, avec une précision centimétrique, est capable de mesurer des déformations bien plus petites.

Ouverture d'une fissure sous-marine au Japon

Les îles japonaises, situées à la frontière entre les trois plaques Asie, Philippines et Pacifique, constituent un foyer d'activité tectonique habité par des

85. Position de la station ITO (sur la péninsule Izu) au Japon par rapport à la station HTS (sur l'île Hatushima) (ill. 86) en fonction du temps. Les variations en latitude (a), longitude (b), hauteur (c) et longueur (d) sont données pour la période comprise entre le 20 mai et le 10 août 1989 et montrent l'ordre des événements pendant la crise sismo-volcanique. La séquence débute avec un essaim de séismes (rectangle gris) entre le 4 et le 10 juillet, accompagné d'une ouverture qui a déplacé ITO de 13,6 cm vers le sud, 6,2 cm vers l'ouest, et 5 cm vers le haut. L'ouverture a été suivie par des trépidations volcaniques (11 et 12 juillet) et finalement par l'éruption (flèche) du volcan Teishi le 13 juillet. D'après Shimada *et al.*, 1990.

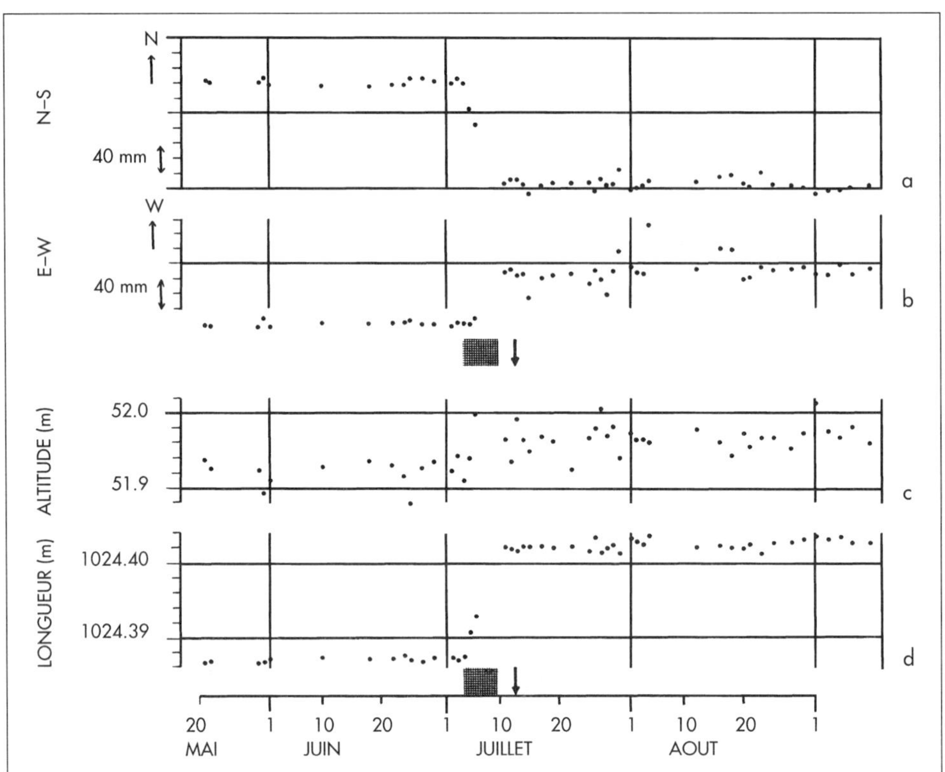

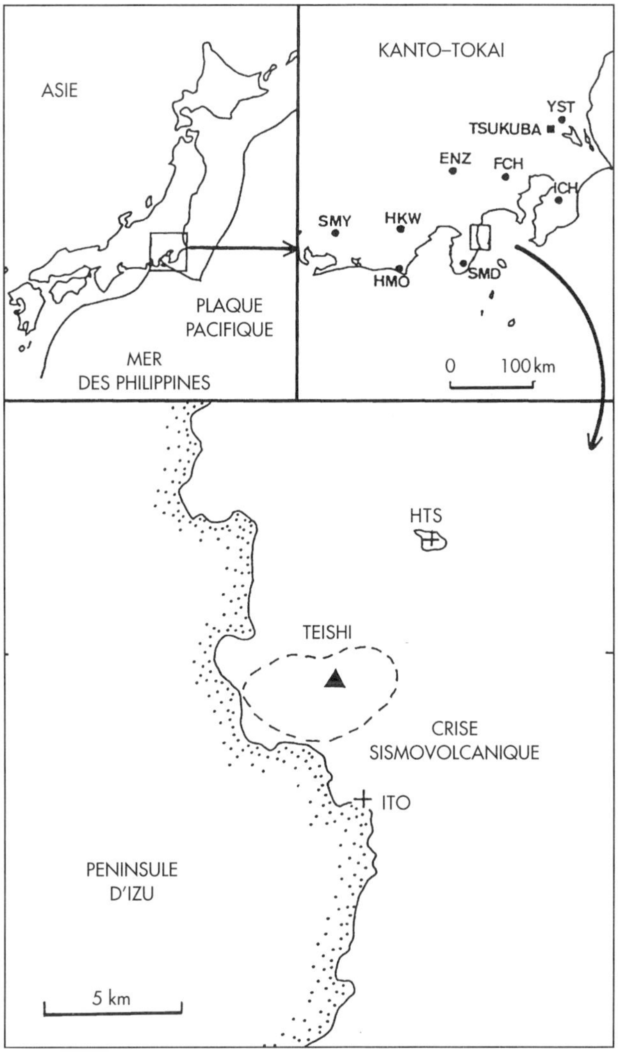

86. Localisation des stations ITO (sur la péninsule Izu) et HTS (sur l'île Hatushima) à proximité du point de rencontre des trois plaques: Asie, Philippines, et Pacifique. Le récepteur d'ITO a été installé en janvier 1989 après un essaim sismique préliminaire en été 1988. D'après Shimada *et al.*, 1990.

millions de Japonais. Pour mieux étudier les déformations qui accompagneront le prochain grand tremblement de terre, baptisé «Tokai» avant même qu'il ne se produise, les Japonais ont mis en place un réseau de surveillance GPS. Ce réseau, qui fonctionne en permanence, mesure une fois par jour le vecteur de position relative entre deux stations, ITO (sur la péninsule Izu de Kanto-Tokai) et HTS (sur l'île Hatushima) avec une précision horizontale inférieure au centimètre (ill. 85). Un écartement d'une dizaine de centimètres entre les deux stations a été détecté en juillet 1989, événement associé à la mise en place d'un nouveau volcan, Teishi (ill. 86). Le rapport du signal (l'ouverture de la fissure) sur l'amplitude du bruit (la précision de la mesure) étant de l'ordre de 10, la mesure de l'écartement était donc fiable.

Les phénomènes géophysiques accompagnant cette crise sismo-volcanique s'étant produit en profondeur dans l'océan Pacifique, ils ne furent observables que par des méthodes indirectes, géodésiques et sismologiques en particulier. Dans cet exemple, c'est *l'ordre* des événements de la séquence sismo-volcanique qui a fourni le plus de renseignements sur la dynamique de la Terre, avec tout d'abord un essaim de séismes entre le 4 et le 10 juillet, accompagné d'une ouverture qui a déplacé ITO de 10 cm vers le sud-ouest par rapport à HTS, comme le montre la série temporelle des positions (ill. 85). L'ouverture de la fissure a été suivie par des trépidations volcaniques (le 11 et 12 juillet) témoignant de l'injection du magma dans les fissures superficielles. L'éruption elle-même du volcan Teishi s'est produite le 13 juillet.

L'interprétation de cette série d'observations est simple. La déformation extensive détectée par la géodésie et par les séismes de magnitude inférieure ou égale à 5,5 est le processus primaire qui relâche les contraintes appliquées au point de rencontre des plaques tectoniques. L'ascension du magma, son injection dans les fissures ouvertes et la formation de l'édifice volcanique se sont produits dans un deuxième temps et ont été plus limités dans l'espace que la déformation.

Le magma, en remplissant le volume libre créé, joue donc ici un rôle passif, sans forcer l'ouverture, comme on pourrait imaginer. C'est le contraire du scénario imaginé pour la crise sismo-volcanique de Djibouti en 1978 (voir chapitre 5).

Cet exemple japonais fournit par ailleurs de précieux renseignements, notamment en ce qui concerne l'utilisation de la technique GPS en continu et surtout l'impact des erreurs de mesure. Dans l'exemple considéré, la source d'erreur limitant la précision du calcul était le manque de données. En 1989, la constellation des satellites GPS n'était pas encore au complet et les deux récepteurs ne pouvaient «voir» que 4 satellites pendant 4 heures seulement. Le système GPS était alors en période d'essai, les orbites des satellites étant sélectionnées pour optimiser la précision des mesures en Californie et non pas au Japon. En 1994, les stations japonaises «voient» chacune plus de vingt satellites, et jamais moins de quatre à la fois. En 1989, il avait fallu attendre le mois de mai pour que quatre satellites soient visibles simultanément. Et de plus, les paramètres radiodiffusés par le nouveau satellite GPS (PRN 14) n'étaient pas disponibles pendant les quatre derniers jours de la crise sismique de juillet. Le calcul d'une solution fiable, au moment où elle aurait été la plus utile pour les géophysiciens, fut donc impossible.

Pour les jours où le nombre de satellites «visibles» était suffisant pour le calcul d'une solution, ce sont les erreurs dans le calcul du trajet des ondes à travers l'ionosphère, et non pas les imprécisions sur les orbites, qui ont limité la précision des mesures géodésiques. Par hasard, l'activité ionosphérique était plus intense après l'essaim sismique qu'avant. La précision a donc été diminuée, comme le montre la dispersion des estimations de positions relatives (ill. 85). Avant l'essaim, l'écart type était de 3 mm, 4 mm, et 13 mm pour les composantes latitudinale, longitudinale et verticale respectivement, et de 3 mm pour la longueur du vecteur reliant la position des deux stations. Après l'essaim, ces chiffres sont passés à 3 mm, 11 mm, 17 mm et 3 mm. L'effet dû à l'ionosphère, important en raison de la proximité du maximum d'activité solaire de 1987, s'est fait sentir, malgré la correction de phase bifréquence appliquée pour s'affranchir de la dispersion (voir encadré p. 100-101).

Dans le cas des satellites GPS, l'imprécision sur les paramètres orbitaux, quant à elle, affecte peu la précision des estimations de positions géodésiques. Pour le montrer, on fait appel à une règle empirique qui dit que l'erreur proportionnelle sur l'estimation d'un vecteur de position relative est du même ordre de grandeur que l'erreur proportionnelle sur l'altitude du satellite. Pendant la période préliminaire de test des satellites en 1989, les paramètres orbitaux transmis par les satellites eux-mêmes étaient suffisamment précis pour une détermination de la trajectoire du satellite à 2 m près. Divisée par l'altitude des satellites GPS, cette valeur donne une erreur relative de 10^{-7}. Si l'on applique cette même fraction à la distance de 10 km qui sépare les deux stations japonaises, on voit que l'incertitude sur la position orbitale contribue à une erreur de l'ordre du millimètre sur l'estimation de la position relative des stations, c'est-à-dire moins que les écarts types sur les mesures (3 à 17 mm).

Le tremblement de terre de Landers, Californie, 1992

Le séisme de magnitude 7,3 du 28 juin 1992 à Landers en Californie du Sud a permis aux géodésiens de tester les techniques de mesure des mouvements du sol provoqués par le tremblement de terre. La rupture de surface produite par le séisme sur plus de 80 km de long a généré des décalages dextres du sol de plus de 6 m (ill. 89). Ces décalages furent facilement reconnus et mesurés par les géologues sur le terrain, grâce à la nature désertique de la région de Mojave. Ces mesures, faites directement avec un double-mètre, ont servi à tester les modèles sismiques déduits d'autres types de mesures, sismologiques et géodésiques. Le séisme fut donc utilisé comme «banc d'essai» pour la comparaison de plusieurs techniques géodésiques.

89. Trace de la faille responsable du tremblement de terre de Landers en Californie, le 28 juin 1992. Ce segment de la faille, qui recoupe nettement le sable du désert de Mojave, a joué sur une longueur de plusieurs dizaines de kilomètres. Photo aérienne prise par I. K. Curtis Services (Burbank, Californie) le 3 juillet 1992.

• Surveillance continue par GPS

La grandeur du mouvement d'un point au sol provoqué par un séisme diminue avec la distance par rapport à l'épicentre. Pour cette raison, les déplacements de quelques centimètres qui se sont produits à plus de 100 km de l'épicentre ne peuvent être détectés que par une technique de précision comme le GPS. En Californie, le réseau de surveillance GPS installé en 1990 permet de capter les signaux produits par un événement tecto-

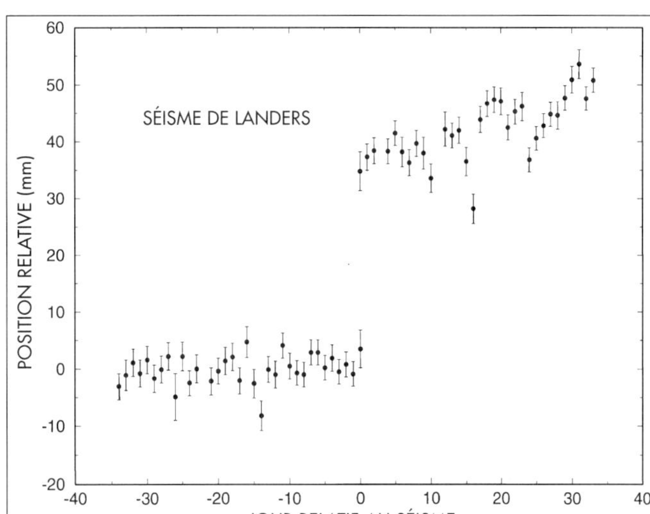

90. Position relative entre deux stations GPS dont la position est indiquée sur l'ill. 91, en fonction du temps. On voit que la différence en latitude entre les deux stations (JPL1 et PIN1) est réduite d'une trentaine de millimètres par le séisme. D'après Bock *et al.*, 1993.

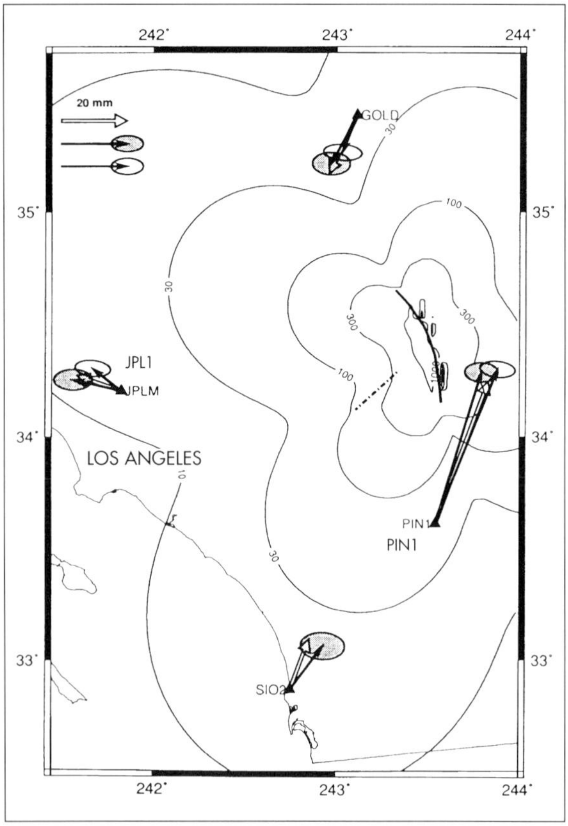

91. Déplacements horizontaux observés (flèches noires avec ellipses à 95% de confiance) et modélisés avec une formulation de dislocation élastique (flèches blanches) pour les mouvements latéraux provoqués par le séisme de Landers. Les courbes de niveaux donnent l'amplitude du déplacement modélisé en millimètres. D'après Bock *et al.*, 1993.

nique. Le principe du réseau est le même que celui décrit auparavant au Japon. On utilise les signaux des satellites GPS pour estimer les positions de plusieurs récepteurs une fois par jour. Le 28 juin 1992, l'ensemble du réseau a bougé! La station de Pinyon Flats, la plus proche de l'épicentre, située à une cinquantaine de kilomètres de la faille, a subi un déplacement de 7 cm en longitude et 3 cm en latitude. D'autres stations, jusqu'à 200 km de l'épicentre, ont aussi détecté des déplacements de plusieurs centimètres.

Pour obtenir la meilleure mesure de ces déplacements (décalages en position), on a supposé qu'ils étaient synchrones, et que les estimations quotidiennes de position décrivaient, en fonction du temps, une courbe en escalier, plate avant et après le séisme, et décalée verticalement le jour du tremblement de terre. En calculant la différence entre les valeurs moyennes sur les deux «plateaux», on a pu estimer la hauteur de l'escalier avec une précision millimétrique pour les composantes horizontales (latitude et longitude). La composante verticale (l'altitude) est moins bien déterminée, à un centimètre près, à cause des effets de propagation du signal électromagnétique à travers l'atmosphère. Pour ce séisme, le mouvement vertical fut en général moins important que le mouvement horizontal parce que la faille a surtout joué en décrochement, avec des déplacements latéraux purs: or, ce sont surtout les déplacements horizontaux qui sont bien décrits par un modèle élastique (ill. 91).

C'était la première fois que des géodésiens parvenaient à enregistrer un séisme majeur sans déplacer leurs instruments. Un des enjeux était en outre de détecter la présence éventuelle d'un signal précédant le séisme, qui aurait pu servir d'alerte. Comme on peut l'observer dans la série temporelle des estimations quotidiennes (ill. 90), l'incertitude millimétrique (le «bruit») sur les mesures est supérieure à l'effet qu'aurait provoqué n'importe quel phénomène précurseur. On en déduit, comme pour d'autres tremblements de terre, qu'un signal précurseur, s'il existe, a été soit trop faible, soit trop rapide, soit les deux, pour être détecté par ce réseau permanent de stations GPS avec une maille de 150 km.

• Interférométrie par radar

La rupture s'étant produite dans une région désertique, l'utilisation de la télédétection s'est révélée particulièrement efficace pour l'étude du séisme de Landers. En particulier, la détection des mouvements de la surface du sol par traitement interférométrique d'images radar à ouverture synthétique (SAR) n'avait jamais encore été entreprise. Pour la première fois, cette nouvelle technique utilisant l'instrument SAR du satellite européen d'observation de l'environnement terrestre *ERS-1*, a montré sa capacité à produire une image continue des mouvements du sol liés à un tremblement de terre (encadré p. 114).

Les mailles élémentaires (pixels) d'une image SAR de la surface de la Terre contiennent deux types d'information: l'amplitude, qui reflète certaines caractéristiques physiques de la surface, et la phase,

92. Interférogramme radar (SAR) construit (*a*) à partir de deux images *ERS-1* prises avant (le 24 avril 1992) et après (le 7 août 1992) le tremblement de terre du 28 juin 1992 à Landers, Californie (magnitude $M_w = 7{,}3$ avec un maximum de 7 m de décalage). En (b), l'interférogramme synthétique pour la même image calculé à partir d'un modèle élastique de dislocation. Les segments noirs en (a) et blancs en (b) représentent les failles cartographiées sur le terrain à partir des ruptures de surface (*a*) et utilisées dans le calcul du modèle (*b*). Dans les deux cas, une frange (un cycle entier de couleur ou de grisé) correspond à un changement de 28 mm en distance. Les images représentent un rectangle de 90 x 110 km. D'après Massonnet *et al.*, 1993.

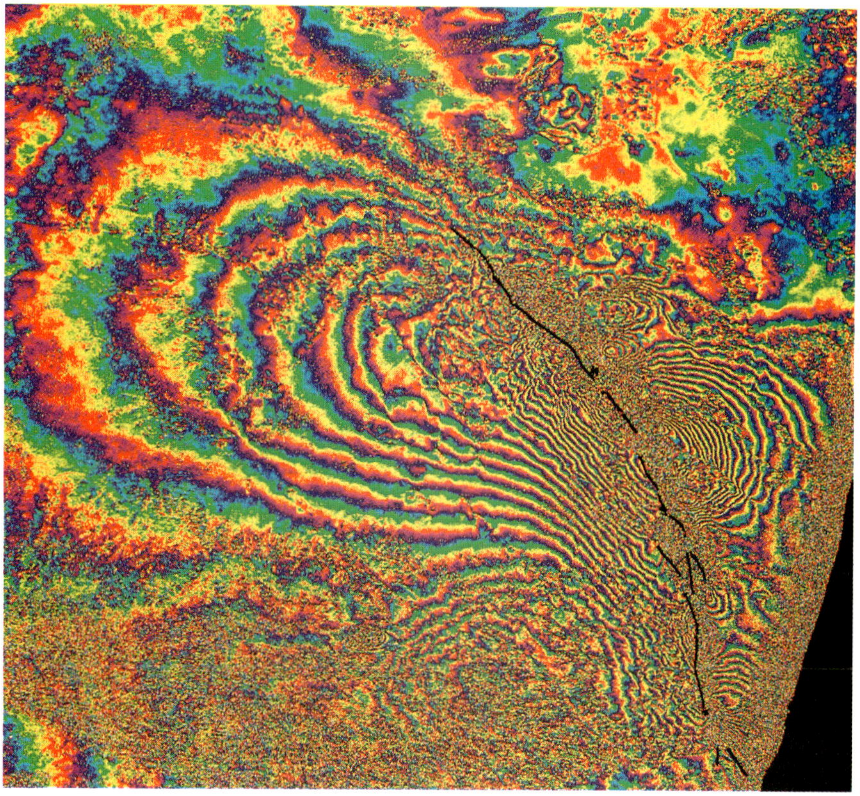

a

b

93. Rupture de surface consécutive au tremblement de terre de Landers. Le décalage de la route atteint plusieurs mètres à cet endroit. Photo W. A. Bryant.

qui est une mesure de la distance entre le satellite et le sol. En différenciant la phase de deux images SAR, l'une acquise avant, l'autre après le tremblement de terre de Landers par le satellite *ERS-1*, il a été possible de détecter les déplacements cosismiques du sol selon la direction sol-satellite. L'interférogramme résultant est une carte sur laquelle les franges représentent des lignes d'isodéplacement du sol dans la direction du satellite (ill. 92). Une interfrange, visible par un cycle de couleur rouge-bleu-rouge, représente un déplacement du sol de 28 mm, la moitié de la longueur d'onde du radar.

Pour interpréter cette image, quelques notions sur la mécanique des séismes sont nécessaires, sous forme d'un modèle sismologique simple. On suppose, pour commencer, que la Terre est localement plate, c'est-à-dire que sa surface décrit un plan qui coupe l'espace en deux. D'un côté de cette surface, on modélise la Terre par un milieu élastique (un solide de «Poisson»); sur l'autre, l'atmosphère est assimilée au vide. Cette approximation de la Terre, qu'on appelle un demi-espace élastique, fournit un moyen simple de calculer les déplacements du séisme à partir des hypothèses sur la quantité de glissement sur la faille. Cette approximation est acceptable pour des intervalles de temps inférieurs à la dizaine de secondes que dure la rupture du tremblement de terre. A cette échelle de temps, le modèle d'un demi-espace permet d'assimiler la Terre à une gomme! Les paramètres de distribution du glissement sur la faille d'un compartiment par rapport à l'autre sont ensuite introduits dans le modèle. Dans le cas de Landers, cette quantité mesurée sur le terrain (ill. 93) atteint presque 7 m. A partir des mesures géologiques de surface, on a simplifié le modèle en admettant que le glissement était uniforme jusqu'à 15 km de profondeur, et calculé les déplacements de surface par l'intermédiaire de formules exprimant le mouvement sur la faille comme étant des dislocations dans le demi-espace élastique. Restait ensuite à convertir les vecteurs déplacements de chaque point au sol en terme de changement de distance sol-satellite, la composante du mouvement vers le satellite étant égale au produit scalaire entre le vecteur de déplacement et un vecteur unitaire dirigé du point au sol vers le satellite. Le résultat de ce modèle est présenté sous forme de contours de changement de distance, comme pour les observations. L'extrême degré de ressemblance entre les franges observées à partir du SAR (ill. 92 a) et modélisées (ill. 92 b) permet de valider la technique. En dehors de la zone de proximité immédiate de la faille, où les complexités de la rupture ne sont pas prises en compte dans le modèle, les deux images ne diffèrent que d'une ou deux franges. Sur la faille de Garlock, à plus de 100 km de l'épicentre, on peut aussi observer un rejet qui n'a pas encore été mesuré par d'autres techniques géodésiques (ill. 94).

Comme pour toute nouvelle technique, les géodésiens ont ensuite cherché à en évaluer l'exactitude en la calibrant par rapport à une autre technique plus ancienne. Dans le cas du séisme de Landers, le réseau géodésique déjà en place avant le tremblement de terre a permis de remesurer avec GPS les positions des stations du réseau après le séisme, et d'estimer directement les déplacements induits par le tremblement de terre. Cela a été fait sur une vingtaine de points au voisinage de la faille. En localisant ces stations géodésiques sur l'interférogramme, on dispose donc de deux mesures (une radar, une GPS) du déplacement du sol, pour lesquelles la comparaison de la composante sol-satellite donne un écart de moins de 4 cm en moyenne.

Comme pour tout calibrage de ce type, les limites des deux techniques sont contraignantes. Par exemple, les erreurs verticales dans les mesures GPS ont tendance à fausser la comparaison avec les mesures radar, elles-mêmes particulièrement sensibles aux variations verticales dues à l'angle d'incidence aigu (23° par rapport à la verticale) du radar. En outre, les deux techniques ne peuvent être comparées que là où des franges cohérentes dans l'interférogramme radar peuvent être identifiées, ce qui n'est pas possible partout. A proximité de la faille, par exemple, les pixels de l'interférogramme apparaissent très «chahutés», et les franges ne sont pas suffisamment bien définies pour être comptées. On soupçonne que le gradient de déplacement y est suffisamment fort pour produire plus d'un cycle de changement en distance à l'intérieur d'un pixel. Le résultat est une perte de cohérence qui se traduit par la valeur aléatoire du pixel: il n'y a pas de mesure.

Pour pouvoir calculer correctement l'interférogramme de deux images radar prises par un satellite lors de deux passages successifs, il faut connaître la différence entre les trajectoires orbitales des deux passages. Une des façons de faire est d'estimer l'écart orbital directement en utilisant l'interférogramme lui-même. On peut, par exemple, supposer que la déformation est nulle aux quatre coins de l'interférogramme, et ensuite chercher à annuler le nombre de franges en ces quatre points. Il faut donc quatre données pour estimer quatre paramètres: une séparation verticale et une horizontale au début et à la fin des images. Bien qu'elle soit utilisable, cette technique oblige à faire l'hypothèse que les déplacements sont faibles à distance de la faille. Dans le cas de Landers, l'hypothèse est justifiée par les observations GPS réalisées aux stations lointaines. A plus de 150 km de la faille, les déplacements sont de moins de 10 cm en amplitude, ce qui produirait moins de 4 cm de changement en distance sol-satellite, selon l'azimut du déplacement. Cette valeur étant du même ordre de grandeur que l'incertitude de la mesure, on peut donc négliger sans conséquence les mouvements lointains.

• Problème inverse

Le grand avantage de l'interférométrie radar par rapport à d'autres techniques géodésiques est la densité de couverture des mesures. Par rapport au réseau GPS composé d'une vingtaine de stations géodésiques dans un rayon de 100 km autour de l'épicentre, la technique radar permet d'obtenir seize mille mesures sur un carré de 100 km de côté. Quant au VLBI et aux stations GPS permanentes, on doit se contenter de six stations dans un rayon de 200 km de l'épicentre. Le grand nombre de mesures radar est très utile pour étudier en détail le glissement sur la faille elle-même, jusqu'à 15 km en profondeur. Là encore, les mesures géodésiques acquises renseignent sur le comportement interne de la Terre.

Le raisonnement, comme souvent en géophysique, procède d'une façon indirecte. On cherche à trouver la distribution de glissement sur la faille qui pourrait provoquer un champ de déformation le plus proche possible de celui qu'on observe à la surface avec les outils géodésiques. Présenté d'une façon mathématique, le problème inverse consiste à minimiser la différence entre le modèle et les observations. Le modèle ainsi estimé est valable s'il est capable de décrire les observations, c'est-à-dire de produire par le calcul une imitation acceptable des données.

On peut utiliser les données des deux techniques, GPS et radar, comme base de départ pour résoudre ce problème inverse. Dans le cas du GPS, les résultats sont directement utilisables en terme de déplacements vectoriels. Pour l'interférogramme radar, les données doivent subir une deuxième étape de traitement pour passer d'une mesure de phase en cycles à une mesure de distance différentielle, en millimètres.

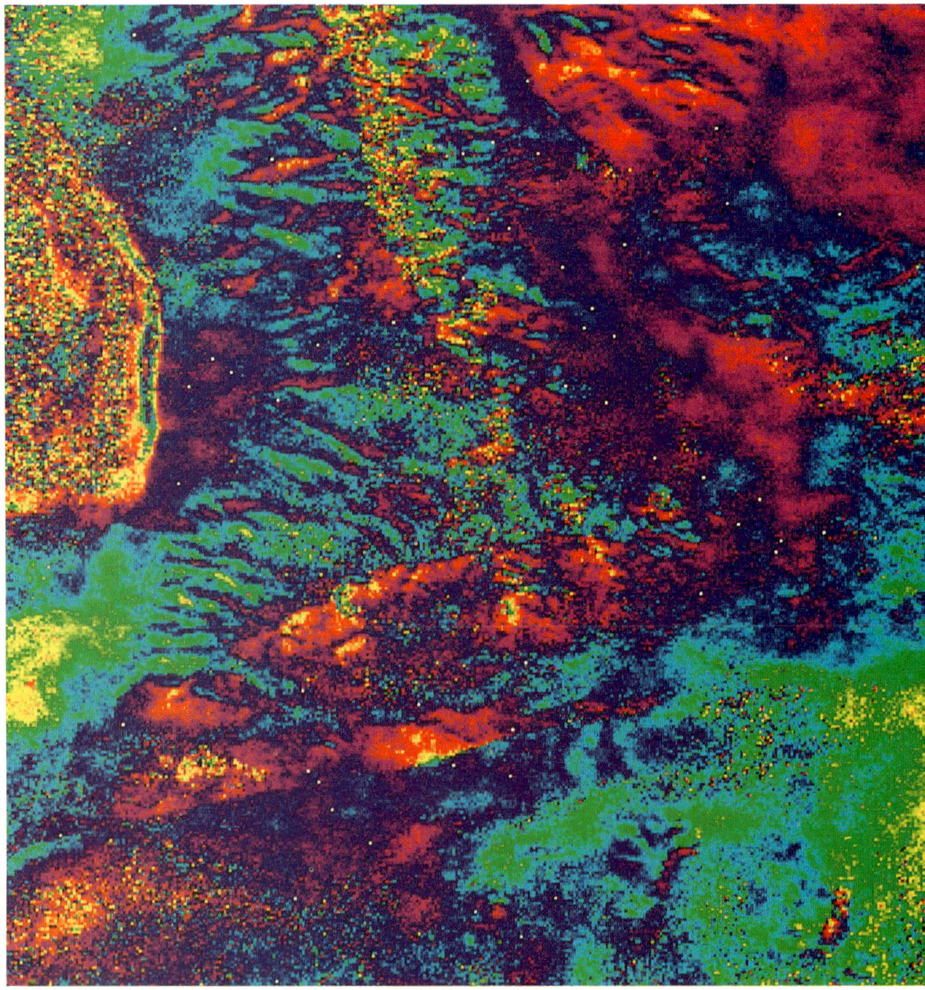

94. Détail de la faille de Garlock en Californie. La faille, déjà cartographiée avant le séisme de Landers, est visible comme une déchirure en bas à gauche du cliché. L'interférogramme est construit à partir de deux images radar, la première prise en 1992 avant le séisme, la seconde en 1993. La juxtaposition de la couleur bleue et du rose signifie qu'il y a eu un décalage d'un huitième de cycle en distance de part et d'autre de la faille, soit 2 cm de déplacement sénestre du bloc nord par rapport au bloc sud.
D'après Massonnet *et al.*, 1994.

La mesure de phase est intrinsèquement ambiguë, comme les mesures de phase GPS (ill. 62), parce qu'on ignore totalement la valeur d'une constante entière additive. Pour résoudre cette ambiguïté, il faut compter le nombre de franges à partir d'une frange identifiée «zéro», opération équivalente au numérotage (en mètres) des courbes de niveau sur une carte topographique. Les contours d'isodéplacements déduits représentent un ensemble de données pour le problème inverse.

Pour résoudre le problème inverse, on essaie de minimiser la différence entre les valeurs observées (les données) et les valeurs calculées depuis les paramètres (le modèle). Dans le cas présent, les paramètres sont les quantités de glissement de plusieurs centaines de petits éléments rectangulaires sur la surface de la faille. Pour le séisme de Landers, on a utilisé des éléments de 2 km (horizontal) sur 3 (vertical), sur lesquels on s'attendait à observer un glissement atteignant 10 m (horizontal). La procédure de minimisation utilise la technique classique des moindres carrés, comme pour estimer les paramètres du modèle NUVEL-1 pour la cinématique des plaques (voir chapitre 2). On peut introduire des informations *a priori* pour contraindre la solution. Par exemple, on peut forcer la solution à correspondre aux mesures géologiques pour les éléments superficiels, à être nulle pour les éléments situés en dessous de 15 km de profondeur, ou à être plus ou moins lisse.

Les résultats de l'inversion montrent deux fortes concentrations du glissement, l'une avec environ 6 m de glissement en profondeur près de l'hypocentre, l'autre, 30 à 40 km plus au nord, qui atteint 8 m. Ces deux maxima de glissement se trouvent grossièrement en dessous des deux maxima de décalages mesurés sur le terrain par les géologues. On note aussi que les répliques des petits séismes de magnitude 4 à 5 qui permettent à la croûte terrestre de se «réajuster» sur quelques centimètres après le séisme majeur se locali-

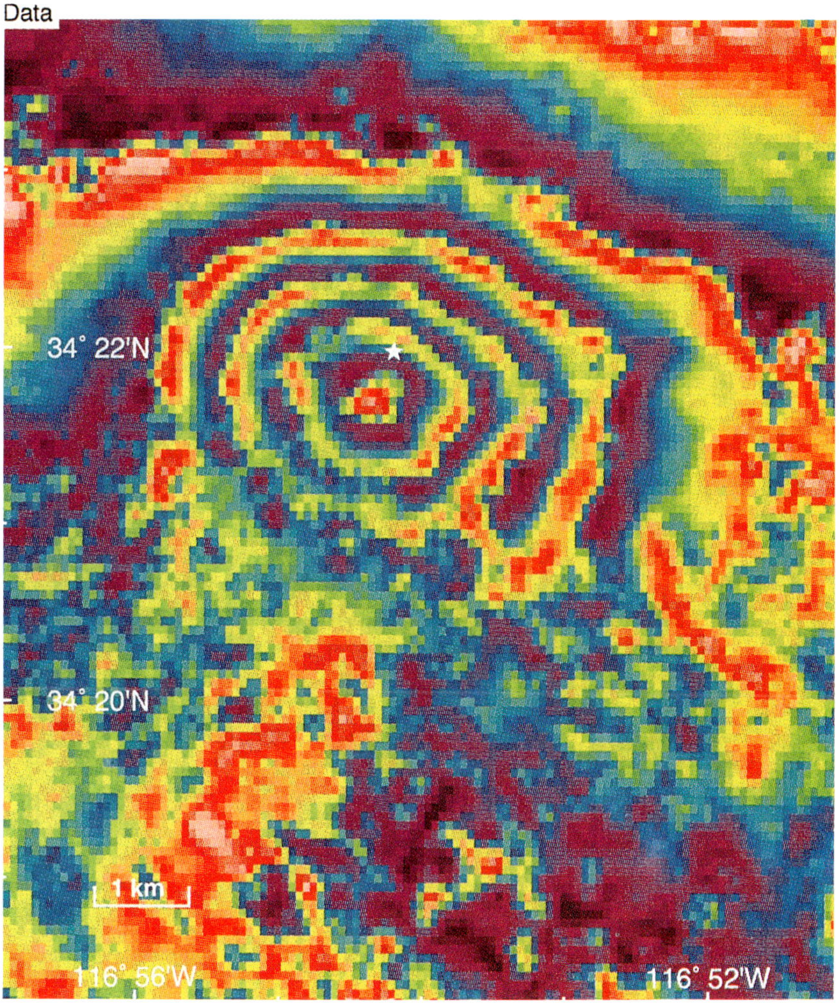

95. Détail d'un interférogramme radar montrant les franges circulaires dues au séisme du 4 décembre 1992, dont l'épicentre est localisé par une étoile. Cette réplique du séisme de Landers (Californie) a été suffisamment forte (magnitude 5,1) et superficielle (2 km de profondeur) pour produire 4 franges (112 mm) témoignant du changement de la distance sol-satellite. De plus, un mécanisme au foyer compressif implique que le mouvement vertical a dominé par rapport au mouvement horizontal, ce qui a favorisé sa détection par la technique radar: cette technique est en effet 2,5 fois plus sensible aux signaux verticaux qu'aux signaux horizontaux. Pendant les 14 mois qui séparent l'acquisition des deux images radar ayant servi à construire cet interférogramme, il y a eu plus de 200 répliques de magnitude supérieure à 4, dont une dizaine de magnitude supérieure à 5. D'après Massonnet *et al.*, 1994.

sent dans les zones de faible glissement. On peut imaginer que les répliques se produisent précisément sur les portions de failles qui n'ont pas cédé lors du choc principal. C'est là que la contrainte reste la plus élevée malgré le tremblement de terre.

La distribution de glissement sur la faille peut également être utilisée, en conjonction avec une hypothèse sur la vitesse de rupture (~2 km/s), pour calculer les accélérations produites par le tremblement de terre. Cette quantité est très utile pour l'établissement et la révision des normes de construction des bâtiments. Certains sites proches de la faille ont subi une accélération verticale égale à 50% de l'accélération verticale normale de la pesanteur. Si les ondes se prolongent une dizaine de secondes sur des fréquences résonantes comprises entre 1 et 10 Hz, une telle accélération est suffisante pour détruire des constructions en béton. Heureusement, la région soumise à une telle vibration était peu peuplée: seuls quelques bâtiments ont été rasés.

• Déformation postsismique

Après un gros séisme comme celui de Landers, on observe parfois des déplacements du sol appelés «postsismiques», qui font suite aux déplacements liés au choc principal. Dans le cas d'un autre séisme californien, celui de Superstition Hills, les déplacements postsismiques au cours des mois suivant le séisme ont atteint cinq décimètres, soit autant que le maximum produit lors du choc principal. Dans la plupart des cas, le déplacement postsismique est plus petit que le signal cosismique. Pour Landers, le plus grand déplacement était de l'ordre de 6 cm, soit un centième de celui du choc principal.

Le signal postsismique peut être utilisé pour mieux comprendre la mécanique de la lithosphère. En effet, le déplacement diminue avec le temps écoulé depuis le séisme et avec la distance par rapport à la faille. Comme nous l'avons vu pour Djibouti et l'Islande, la nature de cette relation peut révéler des détails sur le comportement rhéologique de la lithosphère. Mais, à vrai dire, la rareté des données exploitables pour étudier ce phénomène empêche de bien comprendre son mécanisme.

On peut néanmoins distinguer deux sortes de mécanismes de déformation postsismique, selon sa distribution dans le temps. Si la déformation postsismique est concentrée dans les premières heures, ou les premiers jours après le séisme, on invoque un processus appelé *afterslip*, ou «glissement après le séisme», que l'on attribue à une source située très près de la surface. Pour l'exemple de Superstition Hills déjà cité, on a proposé que les quelques jours entre le choc principal et l'apparition des rejets maximaux sur les segments superficiels de la faille correspondaient au délai de propagation du glissement à travers une couche de sédiments de plusieurs kilomètres d'épaisseur. Dans ce cas, les déformations à l'échelle d'une journée résulteraient de l'*afterslip*, et seraient donc liées à un processus de déformation affectant la couche supérieure de la croûte terrestre plutôt que la lithosphère tout entière.

Si la déformation postsismique s'échelonne sur plusieurs semaines, on peut imaginer qu'elle représente simplement le glissement associé aux petits séismes («répliques») à la suite du choc principal (ill. 95). Ce phénomène, qui correspond donc à des petits réajustements après le jeu principal de la faille, a donc dû se produire dans le cas du séisme de Landers, où les mesures GPS indiquent plusieurs centimètres de déplacement en plusieurs endroits, qui diminuent rapidement dans les deux premiers mois consécutifs au séisme. Ces déplacements s'alignent sur une courbe exponentielle avec un temps d'amortissement de 48 jours. De plus, le glissement en surface correspond relativement bien avec les prédictions d'un modèle qui attribue les glissements les plus importants aux segments de failles sur lesquels se sont produits le plus de répliques. Au voisinage de plusieurs de ces segments, on observe une demi-frange dans l'interférogramme radar couvrant les six premiers mois après le séisme, ce qui indique un changement de distance sol-satellite d'environ 14 mm. La distribution dans le temps des déformations postsismiques est confirmée par l'absence de franges dans un deuxième interférogramme couvrant l'intervalle compris entre 40 et 355 jours après le séisme du 28 juin.

Un troisième mécanisme proposé pour expliquer la déformation postsismique est la relaxation visco-élastique de l'ensemble de la lithosphère. S'agissant d'un phénomène profond, impliquant les roches jusqu'à plusieurs dizaines de kilomètres de profondeur, cette relaxation se déroule sur un intervalle de temps très long, une dizaine d'années d'après des mesures à Djibouti et en Islande. Si ce phénomène se poursuit actuellement après le séisme de Landers, il est encore trop tôt pour le mesurer avec les outils géodésiques actuels.

• Surveillance d'un glissement de terrain en France

Le village de Saint-Etienne-de-Tinée est situé au pied d'un versant du massif du Mercantour surmontant la vallée de la Tinée dans les Alpes du sud. La partie inférieure du versant, exposée à un glissement de terrain, s'étend sur plus de 600 m au lieu dit «la Clapière». Identifié depuis des décennies, ce glissement n'a cessé de s'amplifier au cours des vingt dernières années, créant à son sommet un escarpement rocheux atteignant 60 m de hauteur (ill. 96). Les études réalisées par le laboratoire régional des Ponts et Chaussées de Nice montrent qu'il est caractérisé par des mouvements dont l'amplitude varie de 4 m par an pour les parties les plus pentues, à 2 m par an pour les parties situées en contrebas. Les vitesses de déformation présentent un cycle saisonnier marqué, avec une accélération en été provoquée par la fonte des neiges. L'évolution du glissement est mesurée automatiquement chaque semaine par un équipement mis en place par le Centre d'études techniques de l'Équipement de Nice. Il utilise deux théodolites motorisés équipés de distancemètres laser placés sur le versant situé face à la Clapière et qui visent alternativement une cinquantaine de cibles disposées sur la loupe de glissement. Les mesures de déformation réalisées ainsi avec une précision centimétrique permettent une surveillance quasi continue de l'activité du secteur. A plus grande échelle, des campagnes de triangulation sont conduites de façon régulière par l'Institut Géographique National.

Les caractéristiques de la déformation étant bien connues grâce à la géodésie terrestre, le site de la Clapière va servir en quelque sorte de terrain d'essai pour d'autres techniques géodésiques. On y teste la télédétection sur un site accessible, dans l'espoir de l'utiliser ensuite ailleurs sur un site plus dangereux et moins accessible, sur le flanc d'un volcan par exemple. A l'heure actuelle, deux techniques complé-

96. Le glissement de terrain de La Clapière à Saint-Etienne-de-Tinée, dans le massif du Mercantour. Cliché IGN.

mentaires – le positionnement DORIS et l'interférométrie radar *ERS-1* – ont pu être validées dans la vallée de Saint-Etienne-de-Tinée. On verra qu'elles sont complémentaires.

• DORIS

Deux balises DORIS ont été implantées, l'une sur la loupe de glissement, l'autre dans le village, à l'écart de la zone instable. Le vecteur d'environ 1 400 m entre les deux balises a été mesuré sur une période de deux mois en 1991. Bien que le système DORIS permette de déterminer individuellement la position absolue de chaque balise d'une façon ponctuelle (voir encadré sur DORIS, p. 39), la meilleure mesure de la déformation est donnée par la position relative, c'est-à-dire la différence en coordonnées des deux stations. Cette différence permet de s'affranchir de tout phénomène non modélisé dans le traitement et donne les trois composantes du vecteur entre les deux stations. En supposant la balise du village fixe, on arrive à décrire le mouvement du glissement représenté par sa balise DORIS, par sa position par rapport à l'autre balise en fonction du temps (ill. 97). Les résultats indiquent un mouvement en direction du sud-ouest et vers le bas d'environ 2 cm par jour pendant les deux mois d'observation. Si le glissement est régulier, et donc sa vitesse constante, cette valeur implique un mouvement de 0,8 m par an, valeur inférieure à la moyenne à long terme de 2-4 m/an estimée par la triangulation. Avec un seul point de mesure pendant

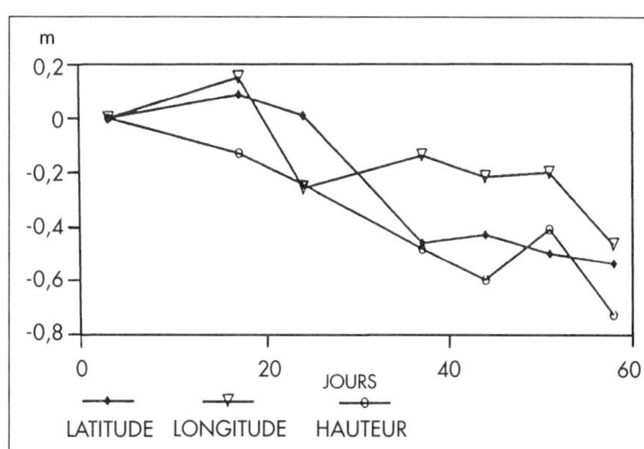

97. Évolution de la position relative de la balise DORIS sur le glissement de terrain de La Clapière par rapport à celle du village de Saint-Etienne-de-Tinée en juin et juillet 1991. D'après Vallette, 1992.

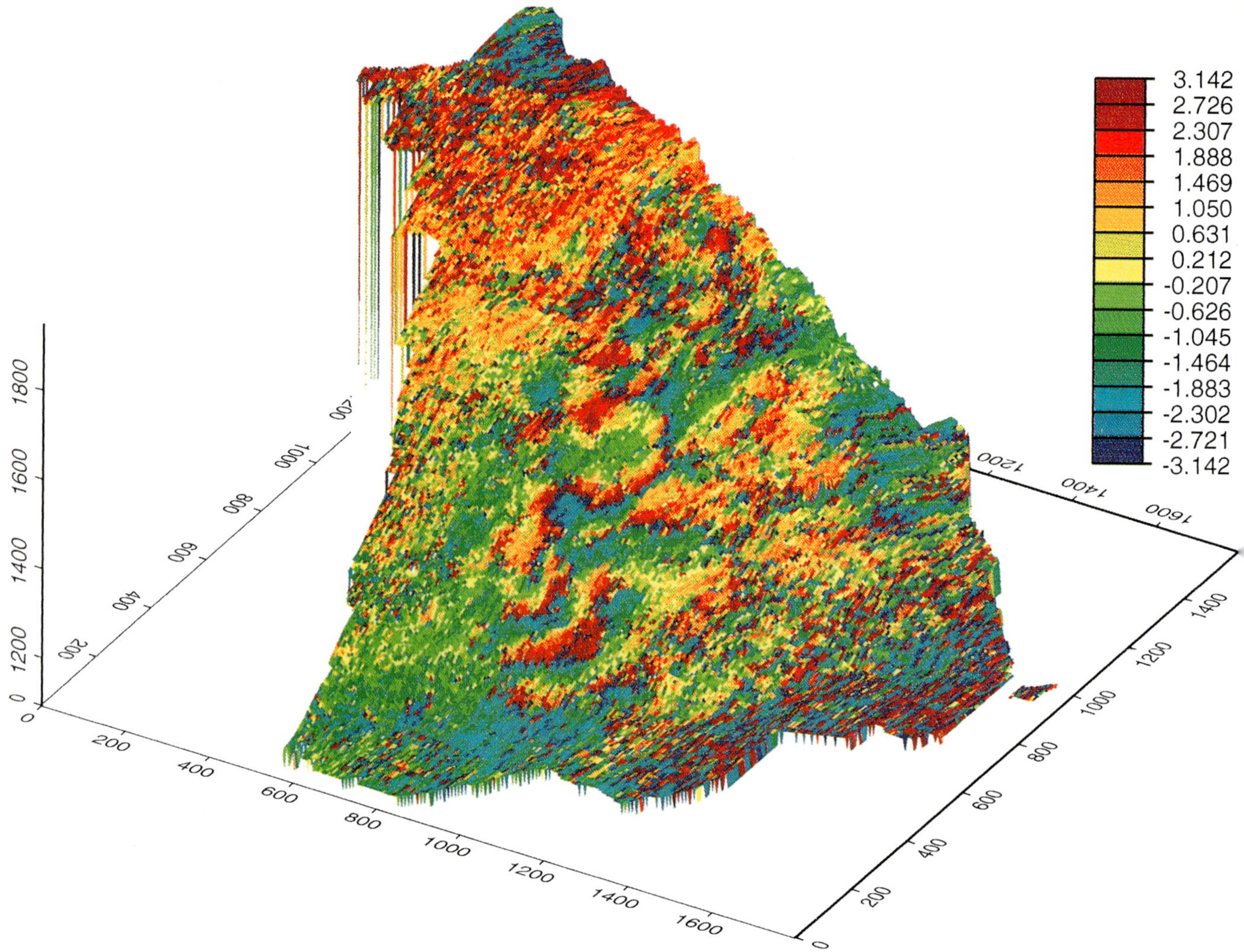

deux mois seulement, il est difficile de déterminer s'il s'agit d'un écoulement irrégulier dans le temps ou dans l'espace.

98. Interférogramme radar (coordonnées en m) du glissement de terrain de La Clapière au-dessus du village de Saint-Etienne-de-Tinée. Chaque contour représenté par un cycle de couleur vert-bleu-vert représente 28 mm de changement de distance sol-satellite pendant l'intervalle de neuf jours compris entre les dates d'aquistion des deux images, en août 1991. D'après Achache *et al.*, 1994.

• Radar d'*ERS-1*

Pour compléter les mesures DORIS qui présentent l'avantage d'être précises et continues mais qui s'appliquent en un seul point sur le glissement de terrain de Saint-Etienne-de-Tinée, on utilise aussi le radar différentiel pour surveiller la Clapière. Cette technique interférométrique (voir encadré p. 114) offre un gain énorme en couverture, car elle permet de tester des petits rectangles (pixels) de 4 m sur 20 sur toute la zone.

En août 1991, l'instrument radar à bord du satellite *ERS-1* a pris deux images lors de deux passages successifs sur le site, à neuf jours d'intervalle. L'interférogramme construit à partir des deux images montre presque trois franges (ill. 98). Chaque frange correspond à un contour d'isodéplacement de 28 mm de changement en distance, comme dans les interférogrammes du séisme de Landers. On observe donc 9 cm de mouvement en 9 jours, c'est-à-dire une vitesse moyenne de 1 cm/jour pour la partie la plus rapide du glissement. Cette valeur est comparable avec les vitesses prédites par le modèle du glissement établi à partir des mesures laser sur le site.

La vitesse déduite de l'interférométrie est aussi du même ordre de grandeur que les vitesses observées par DORIS pendant le même été. Cependant, les

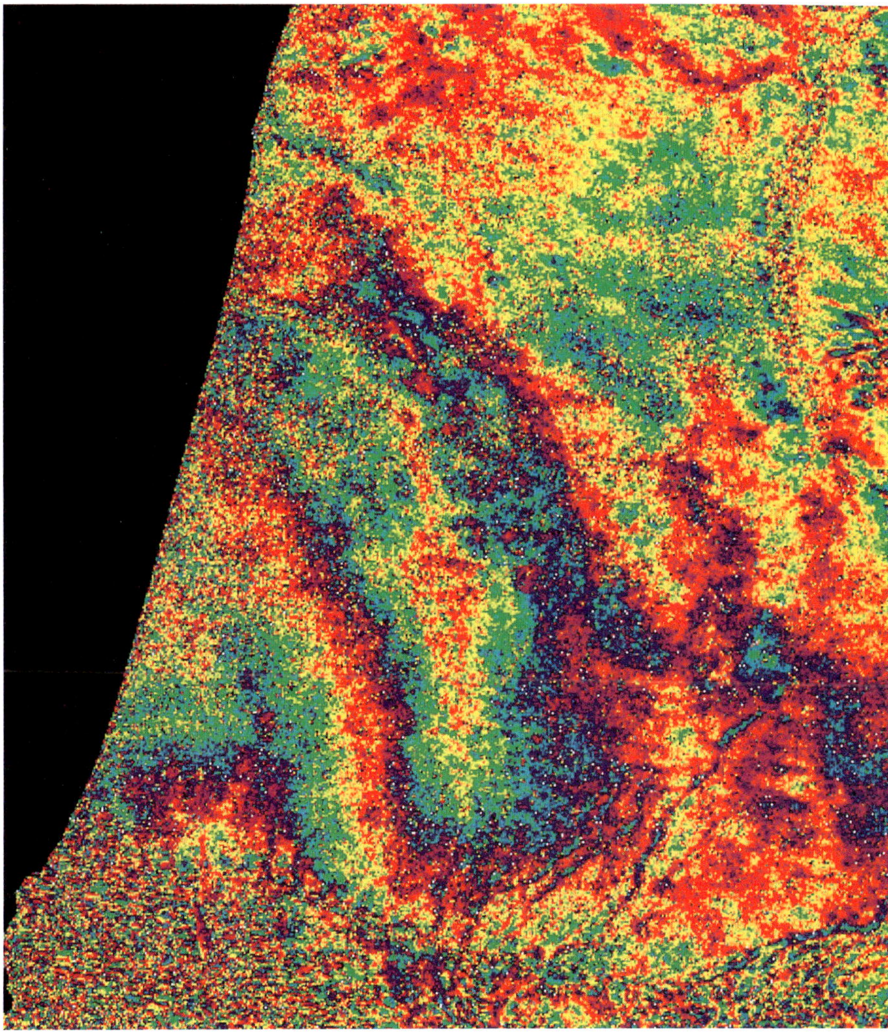

99. Détail d'un interférogramme construit à partir de deux images radar prises après le tremblement de terre de Landers (Californie). Bien que les modèles pour les déformations postsismiques prédisent les changements de distance entre sol et satellite d'un tiers de cycle (9 mm) pendant cet intervalle, dues uniquement aux répliques et réajustements après le choc principal, on ne parvient pas à identifier le phénomène physique qui pourrait produire un tel accident «en forme de haricot» de 25 km de long au sol. Cette observation est probablement due à un effet ionosphérique, qui modifie la propagation des ondes centimétriques utilisées par le radar et qui aurait traversé le champ du radar lors de l'acquisition d'une des images. Un tel phénomène est en effet susceptible de se traduire au niveau de l'interférogramme, qui enregistre tout changement en temps de trajet aller-retour pour l'onde radar entre les deux images, même si celui-ci n'est pas dû à la déformation au sol. D'après Massonnet *et al.*, 1994.

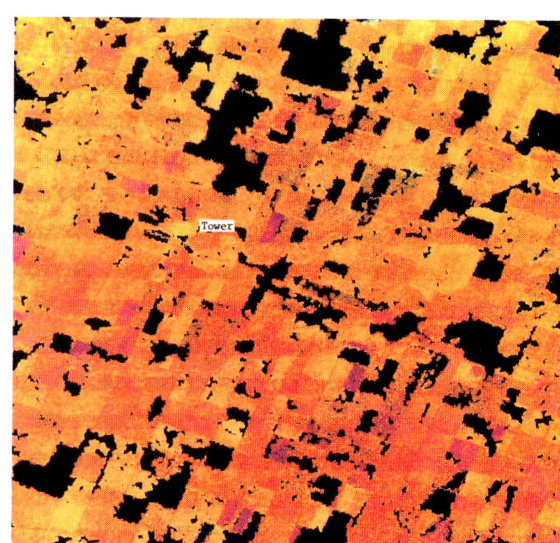

100. Le premier interférogramme radar traduisant un mouvement du sol. Il s'agit des champs de cultures de la vallée Imperial en Californie. Les carrés roses correspondent aux champs qui ont changé de position, et donc de phase radar, lors de l'arrosage entre les deux prises de vue par le satellite *Seasat* en 1978. D'après Gabriel *et al.*, 1989.

LA GÉOMÉTRIE EN INTERFÉROMÉTRIE RADAR

L'interférométrie radar, bien qu'utilisant des ondes centimétriques, présente quelques analogies avec le principe de la vision binoculaire dans la mesure où elle procède par comparaison explicite de deux images prises depuis deux points de vue (et à deux dates) différents. Si les deux points de vue sont séparés par une distance suffisante, comme nos deux yeux, la perception de la profondeur en trois dimensions devient possible. C'est le principe qui permet de mesurer la topographie et de calculer des modèles numériques de terrain (MNT). Si, par contre, on souhaite détecter les mouvements entre les deux prises de vue, il faut que les positions des deux points de vue ne soient pas trop éloignées, pour que le sujet puisse être reconnu sous le même angle. Cette séparation entre les deux prises de vue est donc le paramètre primordial en interférométrie.

Dans le cas d'un radar à bord d'un satellite, la séparation est donnée par le vecteur entre les deux trajectoires du satellite (ill. 101). L'amplitude de la séparation orbitale détermine la sensibilité de l'interférogramme à l'influence de la topographie par l'analogie expliquée ci-dessus. Si les deux points de vue sont confondus, la situation est équivalente à celle d'un observateur borgne: la topographie ne peut être perçue. C'est là le cas idéal pour détecter les mouvements, parce que toutes les franges sont produites par les mouvements au sol. On peut négliger la topographie, et se passer d'un modèle numérique de terrain pour construire la carte de déformation.

Pour trois des applications de l'interférométrie aux mesures de la topographie différentielle – cultures agricoles en Californie (ill. 100), le glacier en Antarctique (ill. 102), et le glissement de terrain de Saint-Étienne-de-Tinée (ill. 98) –, les géodésiens ont eu la chance de disposer d'une paire d'images acquises à partir de deux trajectoires très proches. Dans les trois cas, la séparation orbitale était de moins de 10 m, et le calcul s'est fait sans MNT, en négligeant la contribution topographique. Dans le cas du tremblement de terre de Landers, les séparations orbitales des paires de trajectoires disponibles étaient nettement plus importantes. On ne disposait que d'une seule image acquise avant le séisme. Parmi les 6 images de la zone épicentrale acquises par le satellite *ERS-1* en 1992 et 1993, deux seulement avaient des orbites suffisamment proches de l'image présismique pour pouvoir obtenir les franges interférométriques, et même dans ces deux cas favorables, l'introduction dans le calcul d'un modèle numérique de la topographie fut nécessaire.

L'effet de la séparation orbitale, et donc le rôle du modèle numérique de terrain, est simplement quantifiée par un paramètre appelé «l'altitude de l'ambiguïté», qui est égale, dans le cas hypothétique de deux trajectoires passant dans le même plan horizontal, à:

$$h_a = \frac{R_s \lambda \tan i_m}{2d}$$

où *d* est la composante horizontale du vecteur séparant les deux orbites, λ est la longueur d'onde du radar (56 mm pour *ERS-1*), R_s est la distance entre le satellite et le sol (environ 840 km), i_m est l'angle d'incidence du radar (environ 23°). Plus l'altitude de l'ambiguïté h_a est grande, moins l'interférogramme est sensible à l'effet de la topographie. Pour l'interférogramme de Landers, la première paire d'images possédait une altitude d'ambiguïté de 80 m, presque trois fois plus grande que l'écart-type de 30 m représentant la précision du modèle numérique de terrain utilisé. Cela implique, par propagation des erreurs, que la contribution du modèle numérique de terrain est d'environ un tiers de frange, c'est-à-dire 4 mm en distance. Comme l'erreur estimée en comparant avec les mesures GPS est de l'ordre de 11 mm, on en conclut que la topographie n'est pas dans ce cas la source d'erreur limitative. Elle est encore moins gênante dans les autres interférogrammes de déformations présentés jusqu'à présent. Pour le glissement de terrain, l'altitude d'ambiguïté est énorme, de l'ordre de 3 000 m, ce qui implique que l'assimilation de la topographie à une surface planaire est suffisamment précise. Le même raisonnement s'applique aux interférogrammes présentés sur le glacier en Antarctique et sur les cultures en Californie.

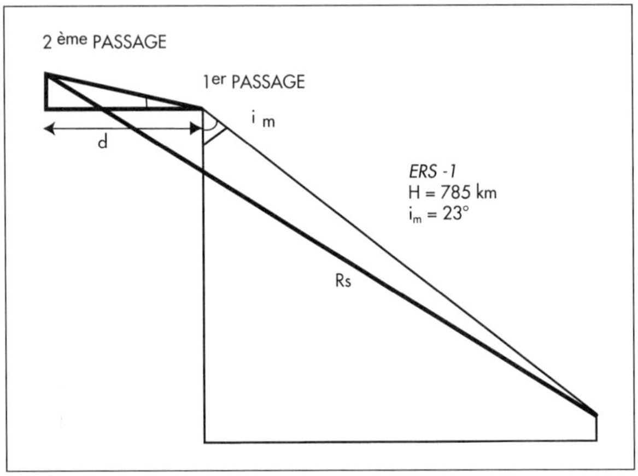

101. Géométrie de deux trajectoires orbitales pendant les prises de vue radar lors de deux passages du satellite. La séparation *d* des deux trajectoires contribue à la sensibilité de l'interférogramme aux effets de la topographie. D'après Massonnet et Rabaute, 1993.

deux techniques ne mesurent pas la même quantité physique, l'interférométrie radar mesurant uniquement la distance sol-satellite (une quantité scalaire) et non la position tridimensionnelle (un vecteur) d'un point au sol, comme le permet le système DORIS.

Visualiser l'écoulement d'un glacier

Parmi les différents types de matériaux qui constituent la partie superficielle de la Terre solide, les calottes glacières sont celles qui se déplacent le plus rapidement, exception faite des déformations épisodiques des volcans en période d'éruption. Bien que l'expression «vitesse glaciaire» soit utilisée pour décrire des phénomènes lents, la vitesse de déplacement sur certaines sections de glace en Antarctique peut atteindre 800 m par an, c'est-à-dire 9 cm par heure, mouvement presque suffisamment rapide pour être détecté à l'œil nu. La glace se déplace dans des zones de courant rapides, «les ruisseaux de glace», qui ont entre 30 et 80 km de large et peuvent atteindre 500 km longueur. L'écoulement de la glace y est rapide parce que la glace flotte sur de l'eau liquide au lieu d'être en contact direct avec la surface rocheuse sous le glacier. La glace se comporte donc comme un fluide, influencé par les forces des marées (voir chapitre 9). Le débit de glace de tels ruisseaux est suffisant pour représenter une contribution majeure (~90%) au flux de sortie de la glace vers l'océan. Le volume de cette contribution varie, bien sûr, avec la largeur et la vitesse du ruisseau, raison pour laquelle la surveillance des ruisseaux de glace est fondamentale pour les études des variations temporelles du climat et de l'environnement.

L'interférométrie radar trouve ici un champ d'application idéal. En effet, la réflexion des ondes centimétriques sur la glace est presque parfaite, et varie peu *a priori* pendant une période de trois jours entre deux passages du satellite *ERS-1* pendant la phase de configuration orbitale conçue pour la surveillance des calottes glaciaires. La première mesure interférométrique de ce phénomène fut une grande réussite. En utilisant deux images acquises à 6 jours d'intervalle et avec une séparation orbitale de seulement 4 m, les glaciologues ont pu obtenir une carte complète du champ de déformation du ruisseau de glace Rutherford, en Antarctique (ill. 102). Cette carte est très riche en renseignements sur l'écoulement du glacier et elle décrit non seulement les positions des points sur le glacier mais aussi leur déplacements. Elle indique donc une topographie différentielle, et non l'habituelle topographie statique. La technique interférométrique, comme la rétine de l'œil humain, est en effet particulièrement sensible aux changements temporels. Par rapport à la glace fixe, le ruisseau de glace s'identifie tout de suite comme une zone où les franges sont très denses. Là, le déplacement au cours des 6 jours séparant les deux images est important à cause de la vitesse rapide de l'écoulement du ruisseau par rapport au reste du glacier.

Sur les bords du ruisseau, l'écoulement est tellement rapide qu'il devient impossible de compter les franges sur l'interférogramme principal, car elles sont trop serrées. Pour compter les franges dans ces zones de cisaillement rapide, il a été nécessaire d'agrandir l'image en augmentant la résolution. À travers une de ces zones, on peut compter 94 franges entre un point de référence qu'on suppose fixe, en dehors du ruisseau, et un point situé sur la glace qui repose sur le ruisseau. En tenant compte de l'azimut de l'écoulement et de l'angle d'incidence du radar, et en supposant la vitesse constante pendant les 6 jours, on obtient une vitesse d'environ un mètre par jour. Sur le «pic» des franges, dans la partie flottante du ruisseau, on peut compter 148 franges depuis le point de référence, ce qui correspond à une vitesse de 1,7 m/jour, soit 616 m/an.

En mesurant ainsi la vitesse d'écoulement de la glace en différents points du glacier, on peut individualiser une ligne où l'accélération du ruisseau est importante et qui correspond aux endroits où la glace n'est plus en contact avec la terre ferme. En amont de la ligne dite «d'atterrissage», le fond du glacier repose sur la roche; en aval, la glace libre désolidarisée de la roche flotte dans l'eau. Cette ligne, qui caractérise l'écoulement du ruisseau de glace, est une donnée essentielle pour la surveillance du comportement du glacier. Une variation de plusieurs kilomètres de la position de cette ligne a ainsi pu être détectée alors qu'elle avait été cartographiée sur le terrain avec beaucoup plus de difficulté en 1980 par les techniques traditionnelles.

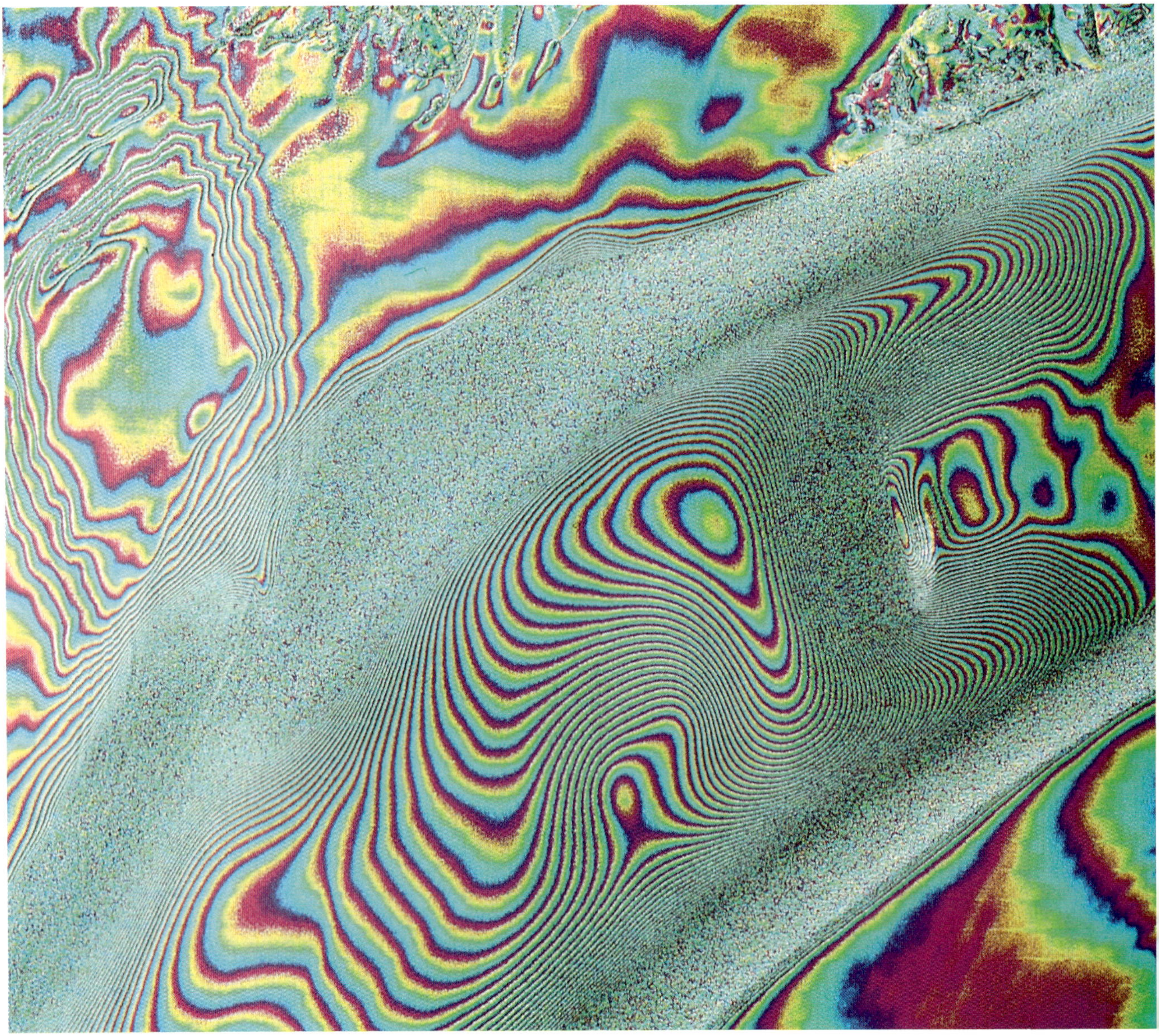

102. Interférogramme radar de la déformation du ruisseau de glace Rutherford et du glacier Minnesota en Antarctique.
Le nord est situé vers la gauche. Chaque contour représenté par un cycle de couleur (rouge-bleu-rouge) correspond à un changement de 28 mm de la distance glace-satellite pendant la période de 6 jours entre les deux prises d'images. Compte tenu de l'azimut moyen de l'écoulement (vers le bas et à gauche) et de l'angle d'incidence du radar, une frange correspond à un contour de 11 mm/jour. La partie rapide du ruisseau est matérialisée par la bande de franges très serrées. L'intensité de la couleur varie proportionnellement avec l'intensité de la réflexion radar. L'interprétation de l'interférogramme montre les zones de déplacement lent (franges espacées) sur le glacier principal, dans la partie du ruisseau où la glace repose encore sur la roche. Dans les deux zones de cisaillement rapide sur les bords du ruisseau, l'écoulement de la glace est suffisamment rapide pour créer un réseau de franges trop dense pour être discerné avec cette résolution. On compte 148 franges (1,7 m/jour) entre un point situé sur la partie la plus rapide du ruisseau et un point fixe situé sur la roche en bordure du glacier (à gauche). D'après Goldstein *et al.*, 1993.

7

LA ROTATION DE LA TERRE

Comme tous les corps de l'Univers, la Terre tourne sur elle-même autour de l'axe des pôles et nous apprenons à l'école que la durée d'un tour est de 24 heures. C'est ce qu'on appelle la durée du jour.

La Terre a acquis sa rotation au moment de sa formation. On sait que la Terre, comme les autres planètes telluriques, s'est formée il y a 4,6 milliards d'années par accrétion de particules de poussières puis de petits planétoïdes entrant en collision sous l'effet de la gravitation. Lors des collisions, il y a échange d'une quantité de mouvement dont une partie sert à imprimer à l'embryon planétaire une rotation sur lui-même. Les simulations sur ordinateur développées pour modéliser la formation des planètes montrent que la rotation de l'embryon planétaire a le même sens que son mouvement de révolution autour du Soleil (on parle de rotation directe). Mars a, comme la Terre, une rotation rapide (24 heures) alors que Vénus et Mercure ont des rotations très lentes, de 243 jours et 59 jours respectivement. Vénus a même une rotation rétrograde. La durée d'une journée terrestre, de 24 heures actuellement, était beaucoup plus courte lorsque la Terre s'est formée et on sait depuis longtemps que le phénomène responsable du freinage séculaire de la rotation de la Terre est la dissipation d'énergie des marées.

Le freinage de la rotation terrestre dû aux marées

La Terre, on l'a vu, n'est pas un corps rigide. Son noyau est fluide, son manteau est visqueux. La pellicule superficielle, la lithosphère, se déforme comme une plaque élastique sous la charge des volcans. Le globe solide est lui-même recouvert de fluides, l'océan et l'atmosphère.

Sous l'effet de l'attraction gravitationnelle exercée par la Lune et le Soleil, la Terre solide et l'océan se déforment périodiquement. On appelle ces déformations «les marées» (voir chapitre 9). Ces déformations ne sont pas instantanées: du fait du frottement des courants marins sur le fond de l'océan et des différentes couches de matière dans le manteau terrestre, une partie de l'énergie associée à ces déformations se dissipe en chaleur, ce qui induit un retard entre le passage de l'astre au méridien et la déformation du sol et de l'océan. Cette énergie est empruntée à l'énergie cinétique de rotation de la Terre, qui diminue progressivement et freine la vitesse de rotation. C'est l'astronome anglais Halley qui mit le premier en évidence le ralentissement séculaire de la vitesse de rotation: en comparant les dates des éclipses de Lune au cours de l'Antiquité et les observations faites au XVIIe siècle, il remarqua que les éclipses apparaissaient à des instants décalés par rapport à ceux prévus par la théorie. C'est ensuite Darwin qui proposa la première explication correcte de ce phénomène, en attribuant aux marées le freinage de la rotation de la Terre et le décalage entre les datations théoriques et observées des éclipses.

Ce phénomène a un autre effet important: la Lune s'éloigne de la Terre à une vitesse de 3,7 cm par an. C'est là une conséquence directe du ralentissement de la rotation de la Terre liée à l'un des principes de conservation de la mécanique: la conservation du moment cinétique. Le système Terre-Lune peut être considéré, avec un bon degré d'approximation, comme isolé dans l'espace. Son moment cinétique total, somme des moments cinétiques de rotation de

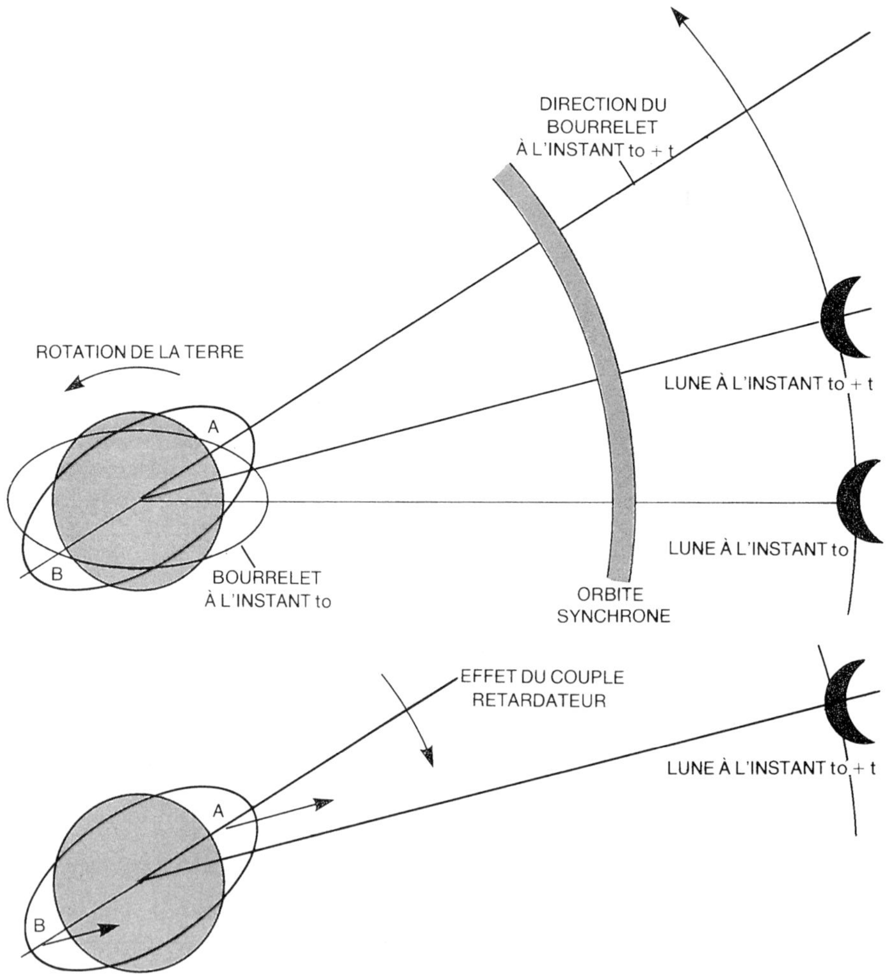

103. Le freinage séculaire de la rotation de la Terre et l'éloignement de la Lune par rapport à la Terre résultent de la dissipation de l'énergie des marées. Les frictions internes dans les masses déformables de la Terre (océans et manteau) font que les déformations sont en retard par rapport au passage de la Lune. Entraîné par la rotation de la Terre, plus rapide que le mouvement de la Lune sur son orbite, le bourrelet des marées est décalé par rapport à la direction Terre-Lune. La Lune exerce alors un couple sur le bourrelet. Ce couple tend à ramener l'axe du bourrelet dans la direction Terre-Lune en freinant la rotation de la Terre. Le bourrelet exerce un couple égal mais opposé sur la Lune qui décélère sur son orbite: le rayon de l'orbite lunaire grandit.

la Terre et orbital de la Lune, reste constant. La diminution du premier causé par le ralentissement de la rotation de la Terre est alors compensée par un accroissement du second, avec pour conséquence un accroissement de la distance Terre-Lune.

D'après la troisième loi de Kepler, à cet accroissement de la distance correspond un allongement de la période de révolution de la Lune autour de la Terre. Cet allongement a été déterminé avec grande précision au cours des dernières années grâce à une technique appelée laser-Lune. Cette technique est très comparable à la technique de télémétrie laser sur satellite, la différence étant que la Lune prend ici le rôle du satellite. Des réflecteurs lasers furent déposés sur la Lune par les astronautes américains lors des

104. Réflecteur passif posé sur la Lune lors de la mission Apollo 14. Toujours en fonction, il permet de réfléchir les signaux envoyés lors des mesures laser-Lune. Cliché NASA.

vols Apollo et par les sondes automatiques soviétiques : des signaux laser émis depuis la Terre à partir de puissants télémètres purent ainsi être recueillis après réflexion sur la Lune. Comme pour un satellite artificiel, la mesure du temps aller-retour de l'impulsion fournit une mesure de la distance Terre-Lune, avec une précision de quelques centimètres. Les analyses du mouvement de la Lune basées sur ces observations ont permis de déterminer avec grande précision l'allongement de la période orbitale de la Lune et par voie de conséquence l'allongement de la durée du jour, qui est de 2 millisecondes par siècle.

Grâce à l'étude des coraux fossiles, nous savons que ce phénomène a existé avec une amplitude comparable au cours des temps géologiques. Les coraux ont en effet la propriété de croître par anneaux concentriques. Or, la vitesse de croissance dépend de la quantité d'énergie lumineuse reçue par le corail, quantité qui présente des variations diurnes et saisonnières. L'analyse des anneaux de croissance des coraux fossiles a permis de montrer qu'il y a 350 millions d'années, l'année – la période de révolution de la Terre autour du soleil – comptait 400 jours, et que la durée du jour était donc de 22 heures seulement.

On estime que lors de sa formation, la Terre tournait sur elle-même en 10 heures, puis que sa vitesse de rotation a été progressivement ralentie par la dissipation des marées. C'est certainement le freinage des marées créées par le soleil qui est responsable des rotations lentes de Mercure et Vénus. Pour Vénus, on pense que la dissipation d'énergie des marées de l'atmosphère très dense de la planète a ralenti sa rotation et fait basculer son axe, transformant une rotation initiale directe en rotation rétrograde.

Mesure des irrégularités de la rotation terrestre

Le freinage dû aux marées n'est pas le seul phénomène affectant la rotation de la Terre. Pendant des siècles, la régularité de la durée du jour a servi de référence pour définir le temps. Mais dès l'apparition dans les années 50 des horloges atomiques, une nou-

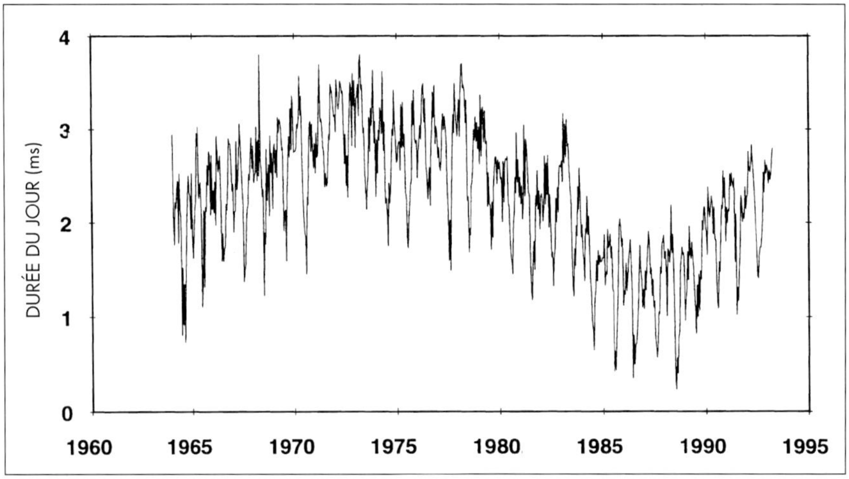

105. Variations temporelles de la durée du jour (en millisecondes) entre 1963 et 1993. Document GRGS.

velle unité de temps beaucoup plus précise, utilisant les propriétés de l'atome, a été adoptée. Les nouvelles horloges ont permis de montrer que la durée du jour est loin d'être constante et qu'elle présente, entre autres, une variation annuelle de l'ordre d'une milliseconde.

En plus des variations de vitesse, la position de l'axe de rotation de la Terre n'est pas fixe. Il oscille à la surface terrestre en décrivant une sorte de spirale qui s'agrandit et se rétrécit de façon irrégulière à l'intérieur d'un cercle de 20 m de diamètre. C'est le mouvement du pôle.

Jusque vers 1965, les mesures de la rotation de la Terre était faites en observant les positions des étoiles à l'aide de télescopes optiques. Cependant, les observations astronomiques sont peu précises car fortement affectées par le phénomène de réfraction atmosphérique qui limite la précision de détermination de la position apparente des étoiles. Avec la géodésie spatiale, de nouvelles techniques ont pu être utilisées. Elles ont fait faire un bond considérable à la précision de mesure de la rotation de la Terre ainsi qu'à la fréquence d'observation. Grâce aux mesures de télémétrie laser, l'analyse des orbites des satellites munis de réflecteurs laser a permis de déterminer les perturbations causées par la rotation de la Terre. Celles-ci résultent, on l'a vu, du fait que le mouvement du satellite est observé dans un repère lié à la Terre, et qui tourne donc avec elle. On a ainsi accès, à travers le mouvement du satellite, aux irrégularités de cette rotation.

Les satellites *Lageos 1* et *2* lancés par la NASA en 1976 et 1992, *Starlette* et *Stella* lancés par le CNES en 1975 et 1993 sont particulièrement adaptés à ce problème. Sphériques, denses et complètement recouverts de réflecteurs laser, ils sont peu perturbés par les forces de freinage de l'atmosphère et par la pression de radiation solaire. Leur trajectoire, suivie par le réseau mondial de stations laser, peut être calculée avec grande précision sur de longues périodes de temps.

Une autre technique, très précieuse pour mesurer la rotation de la Terre, est l'interférométrie à longue base (VLBI). Comme cela a été décrit dans le chapitre 5, le signal émis par une source lointaine – en général un quasar – est observé sur Terre par deux antennes espacées de plusieurs milliers de kilomètres. A cause de la rotation de la Terre, le signal atteint une antenne avant l'autre. De la différence de temps, on déduit la distance entre les antennes et l'orientation de la ligne de base joignant les deux antennes. Les variations au cours du temps de cette orientation renseignent sur les variations de la rotation de la Terre.

Par ailleurs, les observations établies grâce à la technique Doppler ont à présent atteint un niveau de précision suffisant pour donner également une bonne mesure de la rotation de la Terre. Ainsi, les systèmes GPS et DORIS fournissent-ils, au même titre que le VLBI et le laser sur satellite, des mesures précises de la durée du jour et du mouvement du pôle.

Différentes équipes, en particulier aux Etats-Unis et en Europe, calculent en routine les paramètres de la rotation terrestre à partir des observations de géodésie spatiale. Les résultats sont collectés par le Service international de la rotation terrestre, dont le bureau central est à l'Observatoire de Paris. Celui-ci combine les résultats individuels dans le cadre d'une solution unique, disponible pour les utilisateurs du monde entier.

Irrégularités de la rotation terrestre et météorologie

Parmi les fluctuations à court terme qui affectent la rotation de la Terre, les plus remarquables sont les variations annuelle et semi-annuelle. Elles ont une amplitude de l'ordre de une milliseconde sur la durée du jour. On observe que la rotation de la Terre s'accélère en été (pour l'hémisphère nord) et se ralentit en hiver. Il a été montré, au milieu des années 70, et largement confirmé par la suite, que ces variations sont produites par les changements saisonniers du régime des vents et de la position des masses d'air dans l'atmosphère. Ce phénomène résulte, comme pour le freinage des marées, du principe de conservation du moment cinétique.

La quantité d'énergie solaire qui pénètre dans l'atmosphère au cours de l'année varie avec la latitude. Cela produit une oscillation annuelle de la circulation des vents, en particulier des vents zonaux qui se déplacent d'ouest en est aux moyennes latitudes ou d'est en ouest dans la zone intertropicale. Cette oscillation est maximale au niveau de la tropopause mais affecte toute la troposphère et la stratosphère. Elle est en opposition de phase dans les deux hémisphères puisque les saisons sont inversées.

Mais la distribution inégale des continents dans chacun des deux hémisphères modifie les propriétés de cette circulation zonale, de sorte que l'oscillation annuelle des vents n'est pas strictement antisymétrique par rapport à l'équateur. Le moment cinétique résultant de l'atmosphère n'est pas nul et présente donc une oscillation annuelle, qui n'existerait pas si les continents étaient répartis uniformément. Ces variations du moment cinétique de l'atmosphère sont transmises à la rotation de la Terre par l'intermédiaire du frottement des vents à la surface des continents pour qu'à tout instant le moment cinétique total soit constant. Ainsi, en hiver dans l'hémisphère nord, le régime des vents d'ouest est intense. Mais les vents

106. Fluctuations saisonnières de la durée du jour (en ms) (a) et du moment cinétique de l'atmosphère (calculé à partir des vitesses des vents troposphériques et stratosphériques) (b). On peut noter la correspondance parfaite entre les deux quantités. D'après Hide et Dickey, 1991.

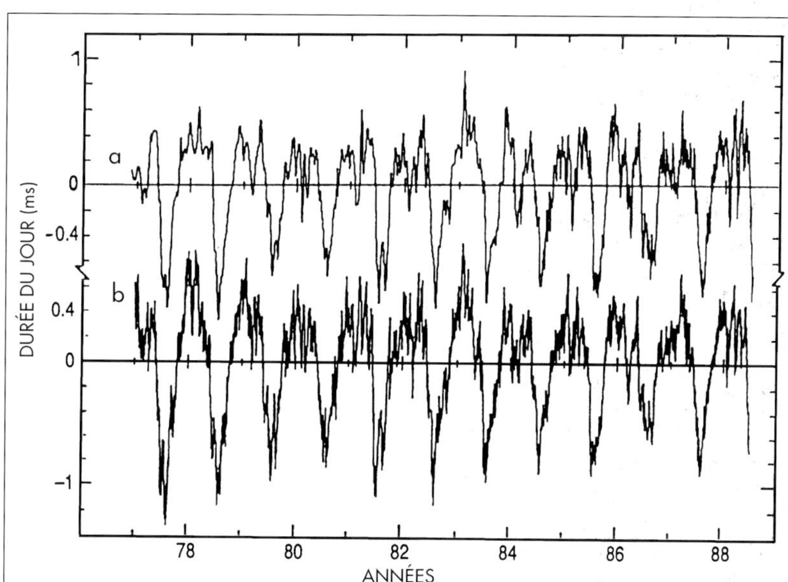

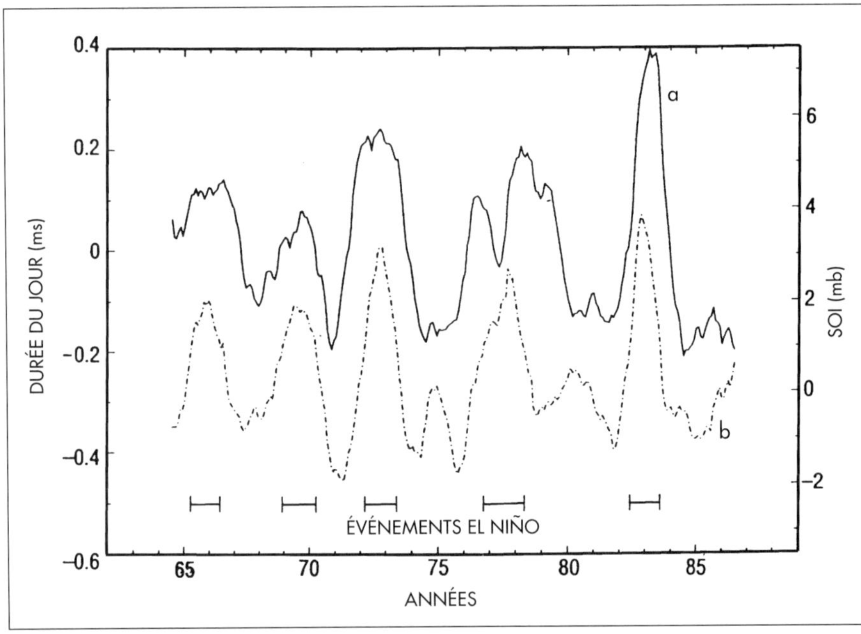

107. (a) Fluctuations interannuelles de la durée du jour (en ms). (b) Variations temporelles de la différence de pression atmosphérique entre Darwin (Australie) et Tahiti (quantité appelée *«Southern Oscillation Index»*, SOI). Les variations de cette quantité sont corrélées avec les événements *El Niño*. D'après Hide et Dickey, 1991.

d'ouest se déplacent plus vite que la surface terrestre : le principe de conservation entraîne alors un ralentissement de la rotation de la Terre. Le phénomène inverse se produit en été.

Lorsqu'on compare les variations saisonnières du moment cinétique de l'atmosphère, calculées à partir des mesures de vitesses du vent sur toute la Terre et à tous les niveaux de la troposphère et de la stratosphère, on est frappé par la remarquable concordance avec celles de la rotation de la Terre (ill. 106). L'accord observé entre les deux quantités indique que plus de 90% du cycle annuel de la rotation terrestre est causé par les vents. Les 10% restants ont aussi une origine météorologique et sont bien expliqués par les redistributions de masses d'air dans l'atmosphère, mises en évidence par les variations de la pression atmosphérique. Une petite contribution provient des charges saisonnières des eaux souterraines et des variations de la circulation océanique.

L'oscillation semi-annuelle de la rotation terrestre est aussi largement due aux vents. Une contribution importante résulte cependant des déformations du globe solide, les marées, causées par l'attraction du soleil (voir chapitre 9).

A des échelles de temps plus courtes, la rotation de la Terre présente aussi des fluctuations. Certaines ont une régularité remarquable, avec une période de 50-60 jours. Des oscillations de même période ont été découvertes dans le moment cinétique de l'atmosphère, ce qui, là encore, implique une origine météorologique.

Au cours des dernières années, on a mis en évidence des irrégularités de la rotation terrestre avec des périodes de 2 à 6 ans, probablement liées aux événements *El Niño* affectant à intervalles irréguliers les eaux du Pacifique équatorial. *El Niño* est une perturbation climatique à grande échelle du système dynamique couplé océan-atmosphère. Ce phénomène intervient avec une récurrence comprise entre 2 et 6 ans, et commence par un affaiblissement important des vents alizés dans l'ouest du Pacifique. Cet affaiblissement inverse le mouvement des eaux superficielles chaudes de l'océan qui, au lieu de se diriger vers l'ouest, sont repoussés vers l'est et réchauffent les eaux côtières de l'Amérique du Sud. Lorsqu'il apparaît, le phénomène est maximum à l'époque de Noël, d'où son nom *El Niño* qui signifie l'enfant Jésus en espagnol. Son arrivée est redoutée car la présence des eaux chaudes perturbe les condi-

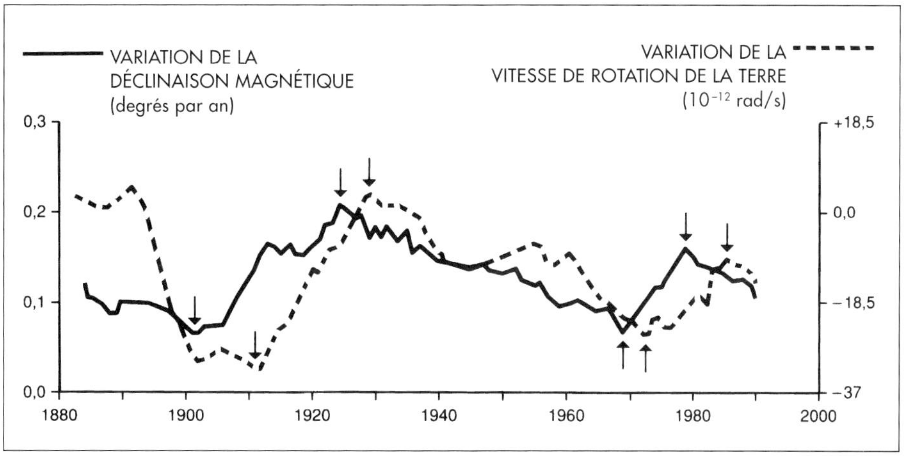

108. Variations à longues périodes (entre 1885 et 1990) de la vitesse de rotation de la Terre et de la déclinaison magnétique. La correspondance remarquable entre les deux courbes suggère que les variations du champ magnétique du noyau sont responsables (au moyen de couplages exercés par le noyau sur le manteau) des variations décennales de la rotation de la Terre. D'après Le Mouel *et al.*, 1992.

tions de pêche au large du Pérou. A ce phénomène est associée une modification profonde du régime des vents troposphériques et des oscillations de la pression de surface dans les régions équatoriales. Ces fluctuations de l'atmosphère ont deux fréquences dominantes, d'environ 4-5 ans et 2 ans. Ce phénomène climatique majeur induit des fluctuations de la vitesse de rotation de la Terre ayant les mêmes périodicités (ill. 107). Il existe aussi une oscillation quasi bi-annuelle de la circulation des vents dans la stratosphère, ayant une incidence marquée sur la vitesse de rotation terrestre.

Irrégularités à long terme

De longues séries de mesures de la rotation de la Terre sont disponibles depuis 1850. Avant 1970, celles-ci s'appuyaient sur les observations astronomiques et de ce fait ne pouvaient détecter que les fluctuations de grande amplitude observées à l'échelle décennale. Elles sont de l'ordre de 4 à 5 millisecondes sur 20 ans et ne présentent pas de périodicité remarquable. Entre 1870 et 1910, la durée du jour (qui varie en sens inverse de la vitesse de rotation) a augmenté de façon régulière pour diminuer ensuite jusque vers 1940. Entre 1940 et 1980, une nouvelle augmentation a été observée, suivie depuis d'une autre diminution. Quelle est donc l'origine de ces fluctuations à long terme?

On ne dispose pas d'observations météorologiques globales avant 1960. On ne peut donc calculer le moment cinétique de l'atmosphère pour ces époques reculées. Il est probable cependant que l'atmosphère n'est pas responsable des fluctuations à long terme, en raison de leur amplitude. Même si cela est discutable, un autre phénomène, d'origine interne, est généralement invoqué pour expliquer les variations décennales de la rotation de la Terre. Il s'agit d'un échange de moment cinétique entre le manteau et le noyau liquide. Le noyau composé de fer liquide est le siège de mouvements turbulents de matière dans lesquels circulent des courants électriques. C'est dans le noyau liquide qu'est généré le champ magnétique terrestre, qui lui-même entretient ces courants électriques. On pense que des changements dans le régime de la convection turbulente du noyau induisent des variations du champ magnétique terrestre. Or, un des indicateurs de la variation temporelle du champ magnétique montre une corrélation frappante avec la variation de la rotation de la Terre à l'échelle décennale (ill. 108). En particulier, les époques de transition entre période d'allongement et de diminution de la durée du jour semblent coïncider avec les changements brusques observés dans la configuration du champ magnétique. Plusieurs mécanismes ont été invoqués: un couplage d'origine électromagnétique ou un couplage causé par le fait que l'interface entre le manteau et le noyau n'est pas sphérique (couplage topographique).

MESURER LE CHAMP MAGNÉTIQUE PAR SATELLITE

En 1979, le satellite américain *MAGSAT* mesurait l'intensité et les trois composantes du champ magnétique terrestre, offrant la première cartographie précise des anomalies magnétiques de la croûte. Le champ magnétique terrestre possède deux composantes, le champ principal produit par le noyau liquide et le champ superficiel causé par l'aimantation des roches de la croûte. Le champ du noyau qui représente 99% du champ total est induit par les courants électriques qui circulent dans le noyau de la Terre composé presque essentiellement de fer liquide. On peut l'assimiler au champ d'un dipôle magnétique situé au centre de la Terre et incliné d'environ 11° par rapport à l'axe de rotation de la planète. Le champ principal évolue lentement sur des échelles de temps de quelques décennies mais des fluctuations sur des durées plus courtes ont aussi été observées. On pense que ces variations reflètent les mouvements des couches externes du noyau terrestre.
Le champ superficiel est caractérisé par des anomalies s'étendant de plusieurs centaines à quelques milliers de km. Ces anomalies reflètent des variations d'aimantation des roches de la croûte et de la partie supérieure du manteau.
Les roches riches en minéraux magnétiques possèdent une aimantation induite par le champ principal. Cette aimantation présente des variations géographiques dues à des hétérogénéités de la composition et de la structure de la croûte, que l'on appelle anomalies magnétiques. On sait que les sources de ces anomalies sont situées dans les couches très superficielles de la Terre. En effet, à cause de l'augmentation de la température avec la profondeur, de l'ordre de 20 °C par km, la température de la lithosphère atteint vers 40 km de profondeur, la température de Curie des minéraux magnétiques, température à laquelle les roches se désaimantent.
A quoi sont dues les variations d'aimantation observées? Deux causes principales peuvent être invoquées. La première est liée à des variations de la température de la croûte. Dans les régions plus chaudes, l'aimantation des roches diminue ou même devient négligeable. La seconde cause résulte des transformations minéralogiques subies par les roches, en particulier en milieu continental, sous l'effet de variations de pression et de température. Ce phénomène, appelé métamorphisme, résulte en général de déformations à grande échelle de la croûte induites par la formation de chaînes de montagne ou la fracturation d'un continent. Ainsi, les anomalies magnétiques superficielles mises en évidence par le satellite *MAGSAT* permettent de cartographier les variations de température des couches supérieures de la lithosphère, de suivre l'histoire complexe des transformations minéralogiques des roches, souvent liée à l'activité tectonique ancienne, ou encore d'identifier des anomalies de structure en liaison avec une activité tectonique récente.
En milieu océanique, on peut associer certaines anomalies négatives (traduisant une absence d'aimantation) à des dorsales lentes, telle la dorsale médio-atlantique ou la dorsale ouest-indienne, ainsi qu'à des failles transformantes. Ces structures correspondent à des flux de chaleur importants. En milieu continental, on observe des anomalies négatives au-dessus de certaines chaînes de montagne. C'est le cas en Asie avec l'Himalaya et le Tibet où la couche aimantée est amincie par suite d'une élévation de la température. En revanche, les parties stables et anciennes des continents sont toujours associées à des anomalies fortement positives. Dans ces régions, l'absence d'activité tectonique récente et une croûte épaissie peuvent expliquer un excès d'aimantation des roches et par suite, les anomalies observées. Des anomalies positives sont enfin observées au niveau des zones de subduction, reflétant l'enfoncement d'une plaque froide au sein d'un manteau plus chaud.

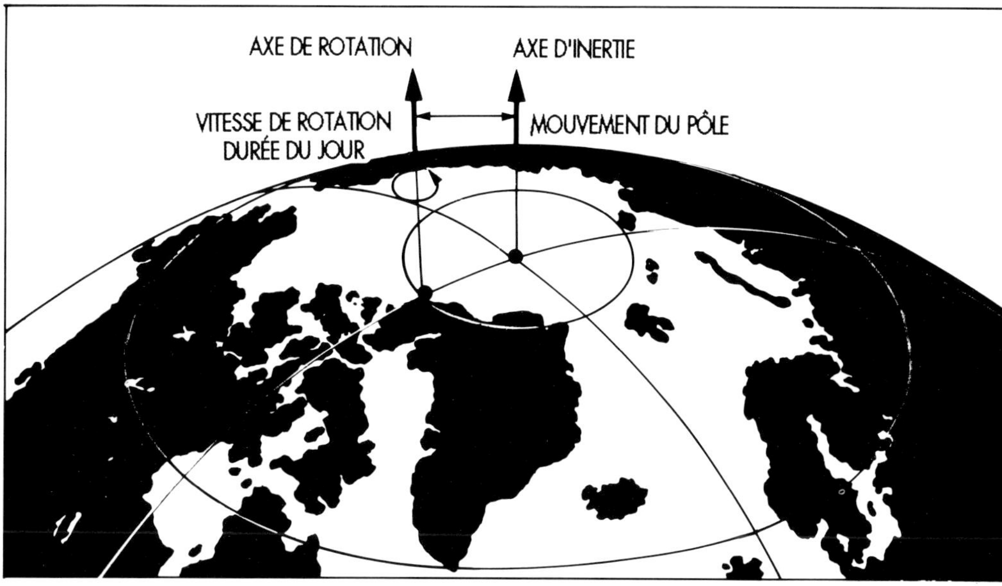

109. Schéma illustrant le décalage (de quelques mètres) entre l'axe de rotation et l'axe d'inertie de la Terre.

Des travaux récents menés par une équipe française de l'Institut de physique du globe de Paris ont montré une très bonne correspondance entre les fluctuations à long terme observées dans la rotation de la Terre et celles prédites par le couplage topographique. L'interface entre le manteau et le noyau est légèrement ellipsoïdal. La pression exercée par le fluide du noyau en mouvement est à l'origine d'un couple de forces s'exerçant sur le manteau, et qui modifie sa rotation. Si à certaines époques la circulation du fluide change de façon soudaine, cela se traduira avec un décalage très court (un an) par une variation de la rotation du manteau.

Ici encore, la géodésie spatiale peut être d'un grand secours, non pour mesurer la rotation de la Terre mais pour mesurer le champ magnétique. Comme pour le champ de gravité, les observations de surface souffrent de la mauvaise répartition des observatoires magnétiques, principalement situés sur les continents. Un projet de mesure du champ magnétique du noyau à partir d'un satellite en orbite à environ 600 km d'altitude pendant plusieurs années a été proposé. Ce projet, qui pourrait apporter des informations fondamentales sur les variations soudaines du champ magnétique, donc sur la structure du noyau, n'a cependant pas encore abouti.

Les mouvements de l'axe de rotation de la Terre

Par rapport au pôle d'inertie, le pôle de rotation de la Terre est décalé de quelques mètres à la surface terrestre. A cause de ce décalage, l'axe de rotation tourne autour de l'axe d'inertie à la façon d'une toupie dont l'axe de rotation décrit un cône autour de l'axe d'inertie. Si la Terre était rigide, cette oscillation s'effectuerait en 305 jours. Mais la Terre est déformable et la période de cette oscillation est de ce fait allongée. Sa période vaut 430 jours (14 mois). Elle est appelée oscillation de Chandler, du nom de l'astronome américain Seth Chandler qui la découvrit à la fin du siècle dernier. Ce mouvement est observé depuis un siècle grâce aux observations astronomiques. On a ainsi remarqué que l'axe de rotation décrit à la surface terrestre une spirale irrégulière qui, à certaines époques, se rétrécit puis s'agrandit, indication que l'oscillation de Chandler est un mouvement amorti, de temps à autre réexcité (ill. 110).

Mais quelle est donc la cause de cet amortissement et de l'excitation? Malgré de très nombreuses études, on ne dispose pas à l'heure actuelle d'explication satisfaisante de ce phénomène. Il se pourrait que l'amortissement résulte de la présence des océans: l'oscillation de Chandler induit en effet dans l'océan une déformation causée par les variations de la force

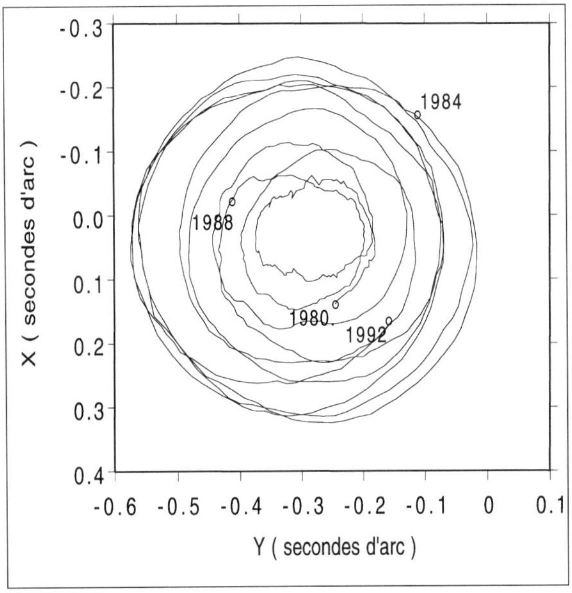

110. Trajectoire du pôle de rotation à la surface terrestre. Ce mouvement appelé «mouvement du pôle» comprend deux composantes principales, une oscillation de période 14 mois (oscillation de Chandler) et une oscillation annuelle. L'oscillation de Chandler est un mouvement propre de l'axe de rotation terrestre alors que l'oscillation annuelle est un mouvement forcé causé par les variations saisonnières de l'inertie de l'atmosphère. Document GRGS.

centrifuge. Les variations du niveau de l'océan, appelées «marées polaires», sont très petites, de quelques centimètres au maximum. Comme pour les marées gravitationnelles, une partie de l'énergie cinétique de rotation est sans doute dissipée sous forme de chaleur au cours de la déformation des océans, ce qui provoque un amortissement du mouvement de l'axe de rotation.

Quant au mécanisme régénérateur du mouvement, il a tour à tour été attribué à des redistributions aléatoires de matière dans les couches superficielles de la Terre associées aux séismes, puis à des redistributions de masse d'air dans l'atmosphère. Aucun de ces deux mécanismes ne semble cependant capable à lui seul de fournir l'explication nécessaire. L'influence des séismes sur le maintien du mouvement chandlerien a fait l'objet de nombreuses controverses. Un séisme isolé produit un changement de l'inertie de la Terre, donc de la position relative de l'axe d'inertie par rapport à l'axe de rotation. On a cru au cours de années passées détecter dans la trajectoire du pôle des irrégularités brutales, que l'on a pu, dans certains cas, associer à un événement sismique. Aucune conclusion définitive n'a cependant été arrêtée à ce jour. Un autre mécanisme a été proposé. L'excitation serait produite par des variations d'inertie du manteau induites par les variations de la pression du fluide en mouvement dans le noyau, sur la surface interne du manteau. L'ordre de grandeur de cet effet serait susceptible d'entretenir le mouvement chandlerien.

L'axe de rotation de la Terre présente encore une autre oscillation, de période annuelle, qui se superpose à l'oscillation de Chandler. L'oscillation annuelle s'explique bien par les redistributions saisonnières de masse d'air qui ont lieu dans l'atmosphère, en particulier celles associées aux anticyclones des Açores et de Sibérie. L'établissement de l'anticyclone de Sibérie provoque des variations très importantes de la pression atmosphérique qui induisent une oscillation de l'axe de rotation. Comme pour la vitesse de rotation, ce phénomène résulte de la conservation du moment cinétique. Les variations de l'inertie de l'atmosphère causées par le déplacement des masses d'air sont alors compensées par un déplacement de l'axe de rotation de façon que le moment résultant reste constant.

Le pôle de rotation ne se contente pas d'osciller autour du pôle d'inertie. Il dérive lentement dans la direction du Groenland à la vitesse de 3,7 millisecondes d'arc par an. Cette dérive observée depuis une centaine d'années reste très mystérieuse. Elle pourrait résulter des variations d'inertie causée par la fonte des calottes glaciaires qui occupaient le nord de l'Amérique et de l'Europe lors de la dernière glaciation, il y a 20 000 ans.

Rotation de la Terre et géodésie spatiale

La mesure de la rotation de la Terre a largement bénéficié des techniques spatiales. Depuis quinze ans, celles-ci ont supplanté les mesures astronomiques des irrégularités de la rotation terrestre et du mouvement du pôle. En offrant une précision de mesure toujours meilleure et une fréquence d'observation de plus en plus courte, la géodésie spatiale a profondément renouvelé les recherches sur les causes géophysiques des irrégularités de la rotation terrestre.

L'accord étonnant entre les différentes variations observées dans la vitesse de rotation à toutes les périodes inférieures à l'année et celles du moment cinétique de l'atmosphère a permis d'utiliser un phénomène pour prédire l'autre et inversement. La découverte des variations de 60 jours de la vitesse de rotation a conduit à la recherche puis à la découverte de variations de même période dans l'atmosphère. Avec le système GPS, on arrive à présent à mesurer les irrégularités de la vitesse et de l'axe de rotation de la Terre sur des périodes inférieures à un jour. Ces variations à hautes fréquences dont l'analyse ne fait que commencer vont certainement nécessiter des études nouvelles sur les fluctuations rapides du moment cinétique de l'atmosphère. Grâce à la grande précision des mesures, on devrait aussi mieux cerner le rôle des océans qui a seulement été évoqué, mais n'a pas encore été étudié en détail.

Les mouvements de la Terre dans l'espace mesurés par interférométrie à longue base

Vues par un observateur terrestre situé à l'un des pôles, les étoiles semblent décrire des cercles concentriques dont le centre définit le pôle céleste, prolongement virtuel de l'axe de rotation de la Terre. Actuellement, le pôle céleste est proche de l'étoile Alpha Polaris, l'étoile polaire. On sait depuis l'Antiquité que la position du pôle céleste n'est pas fixe par rapport aux étoiles. L'axe de rotation terrestre décrit dans l'espace un cône d'ouverture égale à environ 23,5° autour de l'axe de symétrie de l'écliptique (le plan de l'orbite de la Terre autour du Soleil) et il lui faut environ 26 000 ans pour effectuer une révolution complète. Il y a environ 5 000 ans, l'étoile polaire était l'étoile Alpha Draconis dans la constellation du Dragon et dans 5 000 ans, la future étoile polaire sera l'étoile Alpha Cephei.

Ce mouvement lent cyclique de l'axe de rotation dans l'espace s'appelle la précession. La précession de l'axe de rotation résulte d'un double phénomène: l'existence du renflement équatorial de la Terre (l'aplatissement dynamique dont on a parlé auparavant) et l'inclinaison de 23,5° de l'équateur terrestre sur l'écliptique. Le Soleil exerce une attraction gravitationnelle sur le bourrelet équatorial. A cause de l'inclinaison de l'équateur terrestre, cette force n'est pas dirigée vers le centre de la Terre, ce qui crée un couple de forces qui tend à ramener le bourrelet équatorial dans le plan de l'écliptique. Mais la force centrifuge due à la rotation de la Terre s'oppose à ce couple. Il en résulte un mouvement de précession de l'axe de rotation terrestre autour de l'axe de l'écliptique. A la précession solaire s'ajoute la précession lunaire, car le même phénomène existe en raison de l'attraction exercée par la Lune sur le bourrelet équatorial terrestre. L'effet de la Lune est deux fois plus important que celui du Soleil. Les autres planètes produisent une action analogue mais leur effet est très faible.

L'orbite de la Terre autour du Soleil est légèrement excentrique, ce qui donne lieu à une variation périodique du couple exercé par le Soleil. Plus généralement, toutes les irrégularités des mouvements de la Terre autour du Soleil et de la Lune autour de la Terre créent des variations du couple total résultant exercé par la Lune et le Soleil. Ces variations se traduisent par des petites oscillations de l'axe de rotation appelées «nutations» qui se superposent au mouvement de précession. La nutation principale a une période de 18,6 ans et son amplitude dans l'espace est de 9 secondes d'arc (10 000 fois moins que la précession). Elle résulte du changement de l'orientation du plan de l'orbite lunaire sur l'écliptique qui tourne en 18,6 ans. Des nutations de plus courtes périodes existent aussi, notamment aux périodes annuelle et semi-annuelle et sont associées au mouvement de la Terre autour du Soleil (ill. 112).

L'observation précise de l'amplitude des mouvements de précession et de nutation est importante car elle renseigne sur la réponse du globe terrestre à ces forces. De même que le mouvement de Chandler de l'axe de rotation dont la période est allongée par la déformation élastique du manteau, la présence du noyau liquide et des océans, les amplitudes des nutations et de la précession sont légèrement modifiées par la non-rigidité de la Terre.

La vitesse de précession et l'amplitude des nutations dépendent, entre autres, des moments principaux d'inertie de la Terre donc de la répartition de la matière dans la Terre. La non-rigidité de la Terre modifie ce tenseur d'inertie. Des modèles théoriques ont été développés pour décrire les nombreux phénomènes influant sur l'amplitude des nutations. Parmi ceux-ci, la forme du noyau liquide est un facteur important. Le noyau fluide est aplati en réponse à la force centrifuge due à la rotation de la Terre: on parle d'aplatissement hydrostatique. Il se peut que comme pour le manteau, l'aplatissement réel du noyau diffère légèrement de la valeur hydrostatique. Si tel était le cas, l'amplitude des nutations serait modifiée.

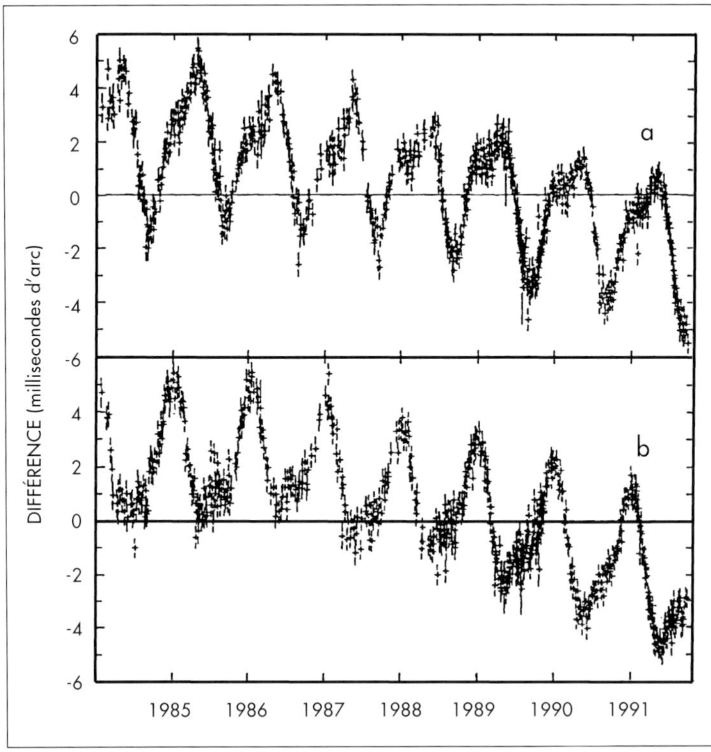

111. Différence entre le mouvement de nutation annuelle observée par interférométrie à longue base (VLBI) et celui prédit par le modèle standard de Terre déformable.
(a) nutation en longitude.
(b) nutation en obliquité.
La différence observée, de l'ordre de quelques milliarcsecondes (mas) est attribuée à un excès d'aplatissement du noyau liquide de la Terre par rapport à l'aplatissement hydrostatique, non pris en compte dans la nutation théorique. D'après Herring *et al.*, 1991.

Un autre effet est associé à l'aplatissement du noyau liquide. Le noyau liquide, non solidaire du manteau, tourne au cours de la rotation diurne autour d'un axe qui n'est pas en exacte coïncidence avec l'axe de rotation du manteau, ce qui se traduit par une oscillation quasi diurne de l'axe du noyau autour de l'axe du manteau. Dans un repère lié à la Terre, la période de cette oscillation est très proche de un jour. Dans l'espace, c'est-à-dire dans un repère céleste, il lui correspond un mouvement lent de l'axe de rotation de la Terre, de période proche de 430 jours, appelé «nutation libre du noyau liquide».

Durant la dernière décennie, la technique d'interférométrie à longue base a fourni des mesures régulières de très grande précision du mouvement de la Terre dans l'espace, donc de la précession et des nutations. On savait déjà grâce aux mesures astronomiques que l'amplitude des nutations diffère très sensiblement des prédictions calculées pour une Terre rigide. Cela a conduit les chercheurs a développer des modèles théoriques des nutations rendant compte de l'élasticité du manteau, de la présence des océans et surtout de l'existence du noyau liquide.

Grâce aux mesures VLBI, des valeurs très précises de la nutation annuelle ont été obtenues par T. Herring et son équipe au Massachusetts Institute of Technology aux Etats-Unis dès 1986. Les observations ont montré un écart notable avec les meilleurs modèles de nutation existants qui prennent en compte les déformations de la Terre et du noyau liquide, en particulier avec le modèle standard adopté comme référence par l'Union astronomique internationale en 1984. Ce modèle suppose que le noyau liquide est aplati mais avec la valeur hydrostatique. L'amplitude de la nutation annuelle est modifiée par la nutation libre du noyau liquide dont la période est

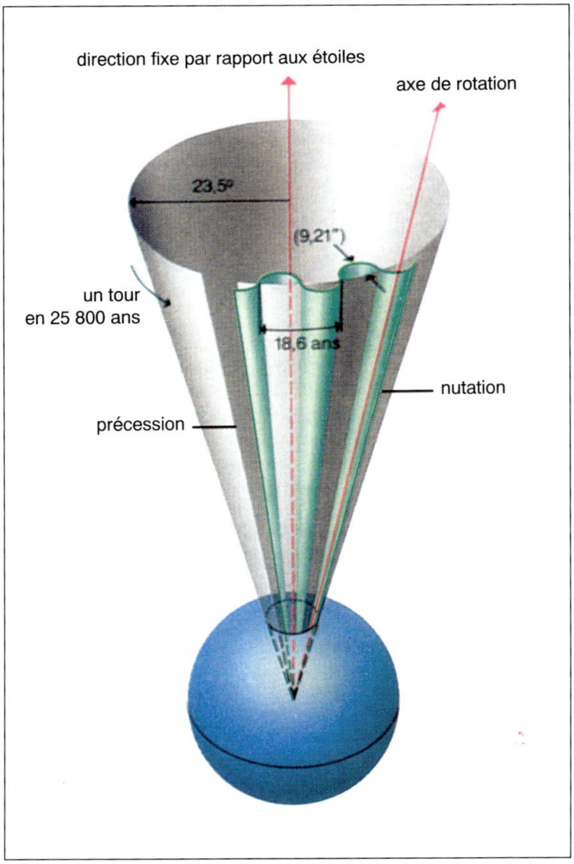

112. Les mouvements de précession et de nutations de l'axe de rotation de la Terre dans l'espace. L'axe de rotation décrit autour de l'axe de l'écliptique un cône d'ouverture 23°5 pendant environ 26 000 ans. A ce mouvement se superposent des petites oscillations périodiques appelées nutations. La plus importante a une période de 18,6 ans. Extrait du *Grand Atlas de l'espace*, Encyclopaedia Universalis.

voisine de 365 jours (la proximité des périodes induit un phénomène de résonance, amplifiant la nutation annuelle). L'écart observé à partir des mesures VLBI par rapport au modèle standard permet indirectement de déterminer la période de la nutation libre du noyau. On trouve ainsi une valeur de 430 jours, valeur significativement plus faible que la valeur théorique de 460 jours prédite par le modèle standard. Récemment, une détection directe de la nutation libre du noyau liquide par VLBI a confirmé que sa période est proche de 430 jours.

On pense que cet écart de période est le témoin d'un aplatissement non hydrostatique du noyau. Ce résultat très inattendu a montré que le noyau liquide est plus aplati qu'on ne le croyait, d'environ 5%. Cet excès d'aplatissement se traduit par une différence supplémentaire de l'ordre de 500 m entre les rayons équatorial et polaire du noyau. La raison de cet excès d'aplatissement n'est pas encore bien comprise mais on pense qu'il pourrait être associé aux déformations de l'interface entre le noyau et le manteau induites par la convection à grande échelle du manteau.

8

VARIATIONS TEMPORELLES DU CHAMP DE GRAVITÉ

Dans les années 1970, avec les premières déterminations globales du champ de gravité terrestre par les perturbations d'orbite, on pensait pouvoir aussi mesurer d'éventuelles variations temporelles de ce champ. En effet, les changements dans le temps de la distribution des masses à l'intérieur de la Terre ou à sa surface (dans les océans, l'atmosphère ou les calottes glaciaires) provoquent des variations de l'inertie de la Terre. Les paramètres qui décrivent le champ de gravité dépendent, on l'a vu, de la distribution interne de matière. Si celle-ci varie dans le temps, ces paramètres doivent eux-mêmes varier. Il a fallu cependant attendre 20 ans pour détecter ces variations.

Les mesures très précises de télémétrie laser sur les satellites géodésiques *Lageos* et *Starlette* ont montré que les variations temporelles du champ de gravité sont à présent détectables. Ces dernières sont très petites, de l'ordre de 10^{-10} en valeur relative. Les perturbations d'orbite créées par ces variations sont aussi très petites, environ un mètre sur une période d'une année sur l'orbite de *Starlette*. Ce sont les récents progrès dans la modélisation de toutes les forces agissant sur le satellite qui ont permis la détection des ces variations. Si les erreurs de modèles sont supérieures aux variations temporelles du champ, il est impossible en effet de les mesurer.

En étudiant sur de longues périodes (plusieurs années) l'évolution des trajectoires des satellites *Lageos*, *Starlette* et *Ajisai* (satellite laser japonais), plusieurs équipes aux Etats-Unis et en France ont mis en évidence une variation séculaire (variation linéaire avec le temps) de l'aplatissement dynamique de la Terre: cet aplatissement dynamique varie en valeur relative de $-2,7.10^{-11}$ par an. Cette observation indique que l'aplatissement de la Terre (ou ce qui est équivalent, le bourrelet équatorial) décroît régulièrement, au moins depuis quelques années.

Mais quel phénomène peut bien faire varier l'aplatissement?

L'aplatissement dynamique de la Terre est proportionnel à la différence des moments principaux d'inertie polaire et équatorial de la Terre. La variation d'aplatissement traduit directement une variation du moment principal d'inertie de la Terre selon l'axe de rotation. Il faut donc rechercher des phénomènes produisant une redistribution de matière variant avec la latitude ou affectant les régions polaires.

Le rebond post-glaciaire

Le phénomène de rebond post-glaciaire est un candidat très sérieux. Au cours du Quaternaire, le climat de la Terre a subi d'importantes fluctuations, avec plusieurs phases glaciaires responsables de l'édification de vastes calottes polaires, en particulier sur le nord du continent américain et le nord de l'Europe. La dernière grande glaciation a culminé il y a environ 20 000 ans après une croissance lente des calottes glaciaires initiée il y a près de 100 000 ans. Il y a 20 000 ans, une grande partie de l'hémisphère nord était recouverte de plusieurs kilomètres de glaces. L'inlandsis de l'Europe du Nord recouvrait les îles Britanniques, la péninsule scandinave et la Finlande. Une grande partie de la mer du Nord se trouvait sous les glaces. En Amérique du Nord, la calotte glaciaire appelée inlandsis des Laurentides recouvrait le Canada et une partie des Etats-Unis. Des observations indirectes indiquent que l'épaisseur de glace était de 2 à 4 km et qu'une grande quantité d'eau était stockée dans les calottes: le niveau de la mer était plus bas qu'aujourd'hui, environ 120 m de moins. La température moyenne de l'air en surface était plus basse, de 4 à 6 °C. Dans l'hémisphère sud, il semble que cet épisode glaciaire ait surtout affecté les glaciers de montagne mais pas la calotte antarctique dont le volume a sans doute peu changé. De –18 000 à –10 000 ans, la température du globe remonte et les calottes glaciaires, devenant instables, fondent. Cet épisode de déglaciation se termine vers –7 000 ans lors d'une phase de réchauffement maximum. Le niveau de la mer remonte alors à la vitesse de 1 à 4 m par siècle.

Nous savons aujourd'hui que la succession des cycles «glaciaire–interglaciaire» du Quaternaire résulte des variations d'insolation dans les hautes latitudes de l'hémisphère nord. Ces variations d'insolation résultent elles-mêmes des variations de la position et de l'orientation de la Terre par rapport au Soleil. C'est la théorie astronomique des paléoclimats proposée dans les années 20 par le mathématicien serbe Milutin Milankowitch. Cette théorie a été quantifiée par la suite, notamment par l'astronome belge André Berger. Ces études ont montré que la distribution saisonnière et en latitude de l'insolation solaire présente des variations cycliques liées aux variations de l'excentricité de l'orbite terrestre, de l'obliquité (angle entre le plan de l'équateur et l'écliptique) et de la précession.

Les principales périodicités associées à ces variations sont de 41 000 ans (pour l'obliquité), de 19 000 ans et 23 000 ans pour l'effet induit par la précession sur la position du périhélie et de 100 000 ans pour l'excentricité de l'orbite terrestre. Ces longues périodicités ont été clairement mises en évidence pour les grandes glaciations du Quaternaire: la périodicité dominante est de 100 000 ans, avec une influence sur le climat indirecte et encore mal comprise.

Ces grands épisodes glaciaires ont produit des variations du moment principal d'inertie polaire de la Terre dus à plusieurs effets. La phase de croissance de l'inlandsis correspond à une anomalie de masse dans les régions polaires. Le volume de l'eau prélevé dans les océans lors de la formation des calottes glaciaires abaisse le niveau de la mer. Enfin, la charge en surface due à la masse de la calotte crée une déformation de la surface terrestre qui à tendance à s'enfoncer. Par ailleurs, le manteau visqueux répond à cette charge en modifiant la répartition de la matière interne. Des trois effets, celui des variations du niveau de la mer sur le moment d'inertie est négligeable car la mer s'abaisse de façon globale.

Ces trois effets sont mutuellement dépendants et varient au cours du temps. Leur modélisation est complexe car il faut prendre en compte la variation du volume des calottes glaciaires et la réponse visqueuse du manteau. Des effets du même type, mais de sens inverse, interviennent durant la phase de déglaciation. Les observations réalisées en Scandinavie et dans la baie d'Hudson montrent que le soulèvement de la surface induit par la décharge des glaces se poursuit encore aujourd'hui. La poursuite du phénomène longtemps après la fin de la déglaciation témoigne de la relaxation visqueuse du manteau. A la fonte des calottes glaciaires, le manteau visqueux s'est décomprimé en créant une poussée vers le haut, donc un soulèvement de la surface. C'est le phénomène de rebond post-glaciaire, qui atteint 20 à 50 cm par siècle.

Dans les régions autrefois envahies par les glaces, on observe aujourd'hui de vastes anomalies de gravité négatives traduisant un déficit de masse et donc indirectement le phénomène de déglaciation.

Des modèles du rebond post-glaciaire ont été développés au cours des dernières années pour rendre compte des observations du soulèvement de la surface, des variations du volume des glaces et des variations du niveau de la mer. Ces modèles dépendent de façon critique de la viscosité du manteau. A l'aide des observations disponibles (les variations du volume des glaces, du niveau de la mer et du soulèvement des régions nordiques), il est possible d'estimer la viscosité moyenne du manteau. Une valeur de 10^{21} Pa.s a pu être établie.

Avec les satellites *Lageos*, *Starlette* et *Ajisai*, on a mis en évidence une variation séculaire de $-2{,}7.10^{-11}$ par an de l'aplatissement dynamique de la Terre qui traduit une variation séculaire du moment principal d'inertie de la Terre. On pense que celle-ci résulte du phénomène de rebond post-glaciaire, c'est-à-dire de la déglaciation et du soulèvement de la surface lié à la réponse visqueuse du manteau. Grâce aux satellites, on possède une observation supplémentaire, indépendante et plus précise que les mesures *in situ* de surrec-

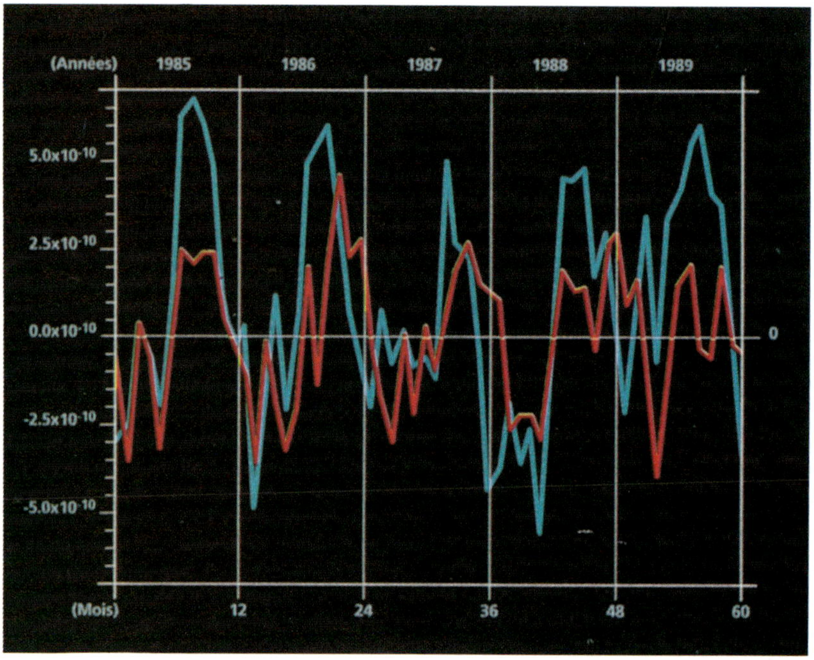

132. Variations saisonnières – en valeur relative – de l'aplatissement dynamique de la Terre mises en évidence par analyse de l'orbite du satellite *Lageos 1* (en bleu). Les variations saisonnières de l'inertie de l'atmosphère calculées à partir de mesures globales de pression atmosphérique pendant la même époque (1984-1990) sont superposées (en rouge). On peut noter la bonne correspondance entre les deux quantités. D'après Gégout et Cazenave, 1993.

tion des régions nordiques, des variations du niveau de la mer et du volume des glaces. Alors que ces dernières ne peuvent fournir qu'une valeur moyenne de la viscosité du manteau, la mesure de la variation séculaire du champ de gravité à partir des satellites laser permet d'accéder à des informations supplémentaires: la valeur absolue et la variation de la viscosité du manteau avec la profondeur. En effet, en mesurant non seulement la variation séculaire de l'aplatissement dynamique mais aussi celle des autres coefficients du champ de gravité de la Terre, on peut apporter des contraintes importantes sur la structure radiale de la viscosité du manteau. Ainsi grâce aux satellites de géodésie, le phénomène de rebond postglaciaire peut-être étudié avec beaucoup plus de finesse qu'avec les mesures *in situ*.

Pour la mesure de la viscosité du manteau, cette méthode est par ailleurs complémentaire de celle basée sur l'interprétation des grandes longueurs d'onde du géoïde (voir chapitre 4). Celles-ci, on l'a vu, fournissent une information sur la variation relative de la viscosité du manteau, et non pas sur sa valeur absolue. En combinant ces deux types d'observations (grandes ondulations du géoïde et variation séculaire du champ de gravité), on pourrait obtenir des résultats majeurs sur la viscosité du manteau terrestre.

La mesure de la variation séculaire des coefficients du champ de gravité (autre que l'aplatissement dynamique) ne fait que débuter. Il s'agit de quantités très petites, difficiles à mettre en évidence. Pour séparer les variations séculaires des différents coefficients, il est nécessaire d'analyser les orbites de plusieurs satellites d'inclinaisons différentes, sur plusieurs années. Ainsi, en combinant les mesures des trois satellites *Lageos 1*, *Starlette* et *Ajisai*, on a pu récemment déterminer les variations séculaires des quatre premiers coefficients du champ de gravité.

Avec les satellites, *Lageos 2* lancé par la NASA en octobre 1992 et *Stella* lancé par le CNES en septembre 1993, on pense pouvoir déterminer avec une précision accrue les variations séculaires de plusieurs coefficients du champ de gravité. Cela permettra de contraindre de façon fiable la viscosité du manteau et surtout sa variation avec la profondeur.

Les variations saisonnières de l'aplatissement dynamique

Les orbites des satellites *Lageos 1* et *Starlette* ont aussi révélé que l'aplatissement dynamique de la Terre varie au rythme des saisons. Des fluctuations annuelle et semi-annuelle très nettes ont ainsi été mises en évidence. Leur amplitude est de l'ordre de 10^{-10} en valeur relative.

On soupçonnait depuis longtemps l'existence de telles fluctuations, car en raison des déplacements saisonniers des masses d'air dans l'atmosphère ou des masses d'eau dans l'océan, l'inertie des enveloppes fluides varie au cours de l'année. La composante zonale des redistributions de masses d'air et d'eau le long des méridiens produit une variation de l'aplatissement dynamique que l'on peut à présent mesurer. Grâce à l'analyse de mesures mondiales de la pression atmosphérique, on a pu montrer que les variations saisonnières de l'aplatissement dynamique de la Terre sont pour l'essentiel d'origine météorologique (ill. 132).

On peut utiliser les variations de l'aplatissement observées à partir des satellites pour estimer l'influence des variations d'inertie des enveloppes fluides de la Terre sur sa rotation. On a vu que ces effets contribuent pour environ 10% aux variations saisonnières de la rotation de la Terre, le reste (90%) étant dû aux vents. Or, les variations de l'aplatissement dynamique et de la rotation de la Terre sont proportionnelles à la variation du moment d'inertie polaire, donc proportionnelles entre elles. L'intérêt d'utiliser les variations de l'aplatissement dynamique observées par satellite vient du fait que celles-ci reflètent non seulement les effets météorologiques mais aussi ceux des océans, des eaux de surface et des glaciers de montagne. Ces trois derniers effets sont par ailleurs difficiles à estimer. Si l'on a une mesure de la contribution totale des fluctuations saisonnières de l'inertie de l'hydrosphère et de la cryosphère à partir de l'aplatissement dynamique, on peut alors par différence avec les variations saisonnières de la rotation de la Terre observées de façon directe et indépendante par les techniques spatiales, obtenir une estimation précise de la contribution du moment cinétique de l'atmosphère à la fréquence saisonnière, indépendante des mesures de vents.

9

LES MARÉES

Le phénomène de marée est l'expression de la réponse de la Terre solide, des océans et de l'atmosphère à l'attraction gravitationnelle de la Lune et du Soleil. Cette réponse se traduit par des déformations périodiques, aussi bien des enveloppes fluides que du globe solide. Chaque point de la surface terrestre subit une déformation maximale lorsque sa distance à la Lune ou au Soleil est minimale. Les déformations les plus importantes se produisent selon un cycle extrêmement régulier, toutes les 12 heures et toutes les 24 heures. On observe aussi des déformations mensuelles, semi-mensuelles, annuelles et semi-annuelles. Des périodicités plus longues encore, de 9 ans et 18,6 ans sont également mises en évidence. Elles résultent des variations dans le temps des positions relatives de la Terre, de la Lune et du Soleil. Ainsi, cycles diurnes et semi-diurnes sont dus à la rotation de la Terre, alors que les cycles de 14 jours et 28 jours, 6 mois et 12 mois résultent respectivement des mouvements de la Lune autour de la Terre et de la Terre autour du Soleil. Les très longues périodes sont à associer aux déformations périodiques de l'orbite lunaire dans l'espace. On désigne par M_2 et S_2 les ondes principales de marées semi-diurnes causées par la Lune et le Soleil respectivement (avec M pour *moon* et S pour *sun)*. Les principales ondes diurnes sont notées O_1 (onde lunaire), P_1 (onde solaire) et K_1 (onde mixte). Leurs périodes sont légèrement différentes mais très proches de 24 heures. L'action de la Lune est dominante (d'un facteur 5) par rapport à l'action du Soleil.

Sous l'effet de l'attraction de la Lune et du Soleil, le globe solide se déforme. Cette déformation est principalement élastique. Si la Terre se comporte comme un fluide pour les actions de longue durée, elle se comporte au contraire comme un corps élastique sur des échelles de temps courtes. Cette déformation est proportionnelle à l'amplitude de l'attraction de la Lune et du Soleil et peut s'exprimer simplement à l'aide d'une quantité sans dimension appelée nombre de Love, introduite par le mathématicien anglais Love au début du siècle. Ce nombre caractérise la réponse élastique globale de la Terre et dépend de la rigidité et de la densité de la matière dans les différentes couches internes du globe.

Les déformations du globe solide, appelées «marées terrestres», produisent des variations périodiques de la gravité locale et des distorsions géométriques de la surface terrestre. Mesurés à l'aide de gravimètres ou de clinomètres, ces effets permettent d'estimer l'amplitude de la déformation du sol ainsi que le nombre de Love, fonction des propriétés élastiques de la Terre. Ainsi, le sol monte et descend toutes les 12 heures de plusieurs décimètres (30 cm aux latitudes moyennes). Ce phénomène ne nous est pas perceptible car il se manifeste à une très grande échelle. L'océan fluide se déforme plus que la Terre solide. L'amplitude de la marée est de l'ordre de 50 cm en pleine mer mais elle peut atteindre plusieurs mètres dans les mers peu profondes où des phénomènes de résonance se produisent. Les marées de l'océan se manifestent avec les mêmes périodicités que les marées terrestres. En revanche, elles ne peuvent pas être décrites simplement comme dans le cas du globe solide. La déformation océanique, en effet, n'est pas proportionnelle à l'attraction lunaire ou solaire car l'océan répond d'une façon très complexe à la force génératrice des marées. Cette complexité est d'abord due au fait que l'océan est fluide. A cela s'ajoute le fait que les courants de marées frottent au fond de l'océan, que la forme des côtes est très irrégulière et que la Terre solide se déforme sous la charge variable de l'océan. La présence de reliefs sous-marins induit une complexité supplémentaire.

Les marées océaniques sont observées à l'aide de marégraphes, instruments qui mesurent les variations périodiques de la hauteur de l'eau. Les marégraphes sont disposés le long des côtes continentales ou en bordure des îles océaniques. Mais leur distribution est très insuffisante pour restituer la complexité de la marée océanique. Des marégraphes «fond de mer», capables de mesurer la marée en plein océan, ont été développés ces dernières années mais leur utilisation reste limitée par les problèmes liés à la collecte des mesures.

C'est donc principalement par l'approche théorique que l'on a pu représenter les marées océaniques à l'échelle globale. La théorie sollicitée se fonde sur les équations de l'hydrodynamique données par Laplace, à qui l'on doit la première formulation théorique de la marée océanique à la fin du XVIIIe siècle. Cependant, la réponse de l'océan est si compliquée qu'il a fallu attendre les très puissants ordinateurs pour calculer avec précision la marée en tout point du domaine océanique. Ces modèles fournissent des cartes globales d'amplitude et de phase des principales ondes de marées (ill. 115). Les phases traduisent l'écart en temps entre la marée haute et le passage de la Lune ou du Soleil, écart qui peut atteindre plusieurs heures. En certains lieux de l'océan, appelés points amphidromiques, l'amplitude de la marée est nulle.

Observations des marées terrestres et océaniques et orbites des satellites

Les déformations de marées créent des variations périodiques du champ de gravité de la Terre. Ces variations de gravité provoquent des perturbations périodiques de la trajectoire des satellites artificiels. Ces perturbations sont très petites, de l'ordre de 10 m pour les marées terrestres et d'un mètre seulement pour les marées océaniques. Cependant, grâce aux progrès récents de la restitution des orbites des satellites, il est devenu possible d'observer les déformations des trajectoires causées par les marées. C'est notamment le cas pour les petits satellites géodésiques *Starlette* et *Stella* dont l'orbite est calculée avec une très grande précision, ce qui permet de déterminer les effets des marées terrestres et océaniques. Le principal paramètre auquel cette méthode donne accès est la quantité d'énergie dissipée dans la Terre et dans l'océan lors de la déformation.

La dissipation d'énergie des marées a déjà été évoquée dans le chapitre 7 sur la rotation de la Terre. La Terre solide n'est pas parfaitement élastique: la déformation a lieu avec un léger retard, de l'ordre de quelques minutes après le passage de la Lune ou du Soleil au méridien. L'océan lui-même se déforme avec un retard qui peut atteindre localement plusieurs heures. A ces retards correspond une dissipation d'énergie par frottement avec dégagement de chaleur. Pour la Terre solide, la quantité d'énergie dissipée est une mesure de l'état physique interne du manteau et de sa température. Pour les océans, la quantité d'énergie dissipée dépend de nombreux facteurs, notamment de la profondeur de l'océan et de la forme des côtes. La mesure précise de la quantité d'énergie dissipée par le phénomène de marée est primordiale pour l'étude de l'évolution du système Terre-Lune. Nous avons vu que c'est la dissipation d'énergie des marées qui cause le ralentissement séculaire de rotation de la Terre et l'accroissement associé de la distance Terre-Lune.

Avec l'étude fine des orbites de satellites comme *Starlette* ou son jumeau *Stella* lancé par le CNES en octobre 1993, on obtient une mesure précise de l'énergie totale dissipée dans la Terre solide et dans les océans. Les résultats peuvent alors être comparés à l'estimation de l'énergie dissipée dans les océans à partir des modèles hydrodynamiques de marées océaniques. La différence entre les deux approches fournit ainsi une valeur de l'énergie dissipée dans le manteau terrestre. On peut ensuite comparer les résultats obtenus par l'étude des trajectoires aux mesures de la décélération du mouvement orbital de la Lune réalisées par les techniques laser-Lune. Cette dernière approche permet d'estimer la dissipation totale dans le système Terre-Lune, c'est-à-dire dans la Terre, dans l'océan et dans la Lune. On a alors accès par comparaison à l'énergie dissipée dans la Lune.

Les résultats les plus récents ont montré que plus de 90% de l'énergie des marées est dissipée dans les océans, et la fraction restante dans la Terre solide. La dissipation d'énergie dans la Lune est estimée négligeable.

Mesure directe de la marée océanique par altimétrie sur satellite

Avec les satellites altimétriques mesurant les variations de la hauteur de la mer, il est devenu possible de cartographier directement les marées océaniques. Les satellites altimétriques de la nouvelle génération, *Geosat*, *ERS-1* et *Topex-Poséidon*, décrivent une orbite dite répétitive, c'est-à-dire qu'ils repassent exactement à la verticale d'un même point de la Terre à intervalles réguliers (un cycle orbital): 17 jours pour *Geosat*, 35 jours pour *ERS-1* et 10 jours pour *Topex-Poséidon*. Au cours d'un cycle orbital, le satellite échantillonne toute la surface terrestre. Il mesure la marée, par exemple la marée semi-diurne M_2, à différentes heures locales: le signal des marées est vu par le satellite avec un effet stroboscopique qui dépend de la fréquence propre de l'onde de marée et de la fréquence d'un cycle orbital. Il faut ainsi plusieurs cycles successifs pour cartographier une onde de marée donnée.

Une première représentation de la marée M_2 avait été obtenue avec le satellite *Geosat*. Avec les mesures très précises de la hauteur de la mer (quelques centimètres) réalisées avec le satellite *Topex-Poséidon*, une représentation globale de grande qualité de la marée M_2 vient d'être établie (ill. 116). Des cartes des principales ondes de marées océaniques avec une précision centimétrique seront disponibles très bientôt.

La connaissance précise des marées océaniques est capitale pour les applications océanographiques de l'altimétrie. Pour déterminer par altimétrie les fluctuations temporelles, de quelques centimètres seulement, causées par la circulation océanique (voir chapitre 10), il est impératif que les déformations de marées, de l'ordre de 50 cm, soient connues avec une précision centimétrique sur tout l'océan. Une telle précision reste hors de portée des modèles numériques reposant sur les équations de l'hydrodynamique. Même si les meilleurs modèles actuels atteignent une précision de l'ordre de 5 cm au milieu des bassins océaniques, dans de nombreuses régions, ces modèles fournissent une mauvaise description de la marée. On peut s'en persuader en comparant des solutions numériques indépendantes qui figurent parmi les meilleures. Des écarts importants sont observés, pouvant atteindre 10 cm.

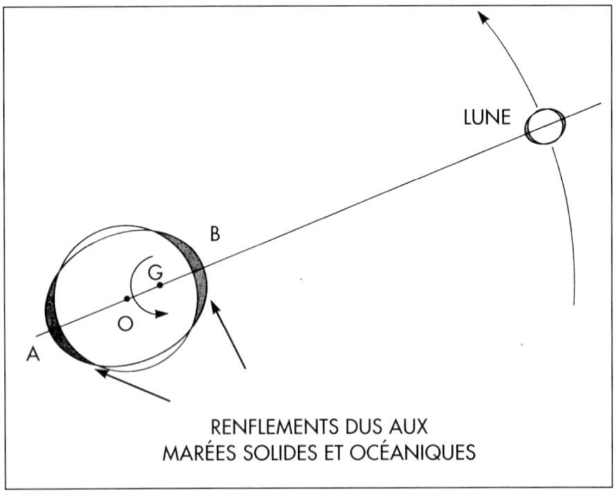

114. Les marées dans le système Terre-Lune. La Terre et la Lune tournent autour du point G, centre de gravité de ces deux corps, très proche du centre O de la Terre. La Lune exerce sur chaque particule de la Terre une accélération d'autant plus grande que la particule est plus proche de la Lune. L'accélération de chaque particule dans un repère lié à la Terre est une accélération différentielle: c'est la différence entre l'accélération produite sur la particule et celle qui est exercée sur le centre de masse de la Terre. Il en résulte que deux points diamétralement opposés et situés sur l'axe Terre-Lune, comme A et B, subissent, par rapport au centre de masse de la Terre, des accélérations de même grandeur mais de sens opposés. Deux bourrelets diamétralement opposés apparaissent alors. Il en est de même sur la Lune. Comme la Terre tourne sur elle-même en 24 h, tous les points de déformation maximale tels que A et B font le tour de la Terre en 24 h, ce qui donne une marée toutes les 12 h.

115 Carte de l'onde de marée M_2 issue de la modélisation numérique des équations hydrodynamiques. Les amplitudes sont données en mètres. Les lignes d'égale phase forment un réseau convergent vers un point d'amplitude nulle autour duquel tourne l'onde de marée. D'après Le Provost *et al.*, 1994.

116. Carte de la marée océanique M_2 obtenue par analyse des données altimétriques du satellite *Topex-Poséidon*. Zones jaunes: amplitude entre 0 et 10 cm. Zones orangées: amplitude entre 10 et 20 cm, etc. Courbes isophasées tous les 30 degrés. D'après Mazzega *et al.*, 1994.

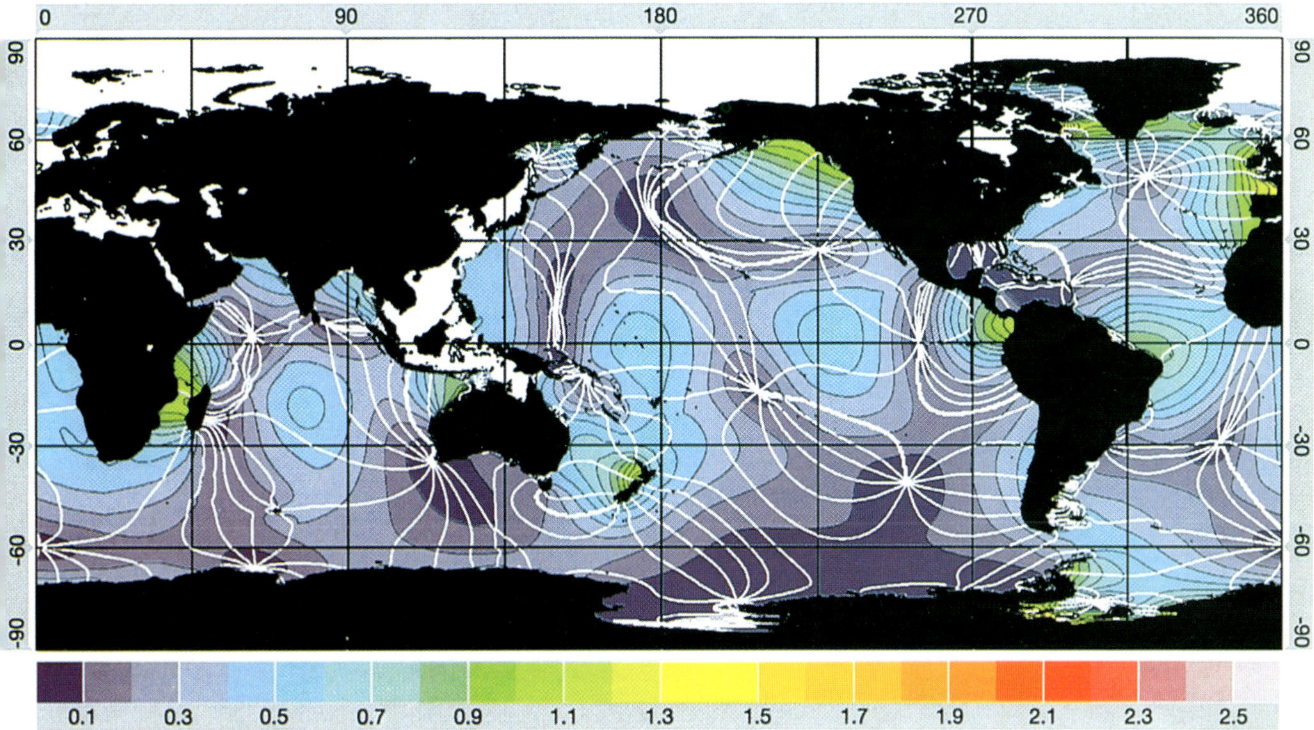
0
90
180
270
360
90
60
30
0
-30
-60
-90
0.1
0.3
0.5
0.7
0.9
1.1
1.3
1.5
1.7
1.9
2.1
2.3
2.5

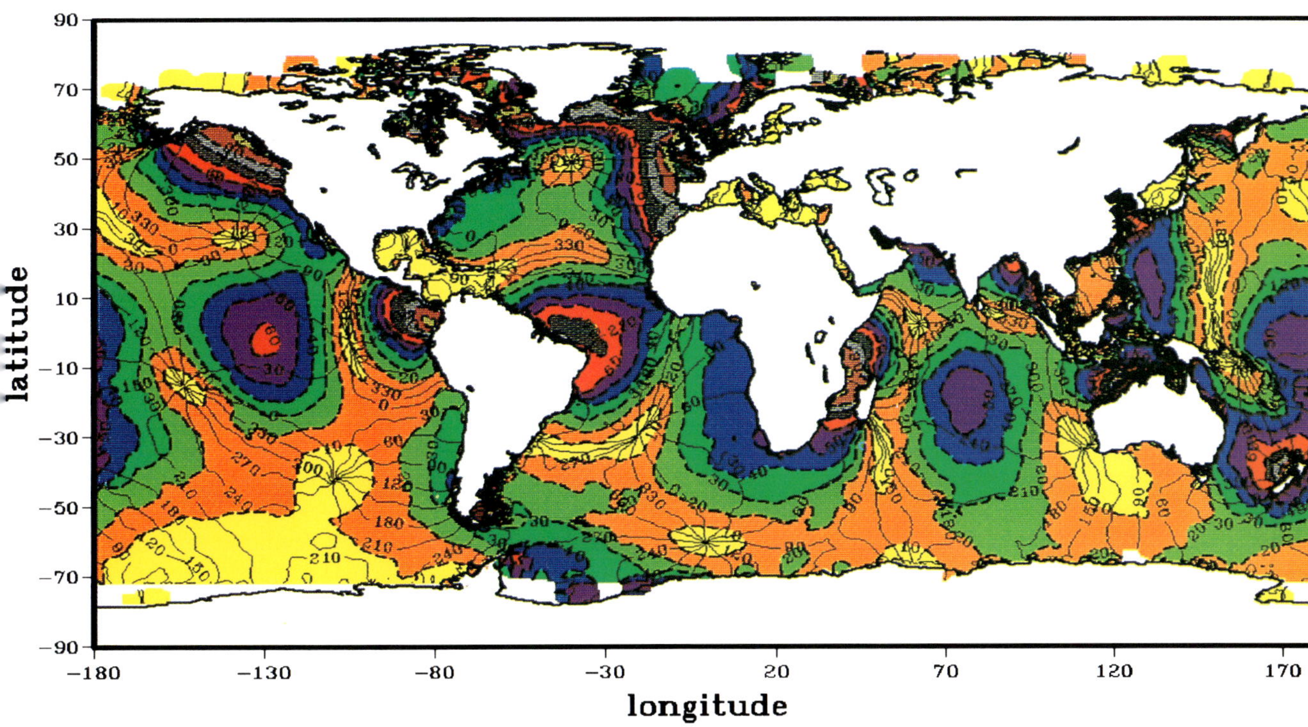
90
70
50
30
10
−10
−30
−50
−70
−90
latitude
−180
−130
−80
−30
20
70
120
170
longitude

10

ALTIMÉTRIE SPATIALE ET CIRCULATION OCÉANIQUE

L'océan joue un rôle capital dans l'évolution du climat de la Terre. Grâce à sa forte capacité calorifique, l'océan est capable de stocker une partie importante de l'énergie thermique échangée avec l'atmosphère dans les régions équatoriales et de la redistribuer dans les autres régions du globe par l'intermédiaire des courants océaniques, et cela sur des échelles de temps beaucoup plus longues que celles de la dynamique atmosphérique.

L'atmosphère transporte la chaleur par l'intermédiaire des vents qui, en soufflant au-dessus de la surface de la mer, contribuent à générer, en même temps que les échanges thermiques atmosphère-océans, des courants marins de surface. Ces courants se déplacent beaucoup plus lentement que les vents mais peuvent emmagasiner une quantité bien plus importante de chaleur. Grâce à cette propriété, l'océan stabilise la température de la Terre et joue le rôle de mémoire thermique du système climatique.

Parmi leurs objectifs prioritaires, les recherches actuelles sur le climat comptent la détermination de la circulation globale des océans sur une large gamme d'échelles de temps: la circulation à long terme (plusieurs années), sa composante saisonnière et sa variabilité spatio-temporelle à courte échelle de temps. Or, comme pour la plupart des observations géophysiques faites au sol, un tel programme nécessite des mesures globales sur l'ensemble du domaine océanique, ce qui n'est pas réalisable avec les mesures faites à partir des bateaux. La composante temporelle oblige en plus à réaliser des mesures répétées sur de longues durées (plusieurs années). Les campagnes océanographiques, indispensables par ailleurs, ne permettent donc pas d'observer, à l'échelle des grands bassins, la circulation océanique et ses variations.

Cette surveillance précise, continue et globale, ne peut être réalisée que par satellite: avec le développement de l'altimétrie par satellite, la mesure de la circulation océanique est devenue possible. L'altimétrie mesure la hauteur de la surface marine par rapport à l'ellipsoïde de référence. Outre les ondulations du géoïde (chapitre 3), cette mesure inclut un signal d'origine océanographique, la «topographie dynamique de l'océan», dont l'amplitude n'excède pas 1-2 m, et qui se superpose donc au géoïde. Elle représente l'écart entre la hauteur instantanée de la surface de la mer et le géoïde.

Il existe une relation entre la «topographie dynamique» et la vitesse des courants océaniques. Ces derniers, qui suivent des courbes de niveau, ont une vitesse proportionnelle à la pente locale de la surface instantanée de la mer. Cette relation résulte d'un équilibre entre les forces de pression et de Coriolis. A cause de la force de Coriolis, les courants sont déviés vers la droite dans l'hémisphère nord et vers la gauche dans l'hémisphère sud. Poussés par le vent et déviés par la force de Coriolis, les courants océaniques de surface décrivent de grandes boucles appelées gyres. La mesure de l'élévation de la surface de l'océan permet ainsi de calculer la vitesse et la direction des courants de surface.

Les écarts entre la hauteur instantanée de la mer mesurés par altimétrie et le géoïde conduisent ainsi à une mesure directe de la vitesse des courants de surface donc de la circulation océanique superficielle. On peut ensuite en déduire la circulation profonde en utilisant d'une part des modèles tridimensionnels de l'océan, d'autre part des mesures *in situ* (pression, température et salinité). A l'aide de mesures altimétriques répétées à intervalles réguliers sur des durées longues, on peut ainsi décrire les caractéristiques majeures de la circulation océanique.

Les principales composantes de cette circulation sont les suivantes:

• Une circulation moyenne, stationnaire, d'amplitude de 1 à 2 m.

• Une variabilité à grande échelle, saisonnière (en particulier annuelle) et interannuelle (par exemple, les événements *El Niño*). C'est essentiellement cette variabilité à grande échelle qui est liée aux variations du climat.

• Une composante turbulente dite méso-échelle, caractérisée par les tourbillons et les méandres des grands courants.

Le CNES, conjointement avec la NASA, a développé la mission altimétrique *Topex-Poséidon* destinée à mesurer pendant cinq ans la circulation globale des océans avec une précision jusqu'ici inégalée. Lancé en août 1992, ce satellite a d'ores et déjà fourni des résultats d'une qualité exceptionnelle, avec une précision améliorée d'un facteur 2 par rapport aux prévisions.

Topex-Poséidon possède deux altimètres, un français, l'autre américain, qui fonctionnent en alternance et mesurent avec une précision centimétrique les variations de la hauteur de la mer. L'orbite du satellite a été choisie pour que le satellite repasse à la verticale d'un même point de l'océan tous les dix jours exactement, ce qui permet d'échantillonner de façon optimale les différentes composantes temporelles de la circulation océanique. La qualité remarquable des résultats fournis par *Topex-Poséidon* ne provient pas seulement des performances techniques des altimètres, mais surtout de la précision avec laquelle l'orbite du satellite est restituée. La hauteur de la mer par rapport à l'ellipsoïde de référence est la différence entre la mesure altimétrique (altitude du satellite au-dessus de la surface de la mer) et l'altitude du satellite au-dessus de l'ellipsoïde. Cette dernière est déduite des calculs de la trajectoire en combinant un modèle d'orbite basé sur le champ de forces dans lequel évolue le satellite et des mesures de poursuite. Les erreurs affectant cette altitude vont induire directement des erreurs sur l'estimation de la hauteur de la mer. Avec les satellites altimétriques antérieurs, *Geosat* et *ERS-1*, cette erreur est importante, de l'ordre de 20 à 30 cm. Avec *Topex-Poséidon*, l'erreur sur l'orbite est réduite d'un facteur 10. Cela a pu être réalisé d'une part, en affinant le modèle de forces, d'autre part en utilisant des mesures de poursuite d'une qualité accrue, celles du système DORIS. Le système DORIS a été initialement conçu pour l'orbitographie précise des satellites altimétriques. Outre la précision des mesures basée sur l'effet Doppler, la distribution globale et homogène du réseau de stations d'observations permet pour la première fois d'observer la totalité de la trajectoire du satellite. L'erreur sur l'altitude du satellite au-dessus de l'ellipsoïde n'est que de 2 à 3 cm, ce qui donne, pour la première fois dans une mission altimétrique, la hauteur de la mer par rapport à l'ellipsoïde avec une précision équivalente. C'est précisément là le niveau requis pour mesurer quantitativement le signal océanographique associé à la circulation océanique.

Des premières cartes de la circulation océanique à grande échelle ont été réalisées à partir des observations de *Topex-Poséidon* faites en plusieurs mois entre octobre 1992 et juillet 1993. Ces cartes révèlent les grands courants océaniques comme le *Gulf Stream*, le *Kuro-Shivo*, le courant du Brésil. On observe également très bien le courant circumpolaire antarctique qui tourne autour du continent. On note par ailleurs une élévation du niveau de la mer dans le Pacifique équatorial, causée par une accumulation d'eaux chaudes poussées par les alizés (ill. 118).

Pour les grandes tendances, cette carte de la circulation à grande échelle se compare bien à celle de la circulation moyenne basée sur l'accumulation de données océanographiques sur plusieurs décennies. La carte altimétrique révèle cependant des détails dans l'organisation de cette circulation inaccessibles aux mesures en mer du fait de leur médiocre distribution.

Les mesures altimétriques permettent aussi de détecter la variabilité de la circulation que l'on peut associer à l'activité tourbillonnaire des courants. Les courants sont en effet localement instables avec des tourbillons de quelques dizaines à quelques centaines de km de diamètre. Cette activité tourbillonnaire est bien visible sur les observations de *Topex-Poséidon*, notamment le long du courant péri-antarctique, du courant du Brésil, du *Gulf Stream* et du *Kuro-Shivo*. La topographie dynamique associée à ces tourbillons peut atteindre localement 1 m (ill. 119).

Superposées aux grands courants et aux tourbillons, on connaît également des fluctuations saisonnières à grande échelle, caractérisées par des pentes de quelques centimètres sur plusieurs milliers de kilomètres. Elles reflètent des changements de la position et de l'intensité des grands courants océaniques liés

117. Le satellite franco-américain *Topex-Poseidon* destiné à l'étude de la dynamique des océans. L'antenne des altimètres figure en 5 et l'antenne DORIS en 7. Document CNES.

118. Carte de la topographie dynamique (ou circulation moyenne) de l'océan (en cm) obtenue à partir des mesures altimétriques de *Topex-Poséidon* d'octobre 1992 à juillet 1993. Document CLS-CNES.

119. Carte de la variabilité méso-échelle (en mm) de la topographie dynamique de l'océan déduite de 12 mois de mesures de *Topex-Poseidon*. D'après Brossier et Minster, 1994.

120. Carte des variations à grande échelle (en cm) de la topographie dynamique de l'océan, mesurées par *Topex-Poseidon* entre octobre 1992 et mars 1993. Les valeurs négatives observées dans l'hémisphère nord traduisent le refroidissement des eaux de surface de l'hiver 92-93. Document CLS-CNES.

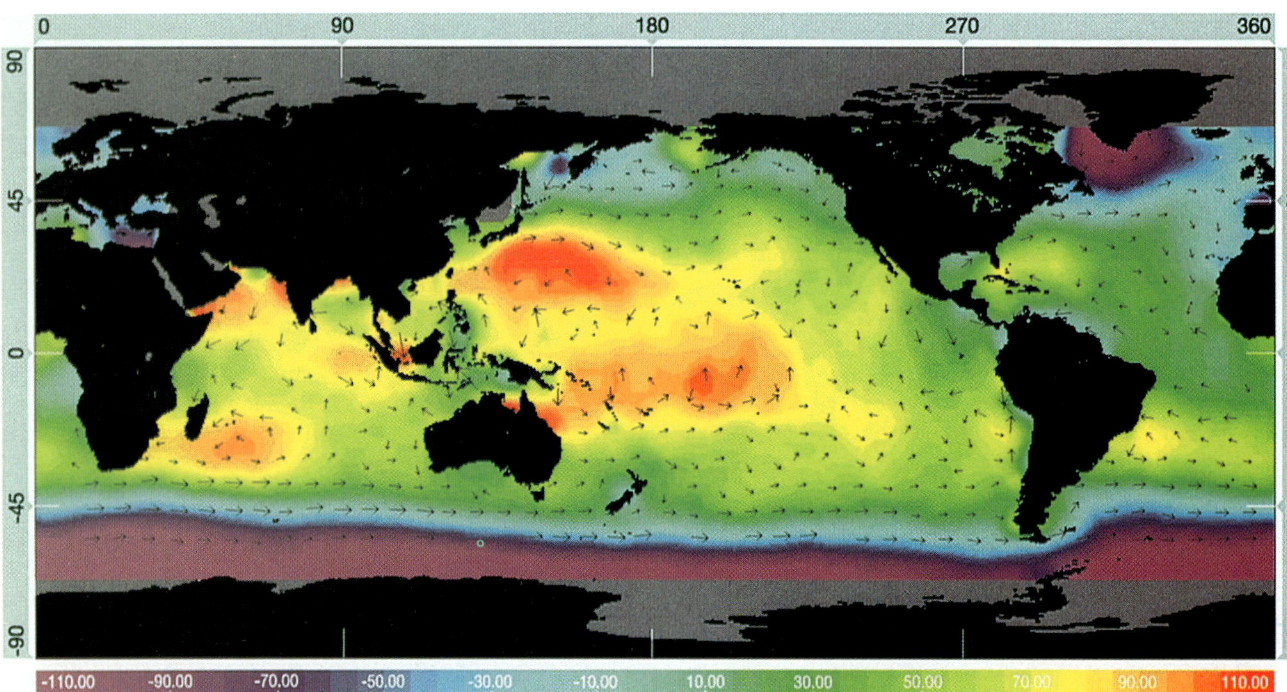

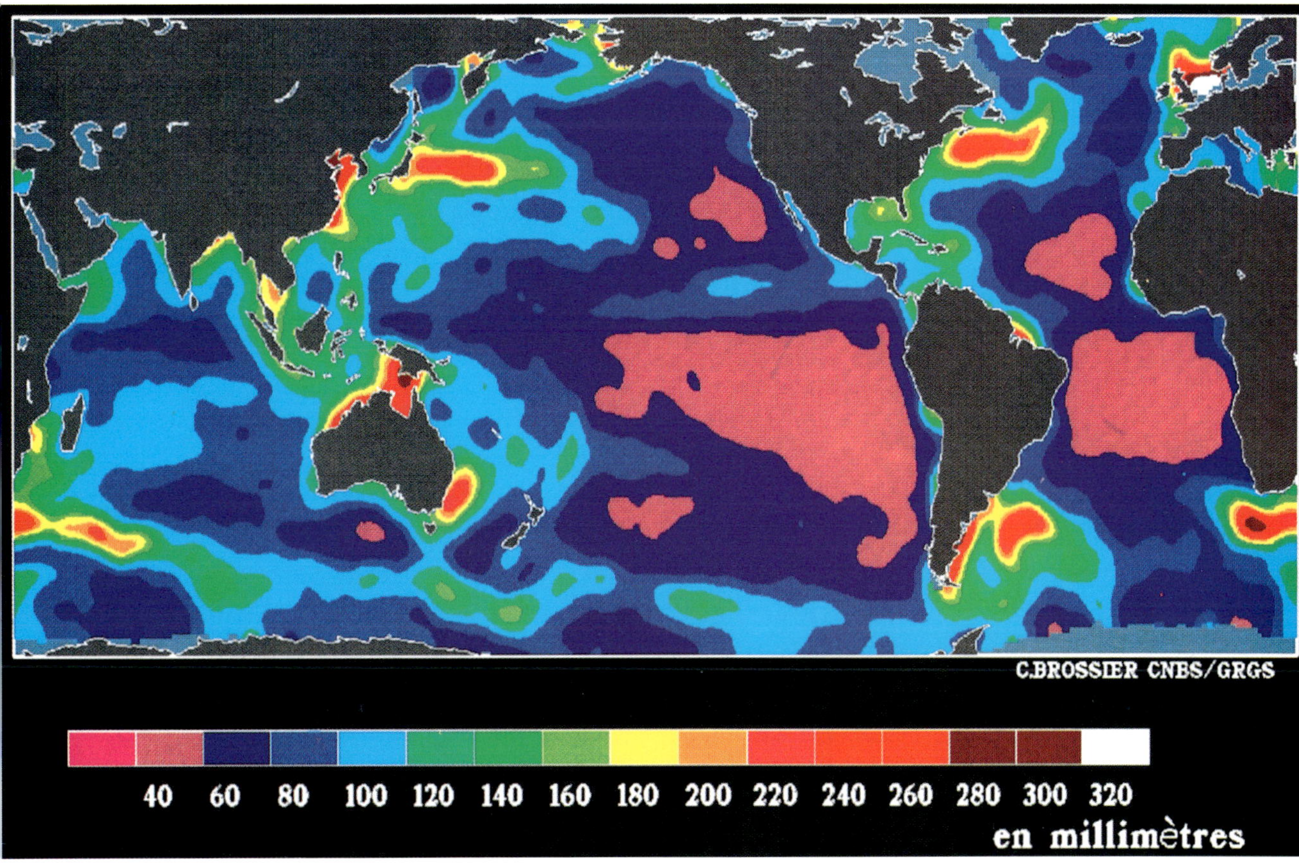
C.BROSSIER CNBS/GRGS
40 60 80 100 120 140 160 180 200 220 240 260 280 300 320
en millimètres

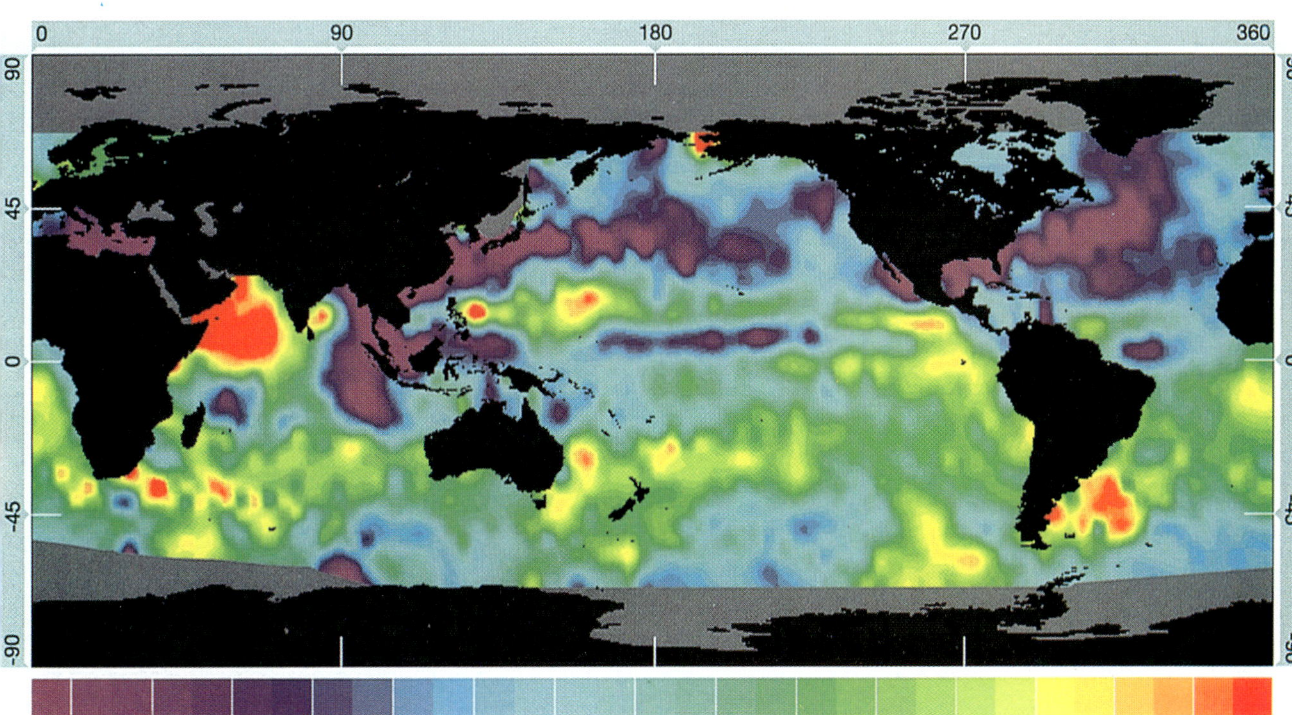
0 90 180 270 360
90 45 0 -45 -90
-16.00 -14.00 -12.00 -10.00 -8.00 -6.00 -4.00 -2.00 -0.00 2.00 4.00 6.00 8.00 10.00 12.00

MESURE DE LA TOPOGRAPHIE DE L'ANTARCTIQUE PAR L'ALTIMÈTRE D'*ERS-1*

Avec son orbite presque polaire, le satellite *ERS-1* survole près de 80% de la surface de l'Antarctique et tout le Groenland. Grâce à son altimètre radar, il peut ainsi mesurer la topographie des calottes glaciaires des hémisphères nord et sud. Les calottes glaciaires jouent un rôle important dans l'évolution climatique de la Terre. En effet, la croissance et la fonte des calottes glaciaires sur des échelles de temps de quelques milliers d'années sont inversement corrélées aux variations du niveau de la mer et de la température moyenne du globe.
On pense qu'il existe aussi un lien entre les variations climatiques observées sur des échelles de temps de quelques décennies et l'évolution des calottes glaciaires. Ainsi, l'élévation de la température moyenne du globe de 0,5 °C et du niveau moyen de la mer d'environ 20 cm depuis le début du siècle pourrait être associée à une variation du volume des glaces de l'Antarctique et du Groenland.
Au cours d'une année, les calottes glaciaires sont soumises à deux effets antagonistes: l'accumulation du volume de la neige et l'ablation par fusion de la glace dans les régions côtières et la décharge des icebergs. Si le taux d'accumulation est égal au taux d'ablation, la calotte est en équilibre. Si en revanche l'accumulation l'emporte sur l'ablation, le volume de la calotte augmente et inversement.
On ne sait pas actuellement si le Groenland et l'Antarctique sont en équilibre. L'établissement de leur bilan de masse est de première importance pour estimer leur contribution à l'élévation observée du niveau des mers et plus généralement leur impact sur l'évolution climatique actuelle.
La mesure répétée au cours du temps de la topographie de surface de l'Antarctique et du Groenland doit permettre de mettre en évidence les variations temporelles de cette topographie, donc d'estimer le bilan de masse actuel des calottes polaires. Ainsi, une augmentation du taux d'accumulation de la glace de l'ordre de 10% conduirait à une élévation de la topographie de 10 cm en 5 ans à 2 000 m d'altitude.
Des premières cartes de la topographie du Groenland et de l'Antarctique ont été établies à partir d'*ERS-1* par des chercheurs du Groupe de recherche de géodésie spatiale en France.
De telles cartes répétées à intervalles réguliers pendant plusieurs années permettront d'établir un suivi climatique du volume des calottes glaciaires.

aux saisons. Malgré leur amplitude très faible, ces fluctuations saisonnières ont d'ores et déjà pu être observées par *Topex-Poséidon*. La dépression de la surface de l'océan associée à ce signal dans l'hémisphère nord mesure la contraction des eaux de surface causée par leur refroidissement en hiver. Un changement d'intensité et de position des courants sous l'action du vent contribue aussi à l'effet observé. Le phénomène inverse est observé dans l'hémisphère sud, bien que plus faible (ill 120).

Durant l'hiver 92-93, *Topex-Poséidon* a aussi observé le phénomène climatique *El Niño*. Ce phénomène, déjà évoqué dans le chapitre relatif à la rotation de la Terre, a fait une nouvelle apparition dans le Pacifique équatorial quelques mois auparavant. Comme pour les épisodes précédents, il a été initié par un affaiblissement des alizés et un déplacement vers l'est des eaux chaudes du Pacifique ouest. Cela a produit une modification notable de la topographie de la surface de la mer, qui s'est traduite par la propagation vers l'est, sous forme d'une onde de Kelvin, d'une anomalie positive de plus de 10 cm d'amplitude, bien mesurée par les altimètres de *Topex-Poséidon*.

L'observation depuis l'espace de la circulation océanique et de sa variabilité doit être poursuivie pendant plusieurs années. Il ne s'agit pas seulement de détecter les phénomènes mais plutôt d'utiliser les observations comme des contraintes quantitatives des modèles d'océan, afin de caractériser au mieux l'océan réel.

11

VÉNUS, PLANÈTE SŒUR DE LA TERRE

Vénus, notre voisine planétaire la plus proche, a une origine très semblable à celle de la Terre. Les deux planètes se sont formées à peu près au même moment, et à partir du même nuage de gaz. Elles ont toutes deux évolué dans la même région du système solaire et possèdent des caractéristiques similaires. Dans les deux cas, la surface a été modelée par le volcanisme, l'activité tectonique et le bombardement par des météorites. Comme Vénus est la planète qui ressemble le plus à la Terre, les observations de cette «planète sœur» seront probablement déterminantes pour mieux comprendre certains processus géophysiques externes intervenant sur notre planète. En 1989, la sonde américaine *Magellan* a été lancée depuis la Terre vers Vénus, qu'elle a atteinte après quinze mois de voyage. Depuis, elle gravite autour de Vénus en envoyant une mine d'informations vers la Terre. Les données acquises par la mission Magellan permettront de tester les hypothèses sur l'évolution des planètes, comme les théories sur la formation des montagnes, l'éruption des volcans et même la tectonique des plaques, processus qui paraît spécifique à la Terre, d'après nos connaissances actuelles. L'acquisition de ces données repose largement sur des techniques de géodésie spatiale.

L'instrumentation embarquée sur la sonde *Magellan* permet de mesurer trois paramètres de la surface de Vénus: la réflectivité aux ondes électromagnétiques centimétriques, l'altitude topographique, et l'émissivité radio-thermique, trois modes de fonctionnement du même instrument radar qui permettent de «voir», «toucher» et «écouter» la planète, respectivement. Un quatrième type de données est fourni par la position de la sonde elle-même, car la trajectoire qu'elle décrit autour de la planète est sensible au champ de gravité de Vénus. Comme pour les satellites en orbite autour de la Terre, l'orbitographie précise par poursuite Doppler apporte des renseignements complémentaires.

La période de révolution de Vénus

Vénus, depuis toujours, apparaît dans le ciel comme un objet brillant, à l'aube et au crépuscule. Mais même avec les télescopes les plus puissants, sa surface reste dissimulée par son atmosphère opaque. La rotation de Vénus autour de son axe ne peut pas davantage être observée avec les méthodes optiques. Il a fallu attendre le développement de radars puissants, pendant les années 1960, pour «pénétrer» son atmosphère et découvrir enfin que Vénus tourne dans le sens opposé de celui de la Terre. Le principe général pour mesurer la rotation et l'orientation de son axe consiste à mesurer la position de plusieurs points identifiables sur la surface vénusienne à plusieurs époques. Les premiers résultats indiquaient une période d'environ 243 jours (terrestres) avec une précision d'un dixième de jour, c'est-à-dire deux heures et demie. Vingt ans plus tard, avec les nouveaux radars, une précision cent fois meilleure était atteinte, soit moins de deux minutes. Par comparaison, la période de rotation terrestre est maintenant connue à dix microsecondes près.

Pour améliorer la précision de la mesure de la rotation de Vénus, la mission Magellan a permis d'identifier des points de contrôle sur la planète. Bien que ces

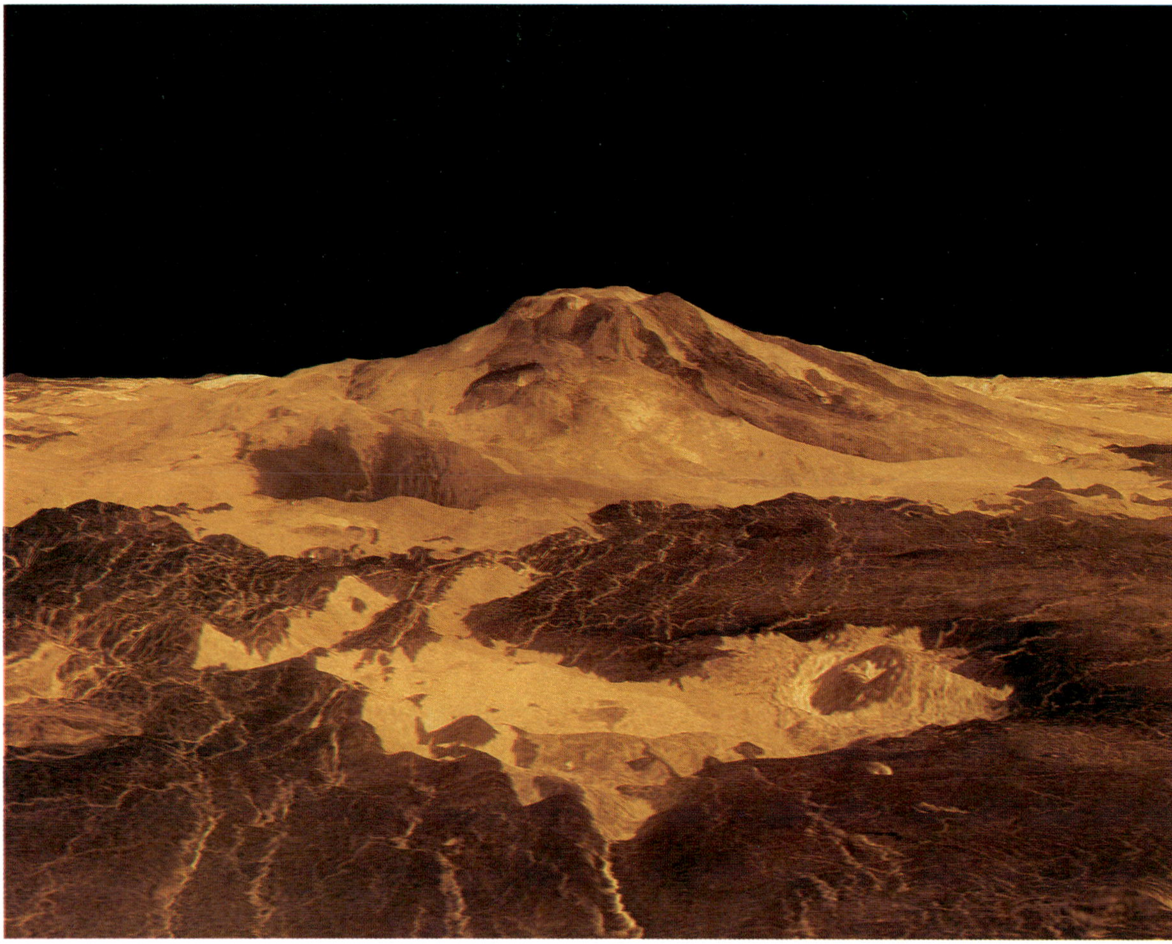

121. Le volcan *Maat Mons*, sur Vénus. Cette perspective est obtenue par superposition de l'image radar sur la surface topographique estimée par stéréoscopie radar. Une coulée de lave, qui apparaît en couleur claire (à cause de sa réflectivité au radar) descend depuis les flancs du volcan vers les plaines situées au premier plan. Le sommet atteint 5 000 m d'altitude. L'échelle topographique verticale est exagérée d'un facteur 10 par rapport à l'échelle cartographique horizontale. Image JPL/Caltech et NASA.

repères ne soient pas matérialisés par des bornes comme sur la Terre, ils sont faciles à reconnaître. Ce sont, par exemple, les sommets de volcans, qui donnent un reflet particulièrement brillant sur l'image radar. Il suffit de les identifier sur au moins deux images radar prises lors de passages successifs du satellite. Leur position relativement à la trajectoire du satellite, elle-même déterminée dans un repère inertiel, change en fonction du temps à cause de la rotation de Vénus. On mesure cette position relative avec l'altimètre du satellite, en connaissant aussi l'orientation de l'antenne radar. En utilisant plusieurs milliers de mesures de ce type, sur environ mille points de la surface de la planète et cela pendant une centaine de rotations de la sonde sur son orbite, on peut estimer les coordonnées vénusiennes des différents points repérés. Comme pour d'autres méthodes de positionnement satellitaires, il est également nécessaire d'améliorer simultanément l'éphéméride du satellite. Le résultat de l'estimation par la méthode des moindres carrés donne la période de rotation avec une précision de 35 secondes. Cette précision, bien supérieure à celle des premiers résultats acquis depuis les observatoires terrestres vingt ans avant le lance-

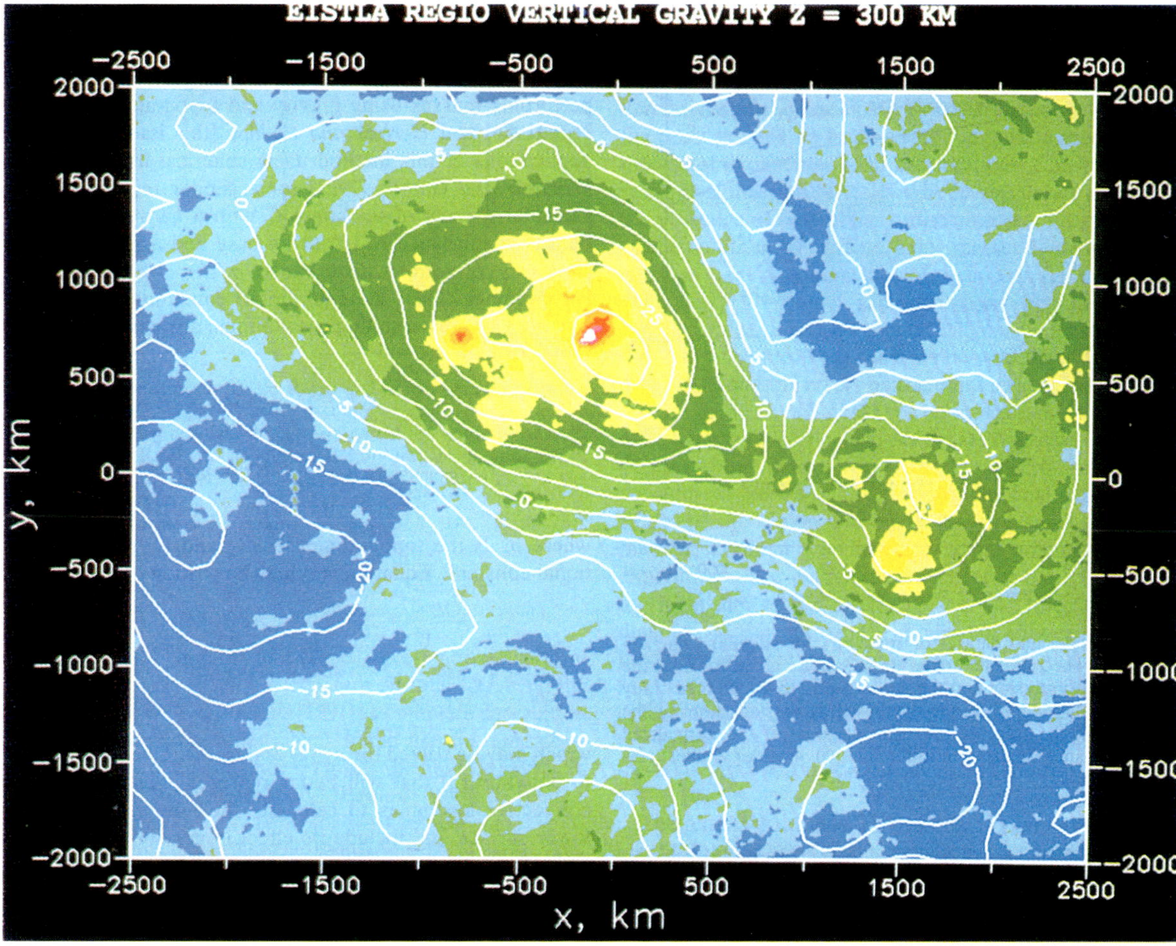

ment de *Magellan*, est somme toute excellente pour une planète située à 15 mois de voyage de la Terre, où aucun géodésien n'a jamais mis les pieds!

La surface de Vénus vue par radar

Bien que l'on ne puisse voir la surface de Vénus à l'œil nu, à cause de l'opacité de son atmosphère, il est possible d'obtenir une image de l'écorce vénusienne par les réflexions des ondes radar. La mission *Magellan*, qui avait pour objectif principal de dresser une carte radar de Vénus, fût un véritable succès puisqu'elle permit de réaliser une couverture cartographique de 97% de la surface de la planète. Il est alors possible, connaissant l'indice de réflectivité radar de certaines roches et structures, d'interpréter,

122. Carte topographique (couleurs allant du bleu au rouge, qui indique un sommet culminant à 2 000 m d'altitude) et gravimétrique (contours blancs à intervalles de 5 mGal) de la région d'Eistla Regio sur Vénus. Le sommet central, avec une signature gravimétrique importante, est probablement un point chaud, à l'image du «bombement» du Pacifique sur Terre. Les données topographiques proviennent des mesures altimétriques de la mission *Magellan*. Les données gravimétriques, établies à partir d'une altitude de 300 km, sont déduites des accélérations du satellite *Pioneer*. Des cartes gravimétriques semblables, avec plus de détail, pourront être réalisées à partir des orbites de *Magellan*. D'après Grimm et Phillips, 1992.

de «lire la carte» d'une façon intuitive. Les laves récentes, comparables aux basaltes d'Hawaii par exemple, sont brillantes à cause de la rugosité de leur surface. Au contraire, les zones sombres sont souvent associées à des cratères résultant d'impacts de météorites. La mission *Magellan* a ainsi mis en évidence un volcanisme abondant sur Vénus. Contrairement à ce qui est observé sur la Terre, les édifices volcaniques sont distribués globalement sur de larges étendues. De vastes épanchements volcaniques ont été mis en évidence dans de nombreuses régions. *Magellan* a permis la découverte d'une variété étonnante de constructions volcaniques de dimensions allant de la dizaine au millier de kilomètres: des volcans-boucliers de petite dimension, des dômes, des cônes et quantités d'autres structures plus ou moins circulaires baptisées novae, coronae, arachnoids, etc.

L'étude de la distribution des cratères d'impact à la surface de Vénus a conduit à la conclusion que la surface de Vénus est relativement jeune, environ 500 millions d'années. Cet âge moyen est supérieur à celui de fonds océaniques terrestres en perpétuel renouvellement mais beaucoup plus faible que celui des surfaces des autres planètes telluriques. On pense qu'il y a quelques centaines de millions d'années la surface de Vénus a été l'objet d'un important bouleversement, vraisemblablement d'origine volcanique, lié à la dynamique interne de la planète.

Les images radar de la surface de Vénus n'ont détecté aucun signe d'activité tectonique comparable avec celle qu'on connaît sur la Terre. Des zones de déformations compressives ou extensives ont bien été mises en évidence mais celles-ci sont distribuées sur de vastes zones contrairement à ce qui existe sur terre où la déformation affecte principalement les frontières des plaques, par ailleurs globalement rigides. On n'a pas détecté non plus de chaînes volcaniques linéaires associées au déplacement des plaques au-dessus d'un point chaud. L'absence de zones de déformations localisées ou de traces de points chauds ne signifie pas que la planète est dépourvue d'activité interne. Bien au contraire, comme en témoigne l'abondant volcanisme observé. On pense plutôt que les manifestations de surface de l'activité interne de la Terre et de Vénus sont très différentes. Cette différence est attribuée aux conditions extrêmes de température et de sécheresse de la surface de Vénus qui inhibent probablement le processus de subduction en donnant à la lithosphère vénusienne une trop grande flottabilité.

La topographie de Vénus

Parmi les observations recueillies par la mission *Magellan*, la carte topographique de la planète peut être lue de façon intuitive (ill. 124). Cette carte a été établie à partir des estimations de distance entre le satellite et la surface planétaire mesurées par l'altimètre radar. Le principe consiste à «illuminer» grâce au faisceau radar une zone de plusieurs centaines de kilomètres de diamètre sur la surface de la planète. Comme cette zone balaye la topographie avec le mouvement du satellite, chaque point est «vu» plusieurs fois, et on peut regrouper plusieurs mesures pour obtenir l'altitude moyenne sur un élément de surface d'environ dix kilomètres de diamètre. Cette distance, qu'on appelle la résolution horizontale, correspond à la taille de la structure topographique la plus petite qu'on puisse distinguer avec cette technique. Cela implique qu'il y a sûrement des crêtes et des vallées, de dimensions inférieures à 10 km, qui n'apparaissent pas sur la carte topographique. En revanche, si de tels reliefs correspondent aussi à un changement de nature de la surface (une coulée de lave, par exemple), on peut les voir sur l'image radar, qui possède, quant à elle, une résolution de 300 m.

Pour replacer ces chiffres dans un contexte mieux connu, on peut les comparer à la résolution horizontale des cartes topographiques sur Terre, qui est de l'ordre d'une trentaine de mètres dans le meilleur des cas (une carte à l'échelle 1/25 000 réalisée à partir de photos aériennes). Mais pour la Terre, on ne dispose d'aucune carte qui couvre la totalité de la planète. La plus grande partie de la surface de la Terre est recouverte par les océans, et n'a pas encore été couverte avec des sondeurs bathymétriques précis. Pour la topographie des fonds océaniques, la meilleure carte est donnée par la bathymétrie déduite du géoïde, avec une résolution horizontale de quelques dizaines de kilomètres (une résolution de quelques kilomètres est attendue prochainement grâce au satellite *ERS-1* chargé de cartographier, depuis avril 1994, les océans avec une couverture très dense) (voir chapitre 3). Les géophysiciens se plaignent ainsi que leur planète est moins bien cartographiée que Vénus, situation qui risque de se prolonger longtemps, puisque même avec des missions satellitaires destinées à établir un modèle numérique sur l'ensemble des continents, le fond des océans n'est visible que par des moyens indirects.

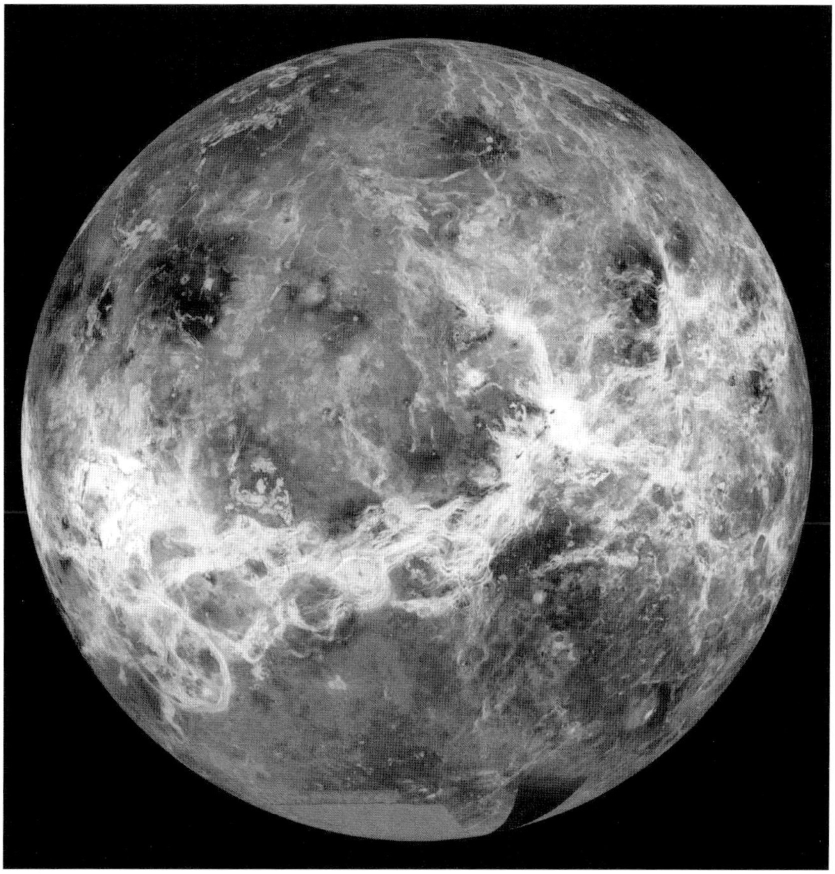

123. La surface de Vénus vue par le radar Magellan. Les zones claires indiquent les régions «brillantes», à forte réflectivité. Image JPL/Caltech et NASA.

Pour Vénus, il sera possible d'établir une carte avec une résolution d'environ 150 m, c'est-à-dire seulement 5 fois moins bonne que les meilleures cartes en usage pour la Terre dans les régions continentales, en utilisant la technique stéréoscopique de l'interférométrie radar. Le résultat de ce calcul, encore loin d'être achevé pour la majorité de la surface vénusienne, permet de visualiser en détail les reliefs qui sont l'expression morphologique des processus volcaniques, météoritiques, et tectoniques. La topographie est surtout interprétée en combinaison avec d'autres observations radar. Par exemple, une surface brillante sur l'image radar, associée à un relief conique dans la topographie est interprétée comme une coulée de lave associée à un volcan (ill. 121).

Le champ gravitationnel de Vénus

Une cartographie du champ de gravité de Vénus a été réalisée à partir des mesures de poursuite Doppler sur la sonde *Magellan* (ill. 125). Ce champ s'est avéré de bien meilleure qualité que celui obtenu antérieurement à partir de la sonde américaine Pionner Vénus Orbiter en 1978.

Les anomalies du champ de gravité présentent une très forte corrélation avec la topographie de surface, même sur des distances de milliers de kilomètres, contrairement à ce qui est observé sur la Terre où cette corrélation est surtout visible pour des structures de petite dimension (< 1000 km).

Comme sur la Terre cependant, la combinaison des données gravimétriques et topographiques sur Vénus permet de sonder l'intérieur de la planète. Par exemple dans les régions centrales de la planète, on observe un grand plateau appelé Eistla Regio de plus

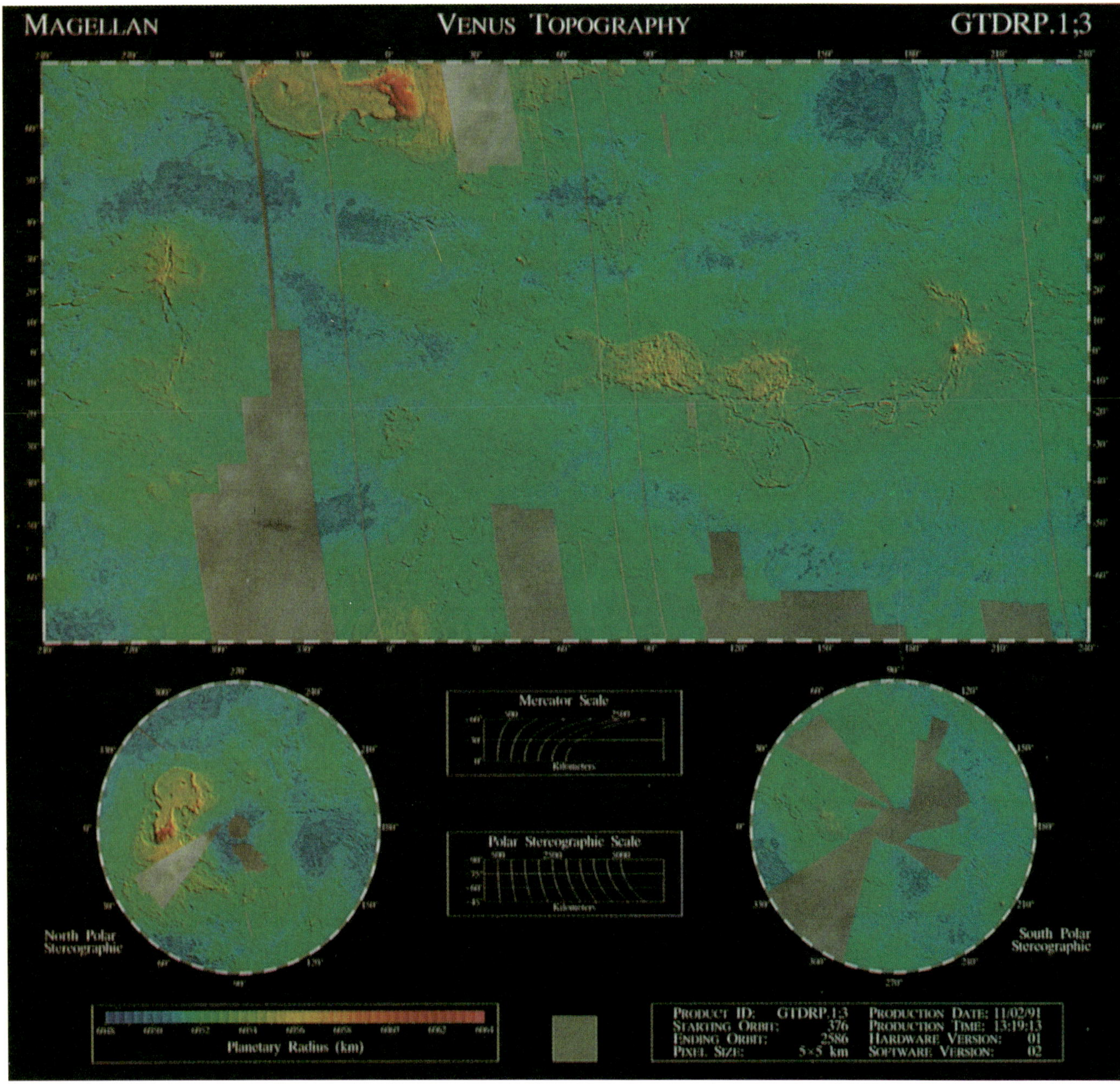

124. Carte topographique de Vénus établie par le satellite *Magellan.* D'après Ford et Petengill, 1992.

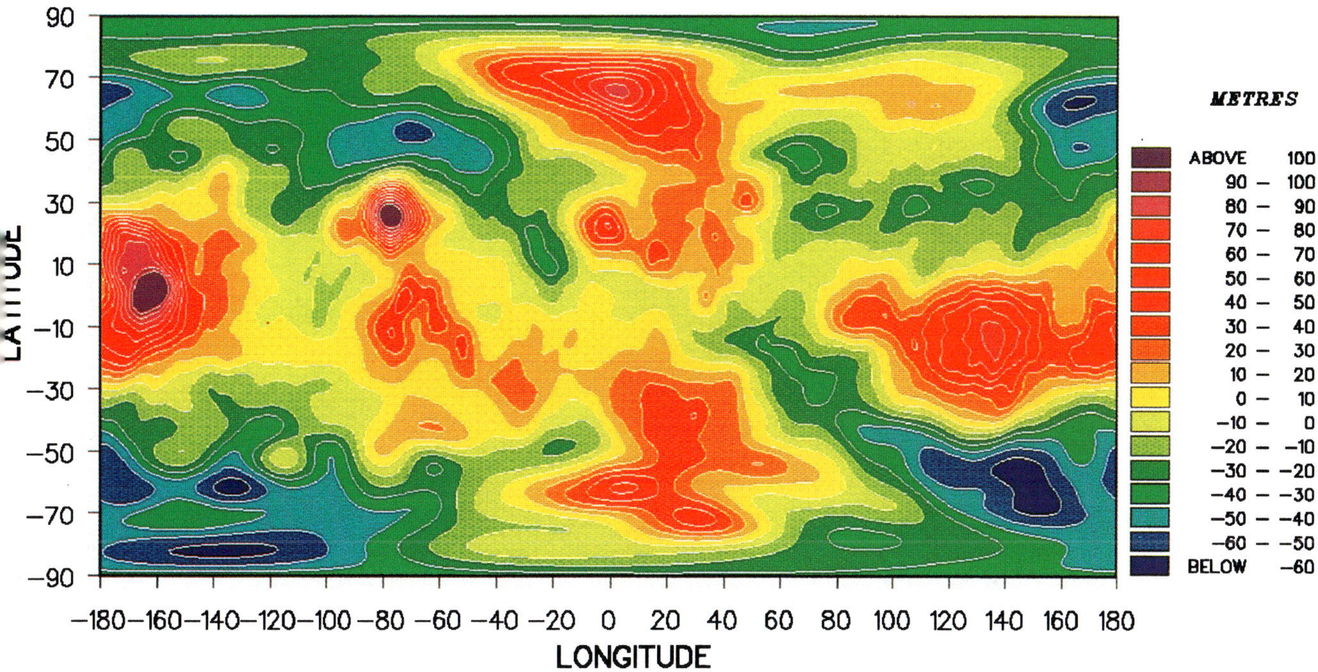

125. Géoïde de Vénus établi par le satellite *Magellan.* D'après Konopliv *et al.*, 1993.

de 2 000 m de hauteur sur 2 000 km de largeur. Le signal gravimétrique de ce relief est important également et très fortement corrélé à la topographie, ce qui indique une région de soulèvement général, vraisemblablement lié à une remontée de magma dans le manteau vénusien. Une comparaison avec le «bombement» observé au milieu de l'océan Pacifique dans la région des îles de la Société (le «South Pacific Superswell») a ainsi pu être tentée. Les modélisations quantitatives récentes des signaux gravimétriques et topographiques suggèrent que les grands reliefs vénusiens sont supportés dynamiquement par des courants convectifs ascendants de grande dimension. Toutefois les détails de la structure convective du manteau vénusien sont encore loin d'être compris et les données collectées par la mission *Magellan* feront l'objet d'études approfondies pendant encore de nombreuses années.

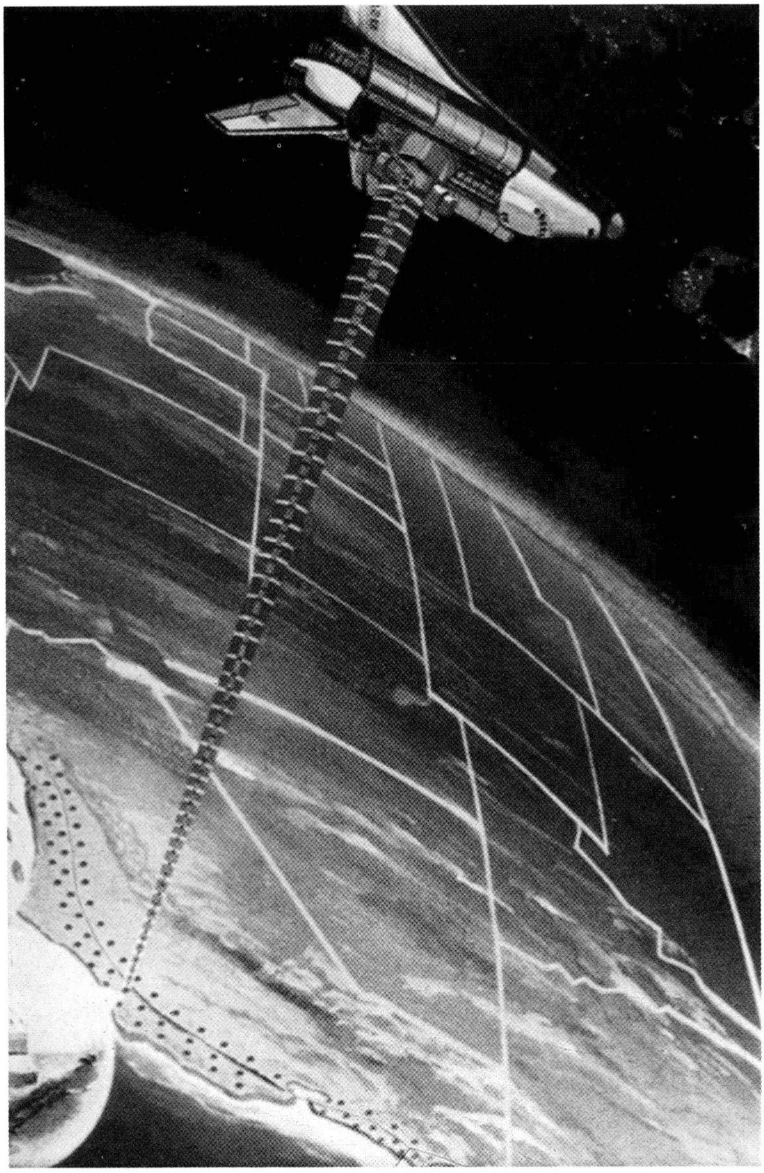

CONCLUSIONS ET PERSPECTIVES

La géodésie spatiale est située au carrefour de plusieurs disciplines scientifiques: la géophysique, l'océanographie, la météorologie, la planétologie, sans oublier les mathématiques et l'astronomie. Dans ce contexte pluridisciplinaire, depuis trois décennies, la géodésie spatiale a été d'un apport considérable pour l'étude de la Terre. Mais c'est surtout depuis une dizaine d'années que les résultats les plus marquants ont été obtenus. Parmi ceux-ci, on peut citer:

- l'obtention d'un géoïde à haute résolution sur l'ensemble des océans, ayant conduit à des avancées importantes en géophysique marine;
- la détermination des mouvements tectoniques à grande échelle, apportant une validation de la théorie de la tectonique des plaques;
- la mesure précise des déformations de l'écorce terrestre dans les régions tectoniques actives, ouvrant des perspectives permettant de mieux cerner les mécanismes à l'œuvre lors des événements sismiques.

Ces avancées majeures ne sont pas seulement le résultat de progrès technologiques mais aussi de la collaboration entre géodésiens et géophysiciens, en particulier depuis quelques années. En cette fin de siècle, la communauté géodésique est en effet tournée vers les autres disciplines des sciences de la Terre auxquelles elle apporte des données irremplaçables. On peut tenter d'anticiper ici les questions auxquelles seront confrontés les géodésiens au cours des prochaines décennies.

En océanographie, les résultats exceptionnels de la mission Topex-Poseidon pour l'étude de la circulation océanique et de ses variations spatio-temporelles montrent qu'à long terme, une surveillance de l'océan à partir de l'espace sera possible. Celle-ci permettra de mieux comprendre les interactions entre les océans et l'atmosphère et de préciser le rôle de l'océan sur l'évolution du climat. Cependant, la durée de vie nominale du satellite *Topex-Poseidon*, lancé en août 1992, n'est que de 3 à 5 ans. Les objectifs visés ne pourront donc être atteints que si cette mission est suivie par d'autres du même type dans le cadre d'un programme de surveillance permanente de l'océan comme cela existe depuis longtemps en météorologie. Un projet nommé «*Topex-Poseidon-Follow-on*» (TPFO) a été proposé par la communauté scientifique internationale et est d'ores et déjà à l'étude au CNES et à la NASA.

Les perspectives inattendues offertes par les données d'interférométrie radar acquises par le satellite *ERS-1* pour la mesure des déformations cosismiques ont suscité un vif intérêt au sein de la communauté des tectoniciens. Nul doute que cette technique apportera une contribution significative à l'étude des tremblements de terre, non seulement en Californie où elle a été appliquée à un séisme pour la première fois par des chercheurs français mais sur l'ensemble des régions sismiques du globe. Cette technique est également riche d'applications pour l'étude des déformations des volcans et des phénomènes précurseurs des éruptions volcaniques, ainsi que pour la surveillance des glaciers, des calottes glaciaires et de l'environnement en général (hydrologie, suivi des écosystèmes, etc.). Dans le futur, un satellite dédié à ces études est vivement souhaitable. Le CNES et la NASA étudient actuellement la possibilité d'embarquer des instruments radar interférométriques sur les satellites de la fin du siècle.

Nous avons présenté les performances de la géodésie spatiale pour la mesure des déformations tectoniques. Mais jusqu'à présent, ces observations étaient limitées à cause du nombre restreint des stations de mesures de positionnement. Depuis le début des années 90, la communauté géodésique internationale a mis en place un réseau d'observatoires de positionnement qui fonctionne en permanence.

Ainsi, les cinq années à venir sont prometteuses pour l'étude géodésique des régions tectoniques actives. Les réseaux implantés fourniront sous peu leurs premiers résultats, à l'image des réseaux GPS californiens installés en 1986, qui donnent à présent des mesures de vitesses significatives. Aux Caraïbes, sur la faille du fleuve Rouge au Vietnam, au Chili, au lac Baïkal et sur les différents blocs de l'Asie du Sud-Est, les réseaux géodésiques installés par les chercheurs français traquent les moindres mouvements tectoniques mesurables.

En géodésie spatiale, les mouvements tectoniques verticaux ont toujours été plus difficiles à mesurer que les déplacements horizontaux. Mais certaines améliorations techniques semblent aptes à combler cette lacune géométrique. On peut en effet calibrer, par des mesures radiométriques directes, le délai troposphérique subi par les signaux radioélectriques utilisés par les systèmes de positionnement comme DORIS, VLBI, et GPS. Les résultats préliminaires permettent d'envisager une précision verticale meilleure que 5 mm. Par ailleurs, une précision millimétrique est envisageable grâce aux développements technologiques des systèmes laser bicouleur, capables de tirer sur des satellites réflecteurs. La sensibilité de l'interférométrie radar aux déplacements verticaux est également prometteuse pour les mesures des surrections ou des effondrements tectoniques. Enfin, les mesures de distance pourront être réalisées à partir d'un laser embarqué à bord d'un satellite visant des rétroréflecteurs multiples installés en réseau sur la surface de la Terre. À l'origine, ce projet appelé *Geophysical Laser Ranging System (GLRS)* était inscrit au programme de la navette spatiale de la NASA. On envisage à présent de le développer à partir de plusieurs satellites dont le lancement est prévu au début du siècle prochain.

La mesure du champ de gravité avec une résolution de l'ordre de 100 km demeure un des objectifs prioritaires des géophysiciens. Paradoxalement, le champ de gravité des régions continentales est beaucoup moins bien connu que celui des régions océaniques, ce dernier ayant bénéficié de la résolution presque kilométrique de l'altimétrie spatiale. Du fait que sur les terres émergées, l'altimétrie mesure la topographie et non le géoïde (ces deux surfaces ne coïncident pas sur les continents), il faut envisager d'autres techniques pour accéder au champ de gravité à haute résolution sur les régions continentales.

Des projets s'appuyant sur des technologies différentes, notamment la gradiométrie et la poursuite de satellite par satellite, sont à l'étude. Dans le projet *Aristoteles* de l'Agence spatiale européenne, il avait été envisagé d'embarquer sur un satellite un «gradiomètre» composé de plusieurs accéléromètres pour mesurer certaines composantes du gradient de gravité, c'est-à-dire les dérivés secondes du potentiel de gravitation terrestre. Mais cette mission de gradiométrie spatiale qui devait permettre de réaliser une cartographie globale à haute résolution du champ de gravité de la Terre en six mois a dû être abandonnée pour des raisons budgétaires. La NASA a étudié quant à elle un concept de mission basé sur la poursuite de satellite par satellite: deux satellites placés sur des orbites très voisines, à basse altitude, se poursuivent en mesurant en permanence la distance qui les sépare au moyen d'un laser embarqué. Cette distance relative étant très sensible aux irrégularités locales du champ de gravité, il est donc possible de restituer le champ de gravité. Cette mission baptisée *Games* a cependant peu de chance d'aboutir avant la fin du siècle: le lancement, initialement prévu pour 1998, vient d'être annulé suite aux restrictions budgétaires de la NASA.

En dépit de ces problèmes, d'autres propositions sont envisagées, bien que moins performantes. En France, le projet *Bridge* utiliserait un satellite miniature embarquant l'instrument DORIS pour mesurer le champ de gravité global avec une résolution d'environ 400 km. On a prévu également de compléter STEP, la mission de physique fondamentale de l'Agence spatiale européenne, par des mesures du champ de gravité.

La communauté scientifique garde bon espoir de disposer un jour de mesures précises et à haute résolution du champ de gravité au-dessus des terres émergées, les enjeux principaux étant l'étude de la structure de la lithosphère continentale, de la convection du manteau sous les continents, de l'initiation des *rifts* continentaux et de la création de nouveaux océans.

Quand aux paramètres dynamiques globaux de la Terre, la fin du siècle bénéficiera d'observations menées pour la première fois sur de longues périodes. Par exemple, le terme de nutation de la Terre dont la période est de 18,6 ans aura été observé par VLBI sur la totalité de sa période vers l'an 2000. De même, l'accumulation de longues séries temporelles de mesures laser sur satellite pendant plusieurs décennies permettra d'affiner les estimations des variations temporelles du champ de gravité, notamment les dérives séculaires dues au rebond post-glaciaire. A plus court terme, les paramètres de l'orientation de la Terre, depuis peu mesurés plusieurs fois par jour, révéleront des variations qui modifieront sûrement notre compréhension de la dynamique globale Terre solide-océans-atmosphère.

GLOSSAIRE

Asthénophère - Région du manteau supérieur, épaisse de quelques centaines de kilomètres, située sous la lithosphère. Sa viscosité est relativement plus faible que celle du reste du manteau (ill. 34, p. 52).

Basalte - Roche d'origine volcanique, à texture essentiellement vitreuse, résultant d'un refroidissement brutal d'une lave. Les laves basaltiques, relativement pauvres en silice, sont très fluides ; elles sont caractéristiques des dorsales océaniques et des points chauds.

Calotte glaciaire - Masse de glace de grande superficie se présentant sous la forme d'un dôme et couvrant, en général, des régions d'altitude assez élevée. Si la superficie dépasse 50 000 km^2, on parlera d'inlandsis.

Cisaillement - Déplacement tangentiel le long d'un plan de faille. Aussi utilisé pour nommer la contrainte produisant un tel déplacement.

CLS - Collecte et Localisation par Satellite (filiale du CNES).

CNES - Centre national d'études spatiales.

Conduction - Mode de transport de la chaleur par propagation de l'énergie des vibrations des atomes autour de leurs positions d'équilibre. La matière reste immobile.

Convection - Mode de transport de la chaleur par mouvement de la matière. A l'intérieur du manteau terrestre, la convection est plus efficace que la conduction pour évacuer la chaleur.

Coriolis (force de) - Force passive appliquée à une particule en mouvement relatif dans un système de référence en rotation. La force de Coriolis dévie les vents et les courants marins vers la droite dans l'hémisphère nord et vers la gauche dans l'hémisphère sud. Elle est importante dans le noyau fluide.

Déclinaison magnétique - Angle, compté positivement vers l'est, entre le nord géographique et la composante horizontale du champ magnétique.

Décollement - Faille chevauchante superficielle en zone de compression, typiquement quasi horizontale.

Décrochement - Déplacement s'effectuant horizontalement et parallèlement à un plan de faille proche de la verticale. Suivant le sens de ce déplacement, un décrochement peut être dextre ou sénestre.

Dislocations - Défauts cristallins linéaires, dont la propagation est responsable de la déformation plastique et du fluage des cristaux.

DORIS - Détermination d'Orbite et Radiopositionnement Intégré par Satellite.

Dorsale - Frontière divergente entre deux plaques océaniques. La lave basaltique qui s'épanche aux dorsales crée, par refroidissement, la croûte océanique.

Ecliptique - Plan de l'orbite de la Terre autour du Soleil.

El Niño - Réchauffement des eaux de surface du Pacifique est-équatorial, associé à un affaiblissement des vents alizés dans l'ouest du Pacifique. Ce phénomène climatique majeur qui affecte le Pacifique équatorial a une période de récurrence de 2 à 7 ans.

Epicentre (d'un tremblement de terre) - Projection géométrique à la surface terrestre du foyer d'un tremblement de terre.

Faille normale - Cassure de l'écorce terrestre qui décale deux compartiments situés initialement face à face. Une faille est dite normale lorsqu'elle n'est ni verticale ni horizontale et qu'elle correspond à un abaissement relatif du compartiment situé au-dessus du plan de faille. Une faille normale naît lorsqu'un compartiment rocheux est soumis à un effort d'étirement (extension).

Fluage - Déformation lente à haute température d'un solide soumis à une contrainte constante.

Géoïde - Surface équipotentielle du champ de pesanteur. Le géoïde coïncide avec la surface des mers au repos.

GPS - *Global Positioning System* (voir p. 77 à 81).

GRGS - Groupe de recherche de géodésie spatiale.

Hypocentre ou foyer d'un tremblement de terre - Lieu où le tremblement de terre se produit. Le foyer peut être proche de la surface terrestre ou se situer en profondeur. La projection géométrique du foyer à la surface de la Terre s'appelle l'épicentre.

IGN - Institut géographique national.

Interférogramme - Représentation des franges d'interférence crées par la différence, en terme de phase, de deux images (voir encadré p. 114).

Isostasie - Propriété selon laquelle les diverses couches de l'écorce terrestre se maintiennent dans un équilibre relatif grâce aux différences de densité de leurs matériaux.

Lithosphère - Partie la plus superficielle, rigide, du manteau supérieur. Les plaques sont formées de la lithosphère (ill. 7, p. 21).

Magma - Liquide formé de silicates fondus et de cristaux en suspension. Les magmas sont à l'origine des volcans et des plutons. Lorsqu'ils se refroidissent, ils donnent naissance aux roches ignées que sont les roches volcaniques et plutoniques. Les magmas se forment en profondeur par fusion partielle des matériaux solides qui constituent l'intérieur du globe. Leur lieu d'origine peut être la croûte ou le manteau.

Mécanisme au foyer (d'un tremblement de Terre) - Description géométrique du mouvement sur la faille.

Moho (discontinuité de Mohorovicic) - Base de la croûte terrestre, située à 10 km sous les océans et environ 30 km sous les continents.

Moment cinétique - Pour un solide en rotation, c'est le produit $I\omega$ du moment d'inertie I par rapport à l'axe de rotation par la vitesse angulaire (ω) de rotation. C'est une grandeur qui se conserve – si I varie, ω varie en sens inverse et réciproquement.

Moment d'inertie - Grandeur représentative de la répartition de la masse dans un solide. Le moment d'inertie I d'un corps par rapport à un axe est d'autant plus petit que la masse est concentrée vers l'axe.

NASA - *National Aeronautics and Space Administration*.

Noyau - Région qui s'étend du centre de la Terre jusqu'à la base inférieure du manteau, essentiellement composée de fer. Il est liquide dans sa partie supérieure et solide vers le centre (graine). Le noyau liquide est le siège de la géodynamo qui crée le champ magnétique terrestre.

Obliquité de l'écliptique - Inclinaison du plan de l'écliptique sur le plan de l'équateur terrestre. Elle est actuellement de 23°27'.

Olivine - Silicate de magnésium et de fer, de couleur vert olive, de formule $(Mg,Fe)_2\ SiO_4$. C'est le minéral le plus abondant du manteau supérieur, jusqu'à 400 km de profondeur.

Ondes sismiques - Ondes élastiques engendrées par les tremblements de Terre. Les ondes P, longitudinales (compression et extension), sont les plus rapides; les ondes S, transversales (cisaillement) ne se propagent pas dans les fluides (voir encadré p. 22).

Orbite - Trajectoire du satellite artificiel dans l'espace.

Pendage - Angle entre un plan de faille ou une couche et l'horizontale.

Pixel - Maille élémentaire d'une image définissant la résolution en dessous de laquelle les détails ne sont plus visibles.

Point chaud - Volcan actif, correspondant à un panache ascendant de matière chaude remontant du manteau dont la fusion partielle cause une activité volcanique en surface. Les volcans correspondant aux traces des points chauds sur les plaques sont alignés dans le sens du déplacement de celles-ci (ill. 39, p. 54).

Rejet de faille - Magnitude du vecteur de déplacement relatif entre deux blocs séparés par une faille.

Répliques - Petits séismes provoqués par le séisme principal.

SAO - Smithsonian Astrophysical Observatory.

SAR - *Synthetic Aperture Radar* (radar à ouverture synthétique).

SLR - *Satellite Laser Ranging* (télémétrie laser sur satellite).

Stratosphère - Couche de l'atmosphère qui surplombe la troposphère. La température y augmente pour atteindre, à son sommet (la stratopause à 50 km d'altitude), des conditions de température presque voisines de celles de la surface. Cette couche est stable (au sens hydrostatique) et renferme la couche d'ozone dont la concentration maximale se trouve entre 20 et 25 km.

Subduction (zone de) - Région dans laquelle la surface océanique s'enfonce dans le manteau. Cet enfoncement engendre des tremblements de terre profonds et se marque à la surface par l'existence de fosses océaniques profondes (ill. 14, p. 31).

Tomographie - Technique d'imagerie qui permet de visualiser la structure tridimensionnelle du manteau sous forme de coupes à différentes profondeurs. La tomographie sismique donne des cartes de vitesse des ondes sismiques dans l'intérieur de la Terre (voir encadré p. 24).

Trilatération - Détermination de la position d'un point géodésique à partir des distances mesurées entre le point et d'autres objets.

Troposphère - Couche de l'atmosphère qui s'étend du sol à environ 12 km d'altitude.

VLBI - *Very Long Baseline Interferometry* (interférométrie à très longue base) (voir p. 70-73).

Viscosité - Paramètre caractérisant la résistance à l'écoulement d'un fluide. Elle est égale au rapport de la contrainte de cisaillement à la vitesse de déformation correspondante.

BIBLIOGRAPHIE

• Introduction et chapitre 1

BALMINO G., 1987. «Recherche spatiale et géophysique interne», *Le Grand Atlas de l'Espace*, Paris, Encyclopaedia Universalis.

BLAIVE J.-C., BARLIER F. et LEFEBVRE M., 1970. «Aspects actuels et perspectives en géodynamique», Centre national d'études spatiales.

CARROU J.-P., 1987. «Orbites et trajectoires», *Le Grand Atlas de l'Espace*, Paris, Encyclopaedia Universalis.

Centre national d'études spatiales, 1972. *La Recherche spatiale, 1962-1972: les dix ans du CNES.*

Centre national d'études spatiales, 1976. «Les Satellites géodésiques», *Espace Information.*

Centre national d'études spatiales, 1982. «Vingt ans d'aventure spatiale française», *Espace Information.*

HEISKANEN W. A. et MORITZ H., 1967. *Physical Geodesy*, San Francisco, W. Freeman.

KAULA W., 1966. *Theory of Satellite Geodesy*, Londres, Blaisdell.

KING-HELE D., 1992. *Tapestry of orbits*, Cambridge, Cambridge University Press.

KOVALEVSKY J., 1967. *Introduction to Celestial Mechanics*, Dordrecht, Holland, Reidel Publishing Company.

LACOMBE H. et COSTABEL P., 1988. *La Figure de la Terre du XVIIIe siècle à l'ère spatiale*, «Académie des Sciences», Paris, Gauthier-Villars.

LEVALLOIS J.-J., 1989. *200 ans de géodésie en France*, Paris, Editions de l'Ecole des Ponts et Chaussées.

LEVALLOIS J.-J. et KOVALEVSKY J., 1971. «Géodésie spatiale», *in: Géodésie générale*, tome 4, Paris, Eyrolles.

MUELLER I. I. et ZERBINI S., 1989. «The interdisciplinary role of space geodesy», *Lecture Notes in Earth Sciences*, Springer Verlag.

SANSO F. et RUMMEL F., 1989. «Theory of satellite geodesy and gravity field determination», *Lecture notes in Earth Sciences*, Berlin, Springer Verlag.

US National Report, 1987. «Contributions in geodesy 1983-1986», *Rev. of Geophys.*, supplément.

US National Report, 1991. «Contributions in geodesy, 1987-1990», *Rev. of Geophys.*, supplément.

ZARROUATI O., 1987. *Trajectoires spatiales*, Toulouse, Cepadues.

• Chapitre 2

ALLEGRE C.-J., 1983. *L'Ecume de la Terre*, Paris, Fayard.

ANDERSON D. et DZIEWONSKI A., 1984. «La tomographie sismique», *Pour la Science*, n° 86.

ANDERSON D. L., 1989. *Theory of the Earth*, Oxford, Blackwell Scientific Publications.

BIANCALE R. *et al.*, 1994. «The GRIM4 Global Gravity Model», *J. Geophys. Res.*, sous presse.

COX A. et HART R. B., 1986. *Plate tectonics, How it works*, Oxford, Blackwell Scientific Publications.

Courrier du CNRS (Le), 1990. «La Terre, de l'observation à la modélisation», n° 76, juillet 1990.

DEMETS C., GORDON R. G. *et al.*, 1990. «Current plate motions», *Geophys. J. Internat.*, 101, pp. 425-478.

GUYOT F., 1990. «Le manteau inférieur de la Terre», *La Recherche*, n° 225.

HINDERER J., LEGROS H. et SOURIAU A., 1991. «Le noyau terrestre», *La Recherche*, n° 223.

JEANLOZ R., 1990. «The nature of the Earth core», *Annual Review of Earth and Planetary Sciences.*

LE PICHON X., FRANCHETEAU J. et BONNIN J., 1973. *Plate Tectonics*, Amsterdam, Elsevier.

LE PICHON X., 1984. «La naissance de la tectonique des plaques», *La Recherche*, n° 153.

MACDONALD K. C., FOX P. J. *et al.*, 1988. «A new view of the mid-ocean ridge from behaviour of ridge-axis discontinuities», *Nature*, 355, pp. 217-225.

MACHETEL P., 1994. «La convection dans le manteau terrestre», *La Recherche*, n° 266.

NICOLAS A., 1989. *Les Montagnes sous la mer: expansion des océans et tectonique des plaques*, Orléans, Editions du BRGM.

O'NIONS R., HAMILTON R. et EVENSEN N., 1980. «L'évolution chimique du manteau terrestre», *Pour la Science*, n° 33.

POIRIER J.-P., 1991. *Introduction to the Physics of the Earth's Interior*, Cambridge, Cambridge University Press.

POIRIER J.-P., 1991. *Les Profondeurs de la Terre*, «Cahiers des Sciences de l'Univers», Paris, Masson.

POIRIER J.-P., 1992. «La Terre inaccessible», *La Science au présent*, Paris, Encyclopaedia Universalis.

POUPINET G., 1989. «La tomographie sismologique», *La Recherche*, n° 289.

ROBBINS J. W., SMITH D. E. et MA C., 1993. «Horizontal crustal deformation and large scale plate motions inferred from space geodetic techniques», *in: Contributions of Space Geodesy to Geodynamics: Crustal Dynamics*, Smith D. E. and Turcotte D. L. Ed., Washington, American Geophysical Union.

ROMANOWICZ B., 1991. «Seismic tomography of Earth's mantle», *Annual Review of Earth and Planetary Sciences.*

SCLATER J. et TAPSCOTT C., 1979. «L'histoire de l'Atlantique», *La Dérive des continents*, coll. «Bibliothèque pour la Science», Paris, Belin.

SILVER P. G. et CARLSON R. W., 1988. «Deep slabs, geochemical heterogeneity and the large scale structure of mantle convection», *Annual Review of Earth and Planetary Sciences.*

SOLOMON S. et TOOMEY D. R., 1992. «The structure of mid-ocean ridges», *Annual Review of Earth and Planetary Sciences.*

SOUDARIN L., 1994. «Tectonique globale et régionale à partir des données DORIS», thèse de doctorat, université Paul Sabatier, Toulouse.

SU W. et DZIEWONSKI A. M., 1991. «Predominance of long-wavelength heterogeneity in the mantle», *Nature*, 352, pp.121-126.

TURCOTTE D. L. et SCHUBERT G., 1982. *Geodynamics*, New York, John Wiley.

• Chapitre 3

ANDERSON A. J. et CAZENAVE A., 1986. *Space Geodesy and Geodynamics*, Londres, Academic Press.

CALMANT S. et CAZENAVE A., 1987. «Anomalous elastic thickness of the lithosphere in the south-central Pacific», *Nature*, 328, p. 236.

COFFIN M.-F. et ELDHOLM O., 1994. «Large igneous provinces: crustal structure, dimensions and external consequences», *Rev. of Geophys.*, vol. 32, n° 1.

COFFIN M.-F. et ELDHOLM O., 1993. «Large igneous provinces», *Scientific American*, vol. 269, n° 4.

CAZENAVE A. et BALMINO G., 1986. «La gravité de la Terre», *La Recherche*, n° 176.

CAZENAVE A., 1993. «The geoid and Earth lithosphere», *in: Geoid and its Geophysical Interpretation*, Londres, CRC Press.

CROUGH T., 1983. «Hotspots swells», *Annual Review of Earth and Planetary Physics.*

HAXBY W. F. et WEISSEL J. K., 1986. «Evidence for small scale convection from Seasat altimeter data», *J. Geophys. Res.*, 91, pp. 3507-3520.

HUSSON J.-C., MINSTER J.-F. et CAZENAVE A., 1985. *La Géophysique interne et l'Espace*, Toulouse, Cepadues.

MC DONALD K. C. et FOX P. J., 1990. «The mid-ocean ridges», *Scientific American*, n° 262.

MUELLER R. D. *et al.*, 1993. «A digital age map of the ocean floor», *SIO reference series*, 93, p. 30.

PARSONS B. et RICHTER F., 1981. «Mantle convection and the oceanic lithosphere», *in: The Sea*, New York, John Wiley.

PHIPPS MORGAN J. et SANDWELL D. T., 1994. «Systematics of ridge propagation south of 30 °S, *Earth Planet. Sci. Lett.*, 121, pp. 245-253.

SANDWELL D. T. et MC ADO D. C., 1988. «Marine gravity observations of the Southern oceans and Antarctic margin from Geosat», *J. Geophys. Res.*, 93, pp. 10, 389-10, 396.

SANDWELL D. T. et SMITH W. H., 1992. «Global marine gravity from ERS-1, Geosat and Seasat reveals new tectonic fabric», *EOS trans. AGU*, 73, p. 133.

SLEEP N., 1992. «Hotspot volcanism and mantle plumes», *Annual Review of Earth and Planetary Sciences.*

VINK G., MORGAN J. et Vogt P., 1985. «Panaches et points chauds», *Pour la Science*, n° 92.

VELARDE M. et NORMAND C., 1980. «Le phénomène de convection», *Pour la Science*, n° 35.

• Chapitre 4

CAZENAVE A., SOURIAU A. et DOMINH K., 1989. «Global coupling of Earth surface topography with hotspots, geoid and mantle heterogeneties», *Nature*, 340, pp. 54-57.

PELTIER W., 1989. *Mantle Convection, Plate Tectonics and Global Dynamics*, New York, Gordon and Breach.

RICHARDS M. et HAGER B. V., 1988. «The Earth's geoid and the large scale structure of mantle convection», *in: The Physics of the planets*, New York, John Wiley.

SABADINI R., LAMBECK K. et BOSCHI E., 1991. *Glacial Isostasy, Sea Level and Mantle Rheology*, NATO ASI Series, Dordrecht, Holland, Kluwer.

THORAVAL C., 1994. «Modèles dynamiques de géoïde et structure de la convection mantellique», thèse de doctorat, université Paul Sabatier, Toulouse.

• Chapitre 5

BILLIRIS H., PARADISSIS D. *et al.*, 1991. «Geodetic determination of tectonic deformation in Central Greece from 1900 to 1988», *Nature*, 350, pp. 124-129.

DE CHABALIER J.-B. et AVOUAC J.-P., 1994. «Kinematics of the Asal rift (Djibouti) determined from the 3-D deformation of the Fieale volcano», *Science*, sous presse.

DIXON T. H., 1991. «An introduction to the Global Positioning System and some geological applications», *Rev. Geophys.*, 29, pp. 249-276.

DONNELLAN A., HAGER B. H. et KING R. W., 1993. «Revision of geologic rates in the Ventura Basin from space geodetic measurements», *Nature*, 366, pp. 333-336.

FEIGL K. L., AGNEW D. C. *et al.*, 1993. «Space geodetic measurement of crustal deformation in Central and Southern California, 1984-1992», *J. Geophys. Res.*, 98, pp. 21, 677-21, 712.

FOULGER, G. R., JAHN C. H. *et al.*, 1992. «Post-rifting stress relaxation at the divergent plate boundary in Northeast Iceland», *Nature*, 358, pp. 488-490.

HAGER B., KING R. W. et MURRAY M. H., 1991. «Measurement of crustal deformation using the global positioning system», *Annual Review of Earth and Planetary Sciences*.

HERRING T. A., 1983. «Precision and accuracy of intercontinental distance determinations using radio interferometry», thèse Ph. D., Massachusetts Institute of Technology.

JOUANNE F., MÉNARD G. et JOUALT D., 1994. «Present-day deformation of the French northwestern Alps/southern Jura mountains: comparison between historical triangulations», *Geophys. J. Int.*, sous presse.

ROBBINS J. W., SMITH D. E. et MA C., 1993. «Horizontal crustal deformation and large scale plate motions inferred from space geodetic techniques», *in: Contributions of Space Geodesy to Geodynamics: Crustal Dynamics*, Smith D. E. and Turcotte D. L. Ed., Washington, American Geophysical Union.

RUEGG J.-C., LÉPINE J.-C. *et al.*, 1979. «Geodetic measurements of rifting associated with a seismo-volcanic crisis in Afar», *Geophys. Res. Lett.*, 6, pp. 817-820.

SCHLÜTER W., DASSING R. *et al.*, 1993. «The role of the fundamental station illustrated by the example Wettzell», *in: Contributions of Space Geodesy to Geodynamics: Technology*, Smith D. E. and Turcotte D. L. Ed., Washington, American Geophysical Union.

TAPPONNIER P., 1992. «Observation spatiale: terres émergées», *La Science au présent*, Paris, Encyclopaedia Universalis.

THATCHER W., 1984. «The earthquake deformation cycle, recurrence and the time-predictable model», *J. Geophys. Res.*, 89, pp. 5674-5680.

WALLACE R., 1990. «The San Andreas Fault System, California», *U. S. Geol. Surv. Prof. Paper.*, 1515.

WEGENER A., 1929. *La Genèse des continents et des océans*, Paris, Christian Bourgois.

YEATS R. S., 1993. «Converging more slowly», *Nature*, 366, pp. 300-301.

• Chapitre 6

ACHACHE J., FRUNEAU B. *et al.*, 1993. «Surface displacements mapping of the Saint-Etienne-de-Tinée landslide using SAR interferometry», *Eos*, supplément oct. 26, 74, p. 67.

BILHAM R., 1991. «Earthquakes and sea level: space and terrestrial metrology on a changing planet», *Rev. Geophys.*, 29, pp. 1-30.

BOCK Y., AGNEW D. C. *et al.*, 1993. «Detection of crustal deformation from the Landers Earthquake using continuous geodetic measurements», *Nature*, 361, pp. 337-340.

ENGLAND P. et JACKSON J., 1989. «Active deformation of the continents», *Annual Review of Earth and Planetary Sciences*.

FERHAT G., 1993. «Mise en place d'un réseau GPS dans les Alpes pour la surveillance tectonique», *Revue XYZ*, 57, pp. 42-43.

GABRIEL A. K., GOLDSTEIN R. M. et ZEBKER H. A., 1989. «Mapping small elevation changes over large areas: differential radar interferometry», *J. Geophys. Res.*, 94, pp. 9183-9191.

GOLDSTEIN R. M., ENGELHARDT H. *et al.*, 1993. «Satellite Radar Interferometry for Monitoring Ice Sheet Motion: application to an Antartic Ice Stream», *Science*, 262, pp. 1525-1530.

HUDNUT K. W., BOCK Y. *et al.*, 1994. «Coseismic displacements of the 1992 Landers earthquake sequence», *Bull. Seismol. Soc. Amer.*, 84, pp. 625-645.

MASSONNET D. et RABAUTE T., 1993. «Radar interferometry: limits and potential», *IEEE Trans. Geoscience & Rem. Sensing.*, 31, pp. 455-464.

MASSONNET D., FEIGL K. L. *et al.*, 1994. «Radar interferometric mapping in the year after Landers earthquake», *Nature*, 369, pp. 227-230.

MASSONNET D., ROSSI M. *et al.*, 1993. «The displacement field of the Landers earthquake mapped by radar interferometry», *Nature*, 364, pp. 138-142.

SHIMADA S., FUJINAWA Y. *et al.*, 1990. «Detection of a volcanic fracture opening in Japan using Global Positioning System», *Nature*, 343, pp. 631-633.

SYLVANDER M., FEIGL K. L. *et al.* «Absolute ionospheric vertical electron content inferred from transmissions of the Global Positioning System», *C. R. Acad. Sci.*, à paraître.

TURCOTTE D., 1991. «Earthquake prediction», *Annual Review of Earth and Planetary Sciences*.

VALETTE J.-J., 1992. «Analyse du positionnement terrestre par le système DORIS et évaluation de ses performances», thèse de doctorat, université Paul Sabatier, Toulouse.

• Chapitre 7

ACHACHE J., COHEN Y. et COUNIL J.-L., 1988. «Les anomalies magnétiques de la croûte terrestre», *La Recherche*, n° 199.

CANE M. A., 1986. «El Niño», *Annual Review of Earth and Planetary Sciences*.

CARTER W. et ROBERTSON D., 1987. «L'étude de la Terre par interférométrie à longue base», *Pour la Science*, n° 111.

CAZENAVE A., 1986. *Earth Rotation, solved and unsolved problems*, NATO ASI Series, Dordrecht, Holland, Reidel.
COURTILLOT V. et LE MOUEL J.-L., 1988. «The variations of the Earth magnetic field: from daily to secular», *Annual Review of Earth and Planetary Sciences*.
DICKEY J. O., BENDER P. L. *et al.*, 1994. «Lunar laser ranging: a continuing legacy of the Apollo program», *Science*, 265, pp. 482-490.
ENFIELD D. B., 1989. «El Niño, Past and Present», *Rev. Geophys.*, 27, 1, pp. 159-187.
HERRING T. *et al.*, 1991. «Forced nutations of the Earth: influence of inner core dynamics, Very Long Interferometry data analysis, *J. Geophys. Res.*, 96, pp. 8259-8273.
HIDE R. et DICKEY J., 1991. «Earth's variable rotation», *Science*, 253, pp. 629-637.
LAMBECK K., 1980. *The Earth's variable Rotation, geophysical causes and consequences*, Cambridge, Cambridge University Press.
LAMBECK K., 1988. *Geophysical Geodesy*, Oxford, Clarendon Press.
LE MOUEL J.-L., COURTILLOT V. et JAULT D., 1992. «Changes in Earth rotation», *Nature*, 355, p. 26.
MATHEWS P. M. et SHAPIRO I. I., 1992. «Nutations of the Earth», *Annual Review of Earth and Planetary Sciences*.
SMITH D. E. et TURCOTTE D. L., 1993. «Earth Dynamics», *in: Contributions of Space Geodesy to Geodynamics*, Geodynamics Series, vol. 24, Washington, American Geophysical Union.
STEPHENSON R., 1982. «L'histoire des éclipses», *Pour la Science*, n° 62.
WAHR J., 1986. «Les variations de la rotation de la Terre», *La Recherche*, n° 181.
WAHR J., 1988. «The Earth rotation», *Annual Review of Earth and Planetary Sciences*.

• Chapitre 8

BERGER A., 1992. *Le Climat de la Terre, un passé pour quel avenir?*, Bruxelles, De Boeck-Wesmael.
BERGER A., IMBRIE J. *et al.*, 1984. *Milankowitch and Climate*, part 1 and 2, NATO ASI Series, Dordrecht, Reidel Publishing Company.
GEGOUT P. et CAZENAVE A., 1993. «Temporal variations of Earth gravity field for 1985-1989 derived from Lageos», *Geophys. J. Int.*, 114, pp. 347-359.
LAMBECK K., 1988. *Geophysical Geodesy*, Oxford, Clarendon Press.

• Chapitre 9

CAZENAVE A. et BRAHIC A., 1980. «L'effet des marées dans le système solaire», *Pour la Science*, n° 35.
CAZENAVE A., 1983. «La machine Terre et le système Terre-Lune», *Le Grand Atlas de l'Astronomie*, Paris, Encyclopaedia Universalis.
LAMBECK K., 1988. *Geophysical Geodesy*, Oxford, Clarendon Press.
LE PROVOST *et al.*, 1994. «Spectroscopie of the world ocean tides from a hydrodynamic finite element model», *J. Geophys. Res.*, sous pressse.
MAZZEGA P., BERGE M. et FRANCIS O., 1994. «Topex-Poseidon tides», document GRGS.

• Chapitre 10

BROSSIER C. et MINSTER J.-F., 1994. «Variabilité de l'océan à partir de Topex-Poseidon», document GRGS.
CANE M. A., 1986. «El Niño», *Annual Review of Earth and Planetary Sciences*.
ENFIELD D. B., 1989. «El Niño, Past and Present», *Review of Geophysics*, 27, 1, pp. 159-187.
KANDEL R., 1992. «Observation spatiale: atmosphère et océans», *La Science au présent*, Paris, Encyclopaedia Universalis.
MINSTER J.-F. et MERLIVAT L., 1992. «Où va le gaz carbonique? Le rôle des océans», *La Recherche*, n° 243.
MINSTER J.-F., 1994. *Les Océans*, collection «Dominos», Paris, Flammarion.

• Chapitre 11

BASILEVSKY A. T. et HEAD J., 1988. «The Geology of Venus», *Annual Review of Earth and Planetary Sciences*.
CATTERNOLE P., 1994. *Venus, the geological story*, Londres, UCL Press.
GRIMM R. E. et PHILLIPS R. J., 1992. «Anatomy of a Venusian hot spot: geology, gravity and mantle dynamics of Eistla Regio», *J. Geophys. Res.*, 97, pp. 16,035-16,054.
KONOPLIV A. S., BORDERIES N. J. *et al.*, 1993. «Venus gravity and topography: 60th degree and order model», *Geophys. Res. Lett.*, 20, pp. 2403-2406.
PHILLIPS R., 1994, «La Tectonique de Vénus», *La Recherche*, n° 262.
PHILLIPS R. J. et HANSEN V. L., 1994. «Tectonic and magmatic evolution of Venus», *Annual Review of Earth and Planetary Sciences*.
SAUNDERS R. S., SPEAR A. J. *et al.*, 1992. «Magellan Mission Summary», *J. Geophys. Res.*, 97, pp. 13,067-13,090.

• Glossaire

ALLEGRE C.-J., 1983. *L'Ecume de la Terre*, Paris, Fayard.
POIRIER J.-P., 1991. *Les Profondeurs de la Terre*, «Cahiers des sciences de l'Univers», Paris, Masson.

Crédits photographiques

Allard P.: p. 83 haut.
American Geophysical Union: pp. 38, 43, 113 bas, 145, 148.
Bryant W. A.: p. 106.
Caltrans: p. 94 bas (cliché Klein G.).
CLS – CNES: pp. 140 bas, 141 bas.
CNES: pp. 6, 11, 14, 44 haut, 137 haut, 140 haut.
CNES – GRGS: p. 141 (Brossier C.).
Earth and Planetary Science Letters: p. 60.
Editions du BRGM: pp. 29, 34, 35, 52 haut.
Encyclopaedia Universalis: pp. 15, 129.
ESA: p. 8.
Fox P. J., Grindlay N. et Macdonald K.: p. 31 haut.
France Loisirs: p. 31 bas.
Geophysical Research Letters: p. 149.
GRGS: pp. 11, 13, 19, 41, 44 bas, 45, 48, 50, 55, 56 haut, 57, 59, 64, 120, 126.
I. K. Curtis Services: p. 103 haut.
Institüt für Angewandte Geodäsie: p. 72 haut.
La Recherche: p. 49.
Meyer B.: p. 76.
Minster J.-B.: p. 97.
NASA: pp. 119, 150.
NASA – Caltech – JPL: pp. 144, 147.
Nature: pp. 36, 77, 105 (2), 108, 109, 113 haut.
Orsoni A.: p. 88 gauche.
Pallas Photo Labs Inc.: p. 30.
Pour la Science: pp. 26, 33, 53 bas, 61 bas, 118, 136.
Science: p. 116.
US Geological Survey: pp. 32, 92 haut (cliché Wallace B.).

Maquette: Richard Medioni

Composition: RMFB
Photogravure noire: Edilog, Paris
Photogravure couleurs: AGS Photogravure,
28500 Cherisy

Imprimé en France par I.M.E. - 25110 Baume-les-Dames
Dépôt légal : Décembre 1994
N° édition : 1713-01 - N° impression : 9705